靶场测控装备维修维护理论与实践

主　编　宋　磊
副主编　周彦菲　张　磊
编　者　郑庆利　高宏伟　段化军
　　　　于惠海　刘传伟　邓鹏飞
　　　　孙　云　王伟良

西北工业大学出版社

西安

【内容简介】 本书内容包括靶场测控装备的特点以及研究靶场测控装备维修、维护的重要意义,从靶场测控装备的维修、维护保养和指标测试三个部分分别进行了阐述。第一部分主要介绍维修管理、预防性维修和修复性维修;第二部分主要介绍装备维护保养的概念及意义、内容及方法、典型项目的维护保养及维护计划和实施方案;第三部分主要介绍性能参数测量的概念意义和特点,重点对无线分系统、发射分系统、接收分系统等核心分系统的参数测量方法进行说明和讲解。本书归纳总结了靶场测控装备维修、维护经验做法,丰富拓展了相关内容的理论内涵,可供靶场装备的使用管理人员借鉴。对从事测控装备技术保障、操管及同类装备研制生产、装备全寿命管理研究的人员有很好的借鉴和参考意义。

图书在版编目(CIP)数据

靶场测控装备维修维护理论与实践/宋磊主编. —
西安:西北工业大学出版社,2021.5
ISBN 978 - 7 - 5612 - 7719 - 5

Ⅰ.①靶… Ⅱ.①宋… Ⅲ.①靶场-武器装备-维修
Ⅳ.①TJ06

中国版本图书馆 CIP 数据核字(2021)第 080425 号

BACHANG CEKONG ZHUANGBEI WEIXIU WEIHU LILUN YU SHIJIAN
靶 场 测 控 装 备 维 修 维 护 理 论 与 实 践

责任编辑:曹 江		策划编辑:梁 卫	
责任校对:王梦妮		装帧设计:李 飞	

出版发行:西北工业大学出版社
通信地址:西安市友谊西路 127 号   邮编:710072
电　　话:(029)88491757,88493844
网　　址:www.nwpup.com
印 刷 者:西安日报社印务中心
开　　本:787 mm×1 092 mm　　1/16
印　　张:12.25
字　　数:321 千字
版　　次:2021 年 5 月第 1 版　　2021 年 5 月第 1 次印刷
定　　价:58.00 元

前　言

　　靶场测控装备指靶场为满足导弹等飞行器外弹道测量任务的测控需要而配备的测量控制设备,如光学经纬测量站、高精度测量雷达、遥测/安控装备等。

　　靶场测控装备具有大型化、复杂化、高度集成化的技术特点。一台测控装备通常由十余个分系统组成,涉及机械、电子、计算机、网络通信等技术门类,具有较高的技术含量和自动化程度。各种类型的测控装备构成了统一的测控系统,可满足测控任务需要。一个测控系统内的测控装备种类多、单型装备数量少(通常为数台量级),且分布在广阔的地理空间内,这些都给装备的使用管理带来挑战。

　　大型试验训练任务准备周期较长,所投入的人力、物力、财力多。在导弹试验过程中,一旦靶场测控装备状态异常或发生故障,如不能及时修复,势必会影响试验任务的进行。某些重要武器型号更事关国家安全,一旦因测控装备影响研制进度,更会给社会带来严重的不良后果。因此,做好靶场测控装备的维修、维护,确保靶场测控装备的完好率,具有十分重大的经济和社会意义。

　　本书主要分为靶场测控装备的维修(第1～3章)、靶场测控装备的维护保养(第4～7章)、靶场测控装备的指标测试(第8～10章)三部分内容。

　　第一部分:靶场测控装备维修。主要研究靶场测控装备维修管理、预防性维修和修复性维修。靶场测控装备的维修管理直接关系到靶场测控装备的维修质量和维修效益。第1章系统阐述靶场测控装备维修管理的目标、原则和主要工作,基本概念及其职能,并从维修计划管理、维修组织管理、维修质量管理和维修信息管理四个方面进行深入研究。同时,靶场测控装备在全寿命周期的不同阶段,其维修管理也各具特点,本书对这方面也进行总结与归纳。第2章阐述预防性维修的定义、现代维修理论产生及发展,同时结合多年装备维修靶场的经验,重点就预防性维修的方式方法、基本内容进行系统研究。第3章阐述修复性维修的定义、性质任务、主要内容,重点归纳靶场测控装备故障特点,对机械故障和电气故障的20种故障模式进行详细讲解,并对典型故障的分析定位排除方法进行研究,最后对先进故障诊断/状态检测技术进行介绍。

　　第二部分:靶场测控装备维护保养。主要研究靶场测控装备维护保养的概念及意义、内容方法、典型项目的维护保养及维护计划以及实施方案。第4章针对机械维护保养和软件维护两部分内容,分别阐述其概念及意义。第5章针对清洗维护、防雷维护、防潮维护、防晒隔热维护、电磁干扰防护、软件使用维护6个方面内容,详细介绍维护的目的及主流维护方法。第6章归纳总结雷达天线的维护保养、伺服电机的维护保养、光学组件的维护保养、工控机的维护保养、仪器仪表的维护保养、UPS 电源的维护保养、设备空调的维护保养 7 个典型项目维护保养的具体科目、方式方法。第 7 章从建立维护保养制度的角度,介绍维护计划及实施方案,包括日常维护保养、月维护保养、换季维护保养、试验期间维护保养以及特殊环境下的维护保养。

第三部分:靶场测控装备性能参数测量。主要研究靶场测控装备性能参数测量概念、整机性能参数测量、典型分系统性能参数测量。第 8 章阐述性能参数测量的意义和特点、基本内容、基本步骤和要求。第 9 章总结典型靶场测控装备的整机性能参数,从技术性能参数、战术性能参数和标定与校准三方面给出具体的测试方法。第 11 章研究典型分系统的性能参数测量方法,如天线分系统、发射分系统、接收分系统等。

本书第 1~3 章由段化军、邓鹏飞编写,第 4~7 章由于惠海、刘传伟编写,第 8~10 章由郑庆利、高宏伟编写。全书由宋磊、周彦菲、张磊编写大纲并统稿。在本书的编写过程中,得到了单位领导赵刚、姚译海的大力支持和帮助,在此表示衷心的感谢。

由于时间紧迫和笔者水平有限,书中不足之处在所难免,欢迎读者批评指正。

编 者

2021 年 1 月

目 录

第1章 靶场测控装备维修管理

靶场测控装备维修工作是指为保持、恢复靶场测控装备的功能以及性能所采取的各项保障性措施和相关管理活动。靶场测控装备维修管理直接关系到靶场测控装备的维修质量和维修效益,其管理活动贯穿靶场测控装备维修的全过程,主要管理工作包括:维修计划管理、维修组织管理、维修质量管理和维修信息管理。

1.1 靶场测控装备维修的目标、任务及主要工作

1.1.1 靶场测控装备维修的目标

靶场测控装备维修的目标是组织并实施经济效益的维修,以保证安全、可靠地完成各项试验和训练任务。根据现代靶场测控装备维修的任务范围,靶场测控装备维修划分为 4 个主要目标。

(1)保证靶场测控装备处于良好的技术状态

靶场测控装备的良好技术状态是其可用性的主要标志。在靶场测控装备的使用过程中,由于故障、损伤、改进改装以及达到规定的使用期限等,总有一部分需要进行必要的预防性、修复性或改进性的维修工作。在这些维修工作实施期间,靶场测控装备不能够正常使用。因此,靶场测控装备的维修必须在保证安全和固有可靠性水平的基础上,通过提高维修效率、合理的规划和科学的组织管理等可能采取的一切有效措施,尽量缩短靶场测控装备维护、修理、运输以及等待所占用的时间,减少对试验任务的影响,使靶场测控装备处于良好的技、战术状态,以保证随时完成各种试验、测控及训练任务。

(2)保持、恢复和改善靶场测控装备的可靠性

可靠性是衡量靶场测控装备及其各分系统设备组件质量的一项主要指标。靶场测控装备及其各分系统设备组件,经设计制造出来以后,本身应具有一定的可靠性水平。这种固有的可靠性水平,是对靶场测控装备进行有效维修时可能期望达到的最高水平。靶场测控装备维修的根本任务就是保持和恢复这一固有可靠性水平。当发现靶场测控装备的固有可靠性水平不足时,除了向工业部门提出质量意见,促使其改进设计、制造,提高固有可靠性水平之外,使用管理部门有时也需要通过改进性维修,进行必要的加工改装,以改善这一水平。

(3)确保靶场测控装备使用中的安全性

靶场测控装备是在试验训练中使用的,一旦发生意外,不仅不能完成正常的试验任务,还会给人员和国家财产带来不可弥补的损失。因此,在靶场测控装备维修过程中,必须明确安全

第一的思想。影响靶场测控装备使用安全的因素很多,从维修方面来讲,主要是预防故障发生和严格遵循各项安全规定、措施。对于在使用过程中已出现的一切具有安全性的故障,必须采取有力的措施,及时予以排除;对于已出现的事故征兆,必须找出准确的原因,防止其再次发生。同时要对相关人员进行安全使用教育,避免在使用维护中可能出现的人为差错。

(4)力求以最低的消耗,取得最佳的维修效果

靶场测控装备维修要实现上述安全性、可靠性、可用性的目标,需要消耗一定的人力、物力、财力,这是必不可少的物质保障。如何以最低的消耗,最大限度地实现上述目标,以取得最佳的维修效果,这就是维修的经济性问题。装备维修部门必须重视提高总体的维修经济效益,要从设计、制造阶段抓起,适时监督和分析靶场测控装备的经济性设计,包括节省能源、资源,减少污染,保护环境等,并得出合理的全寿命费用和使用保障费用;当制定维修方针、原则和确定维修方式方法时,要进行经济性分析,以保证维修的经济有效。在靶场测控装备使用过程中,要贯彻勤俭建军的原则,发扬艰苦奋斗的精神,爱护靶场测控装备和工具设备,以充分发挥其效用;要节约人力、物力、财力,杜绝浪费,努力降低使用保障费用,节省国防开支。维修企业要把经济效益列为重要指标,加强经济活动分析和成本核算,不断降低成本,提高劳动生产率,保证完成各项经济技术指标。

维修的各项目标都是随主客观因素变化而变化的函数,各个目标之间又是相互联系和相互制约的。实现各项目标的最终目的是保证使用,即保证圆满地完成各项试验任务,这也是维修工作的总目标。

1.1.2 靶场测控装备维修的原则、基本任务及主要工作

靶场测控装备维修工作必须以新时期军事战略方针为依据,以提高部队战斗力为标准,按照靶场测控装备全系统、全寿命管理的要求,坚持以可靠性为中心,贯彻预防为主、科学维修、质量第一、注重效益的方针,遵循统一领导、整体筹划、突出重点、依法管理、平战结合、军民结合的原则。其维修工作的基本任务是建立和完善适应军事斗争的需求,适应试验靶场测控要求和靶场测控装备发展的维修管理体系与保障力量,采用先进技术和科学方法,对靶场测控装备实施有效的维护、修理、监控和技术管理,确保靶场测控装备始终处于良好的技术状态,保障测控部队作战、训练和其他各项测控试验任务的顺利完成。根据靶场测控装备维修的基本任务,各专业研究所及总站技术室需要进行的主要工作如下:

1)统筹规划,周密部署,严格控制靶场测控装备的使用、维护和修理,充分发挥靶场测控装备的效能,提高维修的整体效益。

2)组织各维修机构按时完成技术保障和各种维修任务,以保证试验、训练任务的需要。

3)组织督促靶场测控装备、零备件及有关器材的订购和供应,以满足使用和维修的需要。

4)了解和参与监督靶场测控装备的设计和研制状况,提出改进靶场测控装备的建议和使用维修要求,不断改善靶场测控装备的战术、技术性能。

5)组织开展维修科研工作,加强维修理论和政策研究,指导和促进维修改革;广泛开展技术革新,及时研究和分析事故、故障,提出预防措施,解决使用维修中的技术难题。

6)组织实施故障模拟演练,不断提高装备管理人员的业务技术水平、应急处理能力以及装备维修水平。

由此可见,专业技术研究所及总站技术室既要具体完成各项技术保障和维修任务,又要加强全面管理;既要掌握靶场测控装备使用过程中的技术状况,又要重视对靶场测控装备设计、

研制过程实施质量的反馈和监控;既要开展直接的维修工作,又必须同时发展维修科研,确保维修训练和物质器材保障。只有按系统工程的观点,统筹安排、全面管理,形成合理的系统结构,履行完整的工作职能,才能使整个靶场测控装备维修工作指挥灵活、调节适时、运转协调有序,从而提升工作效能和经济效益。

1.2 靶场测控装备维修
管理及其职能

靶场测控装备维修管理是指各级领导和装备操管人员依据测控装备全寿命体系的客观规律,运用科学的方法,保证维修系统的各个环节及其相关部门处于正常的工作关系,确保维修系统拥有正常的活动过程,并使其在不断循环、不断重复的过程中向前发展,不断强化维修活动过程中人与人、人与物、物与物的效应,扩大系统中人、财、物等系统诸要素的作用,从而提高维修系统的效能。

靶场测控装备的维修管理是为有效地实现维修目标而完成预定的维修任务,合理计划、组织和使用维修的人力、物力、财力和时间的全过程。其基本任务是把组织、实施维修工作的各个环节建立在在现代科学的基础上,运用现代管理的理论方法,掌握靶场测控装备维修的客观规律,并对维修系统各个环节和维修过程进行组织、计划、协调、指挥、控制,以达到最佳的维修效果,获得最佳经济效益。因此,管理在维修中占有十分重要的位置,抓好维修管理是实现靶场测控装备维修现代化的一项重要任务。

在具体维修过程中,靶场测控装备维修管理的性质总是通过管理的具体职能来体现的。对管理的职能有多种说法,有的归结为 3 种职能,有的归结为 5 种、6 种以至 7 种职能。就其基本内容来看大致相同。为了突出重点,我们把维修管理归结为计划、组织、指挥、协调、控制5 个基本职能。

(1)计划

计划就是预测未来、确定目标、决定方针、制定和选择方案。科学的计划是靶场测控装备维修活动的依据,是实现科学领导和组织维修的重要条件,因此,计划是维修管理的首要职能。

(2)组织

把维修的各个方面、各个环节和各个要素科学合理地组织起来,形成一个有机的整体。组织职能主要包括:设置组织机构、划分维修结构、配备各级管理人员和维修人员、完善并实行各项维修法规和政策等。设置组织机构是维修管理的重要前提,是维修计划得以实施的必备条件。

(3)指挥

指挥是指对靶场测控装备维修工作过程中各类人员的领导,是保证维修活动顺利进行必不可少的条件。在维修系统中,人力、财力、物力和环境要素结合成一个整体,如果没有统一指挥,就不能正常进行活动,这个整体就会失去效用。因此,在维修系统中必须实行高度统一的指挥。

(4)协调

为了有效地完成维修任务,需要把各种管理活动调节、统一起来,使各个部门、各个环节的活动能有机地配合,以实现维修的总目标。协调分为垂直协调和水平协调,对内协调和对外协调。垂直协调就是各级维修领导机关的协调活动;水平协调就是各部门、各单位之间的横向协调活动;对内协调就是部队内部所做的协调活动;对外协调就是部队与部队,部队与其他单位(如靶场测控装备生产工厂、科研单位、院校等)之间的协调活动。

(5)控制

控制是检查维修活动执行情况和纠正偏差的过程。控制的目的在于及时地发现问题,有效地解决问题,保障计划的顺利实施。维修控制的基本内容包括确定标准、检查执行情况和纠正偏差。

上述 5 方面的职能相互联系、相互制约。通过计划,明确了目标和任务;通过组织,建立了实现目标和完成任务的机构;通过指挥,建立了正常的维修工作秩序;通过协调,协调了各个部门的步伐;通过控制,检查了计划的完成情况,纠正了偏差。因此,计划、组织、指挥、协调、控制各个环节环环相扣,运转灵活且高效,形成了靶场测控装备维修管理的闭路循环和基本活动。

1.3　靶场测控装备维修计划管理

靶场测控装备维修的计划管理,就是要在既定的维修思想、维修方针的指导下,针对维修的任务,对客观情况进行调查研究,预测各靶场测控装备维修的发展趋势,统筹安排、综合平衡维修各方面的工作,择优决策,确定维修管理的目标,制订实现这一目标的行动方案,依据制定的计划,科学组织、严格控制维修活动,以充分利用维修的人力、物力和财力资源,争取取得最佳的维修效果,圆满完成预定的维修目标。

靶场测控装备维修必须强调全面的计划管理,即全系统、全过程、全员性的计划管理。

全系统的计划管理,就是靶场测控装备维修系统要有总体的规划、计划,同时系统内各部门、各层次、各单位都应有相应的计划,做到"以上定下、以下保上",形成完整的计划管理体系。

全过程的计划管理,就是要有长期的、中期的、短期的计划。做到"以长定短、以短保长",既要制订好计划,又要组织执行好计划,随时检查计划的落实情况,并根据情况的变化及时修订计划,通过控制和修订,保证计划的执行。

全员性的计划管理,就是要求每个管理人员和维修人员都要关心和参与整个系统和所在单位的计划工作,都围绕保证实现整体目标制订自己工作的计划和目标,按计划办事。

维修计划管理的职能是,进行维修决策,并将决策具体分为周密的行动部署,保证决策目标的实现,其基本任务如下:

1)贯彻落实党中央、国务院和中央军委制定的各项方针政策。

2)正确地规划未来,指明靶场测控装备维修系统的发展方向,设计发展的规律,预期发展的水平,部署发展的步骤,制定发展的措施。

3)合理地利用人力、物力、财力等维修资源,以获得最佳的经济效益和使用效益。要通过制订计划、执行计划、检查计划,实现以最小的输入,获得最大的输出。

4)确保靶场测控装备维修系统内部的平衡和协调。通过维修计划管理,使靶场测控装备维修系统各部门、各层次、各项工作计划和指标互相衔接,使各项维修活动协调发展。

1.4　靶场测控装备维修组织管理

所谓组织,就是围绕一项共同目标建立的组织结构和机构,并对组织机构中的全体人员指定职位、明确职责、交流信息、协调工作,在实现既定目标的同时获得最大的效益。组织是随着生产力的发展和社会的进步,在社会分工协作的基础上形成的。组织的作用日益突出,任何一项管理工作都有赖于合理的组织结构和良好的组织运行秩序。组织是管理的重要职能之一,它既是管理的基础,又是管理的工具,贯穿于管理的全过程。所谓管理,就是如何形成和经营组织的问题。良好的组织是提高管理水平的重要保证。

实践证明,维修管理组织职能发挥的好坏直接关系到靶场测控装备维修质量的高低、维修工作效率的高低、效益的优劣和保障能力能否得到最大限度的利用。靶场测控装备维修组织就是要按照总的战略部署、试验和训练任务的需要,遵循一定的维修方针和维修计划,运用辩证唯物论与管理科学的理论和方法,科学地设计维修的组织结构,合理地设置管理部门和所属机构,统筹安排,充分利用维修的人力、物力、财力、时间及信息,使维修系统各部分密切协同,各环节灵活运转,最大限度提供优质、可用的靶场测控装备,保证安全,确保试验和训练任务的执行。

靶场测控装备维修组织是由众多的因素、部门、成员,依据一定的联结形式,排列组合而成的。维修组织的要素主要包括目标、人员、职位、职责、关系以及信息。共同的目标是组织能作为一个整体,统一指挥、统一意志、统一行动的基本要素;人员是组织的主体和对象,是最活跃的要素;结构、职位是组织的框架,责权是组织生存的要素,一定的职位必须对应一定的责任和权利,关系和信息是组织的效率要素。只有关系协调,组织成员都有强烈的协作意愿,组织才能获得最大、最稳定的合力去实现共同的目标。交流信息是将组织的共同目标和各成员协作意愿联系起来的纽带,是进行协调关系的必要途径。维修组织的任务就是要实现目标、人员、职位、责权、信息这些要素的最佳组合和配合。从本质上来说,维修组织职能的任务就是研究维修中人与事的合理配合。靶场测控装备维修组织管理职能的主要内容可以归纳为以下 3 个方面。

(1)组织设计

组织设计是实施组织职能的首要环节。组织设计就是选定合理的组织结构,确定相应的部门、机构、单位和人员配备,规定各自的任务、职权和职责以及相互间纵向和横向关系。具体的组织设计工作如下:

1)靶场测控装备维修系统总体组织结构的设计,包括系统的组成、组织规模、管理层次、力量的布局和领导的机制。

2)各级靶场测控装备维修管理部门组织实体的设计。

3)靶场测控装备维修体制的设计,包括划分维修等级,选择维修方式,确定维修类型,规定专业分工,设置相应的机构。

4)各级维修机构组织实体设计。

5)靶场测控装备维修组织法规的设计,包括法定维修组织各构成部分的编制、职责、职权、领导和协作关系的原则与办法;维修的方针、原则、制度和有关规定。

6)在靶场测控装备维修组织内外因素变化,要求变革维修组织形态时,重新进行组织设计。

(2)组织维系

组织维系,就是稳定和改善维修组织,这是充分发挥维修组织功能的基础。具体工作些:

1)保持组织的集中统一。组织内每个成员都要能为实现组织的共同目标而积极地贡献力量,密切地进行协作。同时每个成员明确各自的任务、职责与职权,自觉地维护组织的协调统一。

2)维护组织的秩序和功能。要坚持落实各级岗位的职责和处理相互关系的准则。防止失职和"内耗"造成组织功能的蜕化。

3)保证组织的"齐装满员"和正常的"新陈代谢"。既要做到人员流动后及时补齐组织缺额,又要防止组织机构臃肿、人浮于事。

4)不断完善组织的结构和法规,使维修组织永葆活力。

(3)组织运用

组织运用就是合理地、最大限度地发挥组织整体和各部分的功能,完成维修管理和作业计划,实现组织的目标。具体工作有:

1)指挥组织运行。要明确规定维修组织各实体的任务分工、业务流程、工作质量、完成时限和协作关系,适时进行指挥调度,落实维修法规,保证组织运行的有利、有序、有效。

2)协调组织关系。通过疏通指令下达和信息反馈渠道,控制和调节人流、物流、信息流,解决维修组织整体与部分、部分与部分之间的矛盾,消除运行中的不平衡性,使组织达到时间上、空间上、工作质量上的高度协调配合,力求最佳的整体效能。

3)领导者要合理运用各部分的功能,注意整体结构的和谐性。在运用、发挥组织机构的功能方面有"八忌":一忌破坏整体结构;二忌乱设临时机构;三忌因人设事;四忌破坏原有功能;五忌膨胀指挥系统;六忌多头领导,指挥不一;七忌无章无法,无秩无序;八忌守旧僵化,不能顺势应变。

1.5　靶场测控装备维修质量管理

靶场测控装备维修质量管理就是要从全面分析影响维修质量的因素入手,综合运用管理技术、专业技术和数理统计方法,掌握维修质量形成的客观规律,有组织、有系统地实施全员、全过程、全面的质量管理,建立一套完整的维修质量保证体系。

维修质量管理的对象,既包括维修质量,又包括维修工作的质量。

(1)维修质量

维修质量是维护和修理所达到的保持和恢复靶场测控装备固有可靠性的水平。衡量维修质量的标准,是所维修的靶场测控装备在规定的使用条件下固有功能的实现。维修质量的好坏虽有多种表现形式,但集中反映在靶场测控装备使用过程中是否发生故障上。

(2)维修工作质量

维修工作质量是指为保证和提高维修质量所做工作的优劣性。例如领导工作质量(对靶场测控装备)、检查工作质量、保养工作质量、修理工作质量、检验工作质量、信息反馈工作质量等等。它反映了所做工作对保证和提高维修质量所起作用的性质和水平。

在各项工作质量中,最为重要的、起决定作用的是领导工作质量。

维修质量和维修工作质量是有区别的两个概念,但又有十分密切的联系。维修质量是由维修工作质量决定和保证的,维修工作质量是以维修质量来检验和衡量的。全面维修质量管理主要是通过管理维修工作质量来管理维修质量,控制维修工作质量来控制维修质量,提高维修工作质量来提高维修质量。

维修质量管理的基本任务就是在可靠性理论的指导下,把管理质量,发展到管理影响质量的因素上来,着眼于全面消除各影响因素的消极作用,充分发挥其积极作用,达到控制和提高维修质量的目的。基于此,要做到以下几点:

1)全面管理。维修质量是各因素综合作用的结果,忽略任何一个因素都可能带来不利后果。因此,在抓住关系到质量的主要因素的同时,必须对维修各方面的工作实行全面管理。

2)全员管理。每个成员(单位和个人)的工作质量最终都要反映到维修质量上来,因此,每个成员都有一定的质量管理职能,都必须提高自己的工作质量,所以要实行全员管理。

3)全过程管理。维修质量是维修工作过程的产物,其影响因素在全过程都起作用,因此要实行全过程管理。实行全过程管理就是要强化质量检验工作。

4)建立一套完整的质量保证体系,这是全面质量管理的核心。要实行全员、全过程、全面的维修质量管理,就必须建立健全的质量管理的责任制度和质量信息反馈制度,制定质量标准和管理秩序,并使每个人树立质量第一的观念,掌握质量管理的基本方法,这就是建立质量保证体系。

根据维修工作的特点,维修质量管理要做好以下几项主要工作:

(1)进行维修质量管理教育

要采用专题课程或结合整顿、维修讲评等多种形式,对全体人员进行经常性的全面质量管理教育。

1)树立"对战斗力生成负责、对未来战争胜利负责、对参战将士生命负责"的高度政治责任心和一切为完成试验训练任务服务的思想,认真听取各方面的意见,严肃对待故障,精心检查,精心维修,努力提高靶场测控装备维修质量。

2)树立"质量第一"的观念,一切维修管理活动必须以质量为中心。

3)树立一切用数据说话的观念,运用科学的质量管理方法,进行量化管理。在分析、研究、衡量和改进各类问题时,都要注意用数据说话,并运用数据统计的方法进行科学分析,这样才能从本质上掌握质量的动态趋势,从而解决提高质量的关键问题。

(2)严格落实条例、规程、各项规章制度和技术规定

这是靶场测控装备维修质量管理中最重要的标准化工作。条例和规程是维修工作的根本依据和基本尺度。要实现维修质量管理的标准化、正规化,就必须加强维修的严肃性,克服随意性,严格按条例组织维修工作,按规程进行维修作业,执行有关规章制度,遵守各项技术规定,这样才能保证和提高维修质量。

(3)广泛开展标准化工作

科学地制定条例、规程、完善靶场测控装备维修指标体系是基本的标准化工作,在实际工作中还要在此基础上拟定维修工作各方面的具体标准。

1)各级职责标准化。对各级维修管理人员,维修操作人员以及各个维修岗位的任务、责

任、权限都要做出统一、明确的规定。

2)管理内容标准化。对维修计划工作、质量控制工作、质量检验工作、技术训练工作等各项管理的内容做出统一、明确的规定。

3)检查考核标准化。对各单位的各项管理工作都要建立考核标准,如合格维修厂标准、质控室建设标准等,检查工作要按标准考核。

4)维修质量标准化。各单位要根据不同的参试装备,制定靶场测控装备维修保养的具体标准,以此作为检查质量的考核依据。

5)工作程序标准化。如制定质量控制工作程序,维修工作程序,等等。

6)操作方法标准化。靶场测控装备的检查方法、质量检验方法和维修操作方法,都需要在总结试验、分析研究的基础上力求使其标准化。

7)人员技术标准化。各类维修人员应具备的素质和达到的技术水平,都要制定明确的标准。

8)工具设备标准化。对工具设备的技术状况、使用情况、保管、摆放都要有明确的标准。

9)现场秩序标准化。对厂房和工作间的人、机、设备、车辆摆放位置和行动路线作业区域,都要有统一的规定。

10)维修设施标准化。对作业面积、空间、技术要求、附属设备都要制定标准,并按标准使用。

只有广泛实行标准化,才能建立正常的质量管理秩序,使各方面的人员明确共同的目标、协调一致地工作;才能避免各行其是和凭经验办事,从而防止发生混乱;才能适应部队流动性大的特点,迅速提高装备操管人员的水平;才能减少经常重复出现的管理业务的工作量,使领导干部能集中精力研究、处理重大问题,从而实现用程序管理取代个人管理,用日常管理代替突击管理,用系统管理代替局部管理。

(4)严格质量检验

靶场测控装备要确保试验参试率,对可靠性有很高的要求,因此,在做好第一手工作的基础上,加强质量检验具有重要的意义。

1)全数检验。全数检验即对每项维修工作都要进行检验,如拆装、更换、调换、校验、加改装以及修理等。

2)全过程检验。不仅要进行完工检验,而且要对中间工序,特别是关键工序进行检验;安装工作还要进行工作前的检验,即要对安装的部、附件设备进行性能检验,确认其合格后才能装机使用。

3)全员检验。每个做第一手工作的人,都必须对自己所做的每一项工作实行检验,自觉地把好质量安全关口。要把"自己检验"和"互相检验""干部检验"有机结合起来。

4)分级检验。要根据维修工作的重要性和复杂程度,按各级干部的职责进行分工,实行分级检验。各级干部检验要特别注意把好一些重要关口,如拆装关、验证关、改装关、执行重大任务前、进行较大工作后等等。

5)正规检验。检验必须严格按技术规定和工艺规程实施,该用工具、量具、仪器检验的,不能"以看代检",更不能"以问代检"。

6)不经检验不能使用、不能转工序、不能出厂。

7)制定完整的质量检验标准,规定检验的项目、时机、方法和执行人,并应注重检验人员的学习和训练,使各级检验人员学习、掌握一定的检验理论和相应的检验方法。

(5)严格控制维修质量

要严格控制维修质量,特别是落实技术通报、重要的周期性检测工作、有寿命机件使用的控制。一是要严格落实控制的责任制,二是要做好质量信息反馈。

(6)做好维修质重的分析

一要对大的维修质量问题进行微观分析,做到"四清"(情况、原因、责任、措施);二要用数理统计方法对维修资料进行客观分析,掌握维修质量波动的趋势,找出影响质量系统的因素,并加以改进;三要坚持干部检查、验收制度,进行抽样分析,及时采取措施控制质量波动。

在进行质量分析的基础上,要定期进行维修质量评比活动,以推动质量管理工作;要适时进行维修质量整顿,解决存在的问题,并制订质量改进计划,不断提高维修质量。

(7)进行技术教育

要进行经常性的技术教育和定期的技术考核。特别是在新的维修人员独立工作前、进行靶场测控装备改装工作前和改换维护的靶场测控装备时,要进行专门的训练和考核。对新干部要进行传、帮、带,使之达到规定的技术水平。

(8)重视文明维修

抓好维护作风的培养,重视文明维修,要坚决克服"有章不循"的不良现象,纠正不讲工艺、不讲条件、不讲秩序的粗放维修作业;要严明维修纪律,严格按规程操作;要严格规定作业区域,工具设备,仪器、部、附件要分类定位摆放,维修现场要井然有序;仪器设备要保养完好,量具和检测仪器要定期校准。

1.6　靶场测控装备维修信息管理

靶场测控装备维修信息是有关维修活动特征及其变化的表达和陈述。一切有关维修活动的事实和现象,一切人们利用语言、文字、符号、图纸,加工整理得出的有关维修活动的数据、公式、资料、指令、含有一定内容的信号和代码、文件、规章制度、理论和概念等,都是维修信息。

在现代复杂的维修活动中,维修信息已成为维修管理的基础。现代维修管理的重要特征就是凭借维修信息进行管理。管理的艺术在于驾驭信息。管理主动权的大小决定于驾驭信息能力的高低,决定于获取信息数量的多少、处理信息能力的高低和使用信息的程度。维修管理人员离开维修信息,缺乏对维修活动实际情况的了解,就等于失去了驾驭维修活动的主动权,不可能认识和掌握维修活动的规律,就根本谈不上现代维修管理。

为了正确、有效地利用维修信息为维修服务,维修信息管理必须满足 4 个方面的基本要求,即能及时提供准确、可靠、完整、适用的信息;有一个健全的维修信息系统;采用科学的信息处理方法;拥有先进的信息传输和处理手段。

1. 维修信息的作用

维修信息在维修活动中的具体作用主要表现在以下 4 个方面:

1)维修信息是制定维修决策和计划的基础和依据。

决策和计划是管理最重要的职能。决策的正确性和计划的科学性,不仅直接关系到靶场测控装备维修质量的提高和试验训练任务的保障,而且涉及部队的发展与建设。各级维修管理机构和人员,只有充分理解和掌握来自上级的指令和本部门管辖范围内维修实际情况等各方面的可靠信息,对情况了如指掌,才能运筹自如,做出正确的维修决策,制订执行决策的计划。从一定意义上来说,决策的水平和质量在很大程度上依赖于信息工作的水平和质量。

2)维修信息是监督、控制维修活动的依据和手段。

计划在执行过程中将不断产生信息。各级维修管理部门在行使管理职能的过程中,一项极为重要的任务就是根据这些信息的反馈对计划执行情况进行监督,观察维修活动是否符合总体目标,然后及时发出调节和控制的指令,以保证维修活动正常运行,从而实现原定的目标。如果没有维修反馈信息,维修活动就将失去控制。

3)维修信息是维修系统各层次、各环节互相沟通联系,并形成有组织的协调活动的脉络和纽带。如果没有信息,各单位互不沟通,各行其是,就根本谈不上对维修系统的管理。

4)维修信息是推动靶场测控装备设计制造部门提高可靠性和维修性,检查维修部门的维修决策、指令是否正确的主要依据。

实践是检验真理的唯一标准。靶场测控装备可靠性和维修性的优劣,维修决策和指令是否正确,无不受到使用维修实践的检验。来自维修现场的维修信息对改进靶场测控装备的设计制造,对提高决策机构的决策质量具有很重要的意义。

2. 维修信息的基本特征

(1)事实性

信息的事实性就是信息的真实性。维修信息来源于维修实践,它是维修活动的客观反映,是不以人们的意志而转移的,但它不是维修活动本身,它可以脱离维修活动而被复制、传递、存储、加工,也可以被信息的观察者所感知、测量、记录、识别、处理和利用。这就对各级维修管理部门提出了如何正确识别、如何尊重客观事实以及保持信息所反映的事实真相的问题,以保持信息应有的有效度。因此,维修信息的首要和基本的性质是它的事实性。现代管理科学认为,准确是信息的生命,是信息系统存在的全部意义。只有依据准确的信息才能作出正确的科学论断。任何识别误差和道听途说都会影响信息的准确性,以偏概全、各取所需的失真信息往往会让人做出错误的判断。

(2)知识性

信息不同于物质和能量,它提供给人类的是关于事物运动的知识。得到维修信息就意味着得到有关维修活动的某种知识,能消除某些认识上的不确定性,改变原来的知识状态。

维修活动和一切事物一样,总是处于不停的运动变化之中,不断地产生相应的信息。因此,信息资源不但没有限度,永远不会耗尽,相反,它只会越来越快地增长。

信息的知识性也决定了信息的共享性。信息在交换过程中不会出现你得我失的情况,而是通过交换达到信息共享。

(3)相对性

人们需要信息,并不是为了获取信息本身,而是为了利用信息,或者说是为了获取信息的效用。维修活动本身及其产生的信息具有客观性,但人们接受、理解、应用来自维修活动的信息,以及运用以后产生的价值和效用,却具有主观的色彩,这就是信息具有的相对性和主观性。

维修活动的特征及其变化总是通过偶然性事件表现出来的,维修信息的内容也必然具有随机性、概率性,人们只有连续不断地从维修活动的变化中接收大量的信息,并经过正确的加工处理,才能从大量的偶然现象中找到隐藏在偶然性后面的必然性。从大量信息中提取对维修管理有用的价值信息,从而逐渐掌握维修活动的客观规律,进而利用这些规律去能动地改造和控制维修活动。只有这样,才能使主观与客观统一起来,使信息的相对性与客观性统一起来。否则,工作必然被动,甚至会被搞糟。

(4)反馈性

维修信息随维修活动的不断进行而不断产生,并伴随维修活动一起流动,但信息还可以逆流而上,形成反馈信息。正是由于信息具有反馈性,它才成为控制的基础。人们认识一般过程的信息流可用图 1-1 表示。

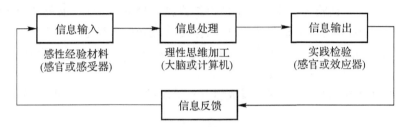

图 1-1　人们认识一般过程的信息流

信息的输入,指凭借人的感官或科学仪器(感受器)从外部世界接受信息,获得感性经验材料,它相当于感性认识阶段,是认识的起点。信息处理,相当于理性认识阶段,通过大脑的思维,对丰富的感性材料经过选择抽取、逻辑加工、整理之后达到关于事物的本质和规律性的认识。信息的输出,指通过人的感官或效应器反作用于外部世界,这就是使用信息的过程,它相当于从理性认识再回到改造客观实践中去。在使用信息的过程中,通过反馈,将输出信息对外界作用的结果返送回来,从而调整输入信息。如此循环,使输出信息达到与外界环境的客观内容基本符合的程度,使主观与客观基本一致。联系主观与客观世界的"桥梁"和"纽带"就是信息。在一定的意义上,管理是否有效,关键在于是否有灵敏、准确、迅速的反馈。

在维修活动中,人们只有高度重视维修信息的反馈并连续不断地收集信息,并将其同原来储存起来的信息结合起来加以分析处理,永不停息,才能真正掌握维修活动的规律,控制维修活动的进程。

(5)时效性

维修活动处于动态变化之中,维修活动产生的信息只是过去维修活动状态的反映。当维修活动的发展有了质的变化以后,过去信息的有效性就要降低,出现信息老化。大多数维修信息的价值都将随时间的流逝而衰减。影响维修活动未来的主要因素是近期的信息,过去的信息随着时间的增长,由于靶场测控装备本身和维修方式、方法和手段的不断更新变化,其对未来的影响将逐渐消失。

3. 对维修信息的基本要求

对维修信息的基本要求可以概括为及时、准确、适用、完整。

(1)及时是对信息在时间上的要求

信息存在时效性,因而要求信息能及时、灵敏地反映维修活动的最新情况和各方面的动态。为此,需要做到适时记录和快速传递。

(2)准确是对信息在科学上的要求

准确是信息的生命。信息必须如实地反映维修活动情况,它不仅要求信息要真,不是虚假的信息,而且要求信息要准,没有误差。基层收集的原始维修信息不准,即使统计工作天衣无缝,统计出来的数据也不能如实反映客观情况;各级信息管理机构统计不准,轻则造成统计信息不准确,重则引起统计工作上的混乱,使相互关联的统计信息自相矛盾。这些都会降低甚至丧失信息的使用价值,特别在普遍应用电子计算机管理的情况下,数据不断输入、储存和处理,如果中途输入了许多不准确的信息,造成的危害更大。

(3)适用是对信息在质量上的要求

维修管理者需要从维修信息的汪洋大海中,经过选取、加工整理后提取有用的信息。只有这种有用的信息才会帮助管理者采取正确的决策或控制措施,从而产生积极的效用。无用的信息,或者大量杂乱无章的未加整理的信息,只会使管理者陷入信息的汪洋大海中,浪费管理者的精力和时间,妨碍管理者做出正确的决策,成为一种干扰因素,形成信息污染。

(4)完整是对信息在数量上的要求

为了说明维修活动的状态,往往需要大量互相关联的完整信息。所谓完整,包括连续积累与多项两方面含意。

此外,在获取信息的过程中还必须注意经济性,即要用较低的费用去获取管理所需的信息。一方面,要节省获取信息的费用,加强各单位的信息交流,会比每个单位独立地收集全部信息效果好得多;另一方面,在获取信息时必须讲究实效,使获取的信息具有适用性,切忌单纯追求信息数量而忽视信息质量。

4. 维修信息的收集

(1)原始维修信息收集的特点

原始维修信息是维修活动的记录,这使它的收集具有两大特点:一是对记录时间要求及时、经常,对记录内容要求具体、准确、全面;二是记录工作平凡琐碎、群众性强,效果滞后性强。

前一个特点对记录提出了很高的要求,因为记录内容不具体、不准确、不全面,将使记录失去加工的价值或者加工价值不大;记录不及时,等时过境迁再凭回忆补记,往往会因遗忘而不能保证信息的准确性和全面性;对不断发展变化的维修活动如果不经常连续地记录,就无法从维修活动过程大量和瞬时的偶然事件中提炼出切合管理需要的统计规律,没有信息的连续积累,就根本谈不上"用数据说话",靠临时拼凑的支离破碎的信息不可能真正解决问题。

后一个特点易于使人忽视原始信息的作用。因为记录工作平凡琐碎而又具有较大的滞后性,一个人(小组)某时间提供的原始信息不可能立即产生直接的效果,只有在大量长期收集维修信息的基础上,经过科学的加工整理,提炼出适用的信息时,人们才能真正看清原始信息的重要作用。正因如此,基层人员易于忽视提供的原始信息应达到较高的要求。加之维修现场的基层维修操作人员往往集中精力和忙于具体的维修作业,易于忽视对原始信息的及时记录。

对原始信息记录要求高,现场维修人员容易忽视,这是一个矛盾。处理不好,将使原始信息大量流失,收集到的信息也不够准确全面。因此,当前,部队已普遍使用计算机参与信息管理。

(2)收集维修信息应注意的几个问题

在信息收集工作中,尽可能减少信息流失和消除信息不准确的现象,保证能及时收集到准确完整的信息,因此,必须注意以下几个问题:

1)维修信息的收集必须有目的、有计划地进行,要合理控制信息收集的数量。

2)收集信息用的表格在内容、格式、代码和上报时间等方面均应统一,而且要使用简便,尽量做到标准化(制式化),并应由管理者(机关)设计制作,随任务下发。

3)收集工作要制度化。要拟定信息收集制度。规定各种表格的填写单位、填写人、填写时间、上报时间,实行岗位责任制,将信息收集任务落实到人。

4)充分调动直接维修人员提供原始信息和提出改善信息工作建议的积极性,真正实现信息工作的全员管理。

1.7　测控装备寿命周期各阶段的维修管理

靶场测控装备在寿命周期的不同阶段,都有自身的不同规律;靶场测控装备的维修管理必须遵循靶场测控装备的自身规律,管理才有针对性,才能取得事半功倍的效果。因此,靶场测控装备寿命周期的不同阶段,其维修管理的内容和重点也不相同。

1.论证阶段的维修管理

该阶段维修管理的主要内容是提出科学合理的靶场测控装备维修性定性、定量指标,确定维修性管理计划,初步确定维修保障方案。在确定维修方案时,既要考虑我军现行的维修体制和维修手段,又要考虑维修改革和科学技术的发展。

2.方案和工程研制阶段的维修管理

该阶段的维修管理工作主要有修订论证阶段确立的维修方案;和设计部门协同建立靶场测控装备维修性设计准则;参与维修性分析、配置和预测;参与维修性设计评审;参与维修性验证与试验;根据合同要求督促研制部门对与维修有关的文件和数据进行编写和整理;协同研制部门制订维修人员培训计划和维修保障计划。

3.生产及部署阶段的维修管理

该阶段维修管理工作主要有维修性验证与试验,证明生产的靶场测控装备与设计的一致性、可生产性及适用性,其要求可参照研制阶段的维修性验证与试验;按合同要求,验收研制部门提供的相关文件和数据;执行维修人员培训计划和维修保障计划。

4.使用与保障阶段的维修管理

该阶段靶场测控装备维修管理工作主要有依据维修大纲,科学、适时、有效地组织对靶场测控装备进行维修;协调好各部门、各环节的工作,确保维修组织管理、计划管理、技术管理和质量管理水平,以保持、恢复和改善靶场测控装备的固有可靠性水平,使靶场测控装备始终处于良好的技术状态;收集、整理靶场测控装备在使用过程中的可靠性、维修性等实际数据,靶场测控装备管理部门将数据及时反馈给设计生产部门,进一步提出对靶场测控装备和维修大纲的改进要求和建议;通过合理的方式督促和监督设计生产部门及时解决使用和维修部门反馈的意见和建议,不断提高靶场测控装备的可靠性、维修性和保障性,做好为用户服务的工作。

5.退役处理阶段的维修管理

该阶段的维修管理工作主要有整理靶场测控装备在整个寿命周期中维修活动的资料、数据、经验、费用等,并存档或存入中心数据库,为新靶场测控装备的研制提供借鉴和参考。

参 考 文 献

[1] 马珍杰. 基于可靠性的舰船全寿命周期费用优化研究[D]. 哈尔滨:哈尔滨工程大学,2015.

[2] 卢超. 航空装备维修精细化管理[D]. 长春:吉林大学,2013.

[3] 张贝贝,卢兴华,孙立闲. 军民一体化装备维修保障激励与约束机制研究[J]. 信息技术,2012,36(9):195-198.

[4] 左帅. 装甲装备维修保障系统评价与优化[D]. 长沙:国防科学技术大学,2010.

[5] 郭树元,吴学军,胡锟频. 适应维修模式变革的设备维修质量管理创新研究[J]. 长沙航空职业技术学院学报,2006,6(1):73-76.

[6] 王冀杭. 基于人因工程学的国内民航维修安全管理的应用[D]. 杭州:浙江工业大学,2008.

[7] 梁新华,王端民. 设备维修质量评价综述[J]. 中国设备工程,2006,22(4):5-7

[8] 宗凤彬,孙雷. 影响车辆装备维修质量的因素及提升维修质量的措施[J]. 汽车运用,2012,33(4):18

[9] 孙小宁. 基于流程再造的新型雷达维修保障模式及应用研究[D]. 长沙:国防科学技术大学,2008.

[10] 刘帅. 基于实时监测数据挖掘的风电机组故障预警方法研究[D]. 北京:华北电力大学,2019.

[11] 陈聃. 飞机维修企业A公司设备保障管理研究[D]. 北京:北京理工大学,2017.

[12] 王常胜. 军事装备维修保障效益分析[D]. 长沙:国防科学技术大学,2005.

[13] 李志强. 部队精细化管理研究与思考[D]. 天津:天津师范大学,2014.

[14] 席传裕,吴家菊,齐天永,等. 面向服务的装备维修保障系统研究[J]. 计算机测量与控制,2013,21(10):2734-2737.

[15] 卢永吉,王远达,王瑞朝. 军机两级维修总体框架研究[J]. 航空精密制造技术,2009,45(4):57-60.

[16] 杨国芹. 浅谈质量保证体系在企业管理中的重要作用[J]. 河北企业,2012,24(12):17.

[17] 孙华昕. 装备维修质量过程控制与研究[D]. 西安:西北工业大学,2005.

[18] 陈二强. 贝叶斯网络在飞机故障诊断与维修优化中的应用[D]. 成都:电子科技大学,2006.

[19] 付舜尧. 某型自动灭火抑爆装置维修策略研究[D]. 长沙:国防科学技术大学,2011.

[20] 李正勤. 有杆抽油系统精益维修技术研究[D]. 武汉:武汉理工大学,2009.

[21] 黄澄宇. 供电设备维修策略及维修管理系统的研究[D]. 北京:华北电力大学,2003.

[22] 戴云飞. 发电设备维修策略及维修管理系统的研究[D]. 北京:华北电力大学,2002.

[23] 向传刚. RCM在火炮维修管理中的应用[J]. 四川兵工学报,2012,33(5):60-62.

[24] 严俊. 地铁车辆故障分析及维修技术应用研究[D]. 上海:上海交通大学,2008.

[25] 姜伟. 大型水泵机组维修性研究[D]. 扬州:扬州大学,2008.

[26]　郑建祥. 基于可靠性和经济性的城市公交车辆维修策略研究[D]. 镇江:江苏大学,2012.

[27]　陈叶菁,龚时雨. 以可靠性为中心的维修思想[J],工业安全与环保,2006,32(6):61-62.

[28]　赵淑舫. 基于维修理论基础上的航材需求预测方法研究[D]. 南京:南京航空航天大学,2001.

[29]　贺亚辉. 工程装备大修质量控制研究[D]. 南京:南京理工大学,2006.

[30]　龚镇. 红外检测技术应用于电路预防性维修的研究[J]. 电子技术,2010,34(4):51-53.

[31]　余斌高,宋文学. 航空维修思想的发展[J]. 西安航空技术高等专科学校学报,2012,30(5):12-14.

第 2 章 靶场测控装备预防性维修

靶场测控装备在使用过程中发生故障,可能严重影响装备使用安全,造成装备重大损失,甚至影响试验任务的进程。因此,装备操作和管理人员应采取积极的态度,在故障发生之前先对装备(或部件)进行维修,预防故障的发生,隐患于未然。这种为预防装备(或部件)故障发生,预先对其采取措施,使其保持在规定状态所进行的维修活动称为预防性维修。为使预防性维修顺利进行,就必须制订和贯彻预防性维修大纲。它一般包括进行预防性维修的工作项目、类型、维修间隔期和维修级别等内容。目前一般采取以可靠性为中心的维修分析方法制订预防性维修大纲。

本章主要介绍可靠性维修的形成与发展、维修方式、工作类型和维修级别及可靠性维修的基本内容等。

2.1 可靠性维修的形成与发展

2.1.1 传统的以预防为主的维修

传统的以预防为主的维修思想是在装备发生故障前就进行维修,通过提前维修预防故障,从而保障装备处于良好的技术状态。以预防为主的维修思想是人们在对故障原理的再认识基础上总结的。20 世纪 40 年代以后,人们主要使用机械化装备,他们发现机械化装备的故障规律一般是:装备机件工作—磨损—故障—影响工作并可能危及安全。因此,为了尽可能保证每个机件安全可靠,就应在发生故障前进行维修。这样,以预防为主的维修思想应运而生。

依据这种思想,要采取多种预防性措施对装备进行提前维修,以减少故障的发生和事后排查的困难。预防性维修思想理论认为,零部件的磨损主要源于时间的积累,因此,定时维修就成了传统的以预防为主的维修的主要方式。以预防为主的维修思想改变了事后维修的被动性,在保证部队完成作战、训练和其他任务的过程中发挥了积极作用。但传统的以预防为主的维修思想也有一定的局限性。主要表现在:

1)机械地采取定时维修和定时拆卸分解检查的方法,机械地照搬照抄维修大纲,缺乏维修的针对性内容,造成了维修工作"一刀切"的盲目现象。

2)仅局限于对装备局部(部件或分系统)的维修技术研究,只着重解决装备局部维修中的具体问题,忽略了装备的整体关联性,缺乏对装备整体维修管理的研究。

3)由于当时人们对部件磨损的认知水平一般,因此仅能消除因部件磨损而产生的故障,无法避免部件锈蚀、老化及人为差错等造成的随机故障。

4)频繁更换零部件,导致工作量大、时间长、费用高、维修的针对性差。致使装备可靠性下降。

但是,传统的以预防为主的维修方式所包含的主动预防的思想对现代维修思想的产生和发展具有重要的影响作用。

2.1.2　以可靠性为中心的现代装备维修思想的发展

20 世纪 60 年代以后,随着人们对装备故障规律的深化认识,以可靠性为中心的维修思想逐渐产生和发展。以可靠性为中心的维修思想的含义是:及时分析装备可靠性的状况,并通过必要的维修来控制或消除使装备可靠性下降的各种因素,以保持或恢复装备的可靠性。随着可靠性理论逐渐发展和先进测试设备在维修中的应用,在对大量的维修资料和数据进行了统计和分析的基础上,人们逐渐认识到:

1)装备的可靠性下降必然导致装备出现故障。

2)在装备全寿命周期中,引起其可靠性下降的因素很多。

3)可靠性维修的主要目的是控制影响装备可靠性下降的各种因素,以保持和恢复装备的技术状态。

对装备进行可靠性维修要选择最佳的维修时机和最快的维修方法,以最好的维修质量来保证和提高装备的可靠性和维修的经济性。为达到这一目的,不能单纯使用单一的定时维修方式,而要采用定时维修与视情维修相结合的方式;必须与时俱进,采取科学的检测方法和手段,对维修资料进行收集和分析,为维修决策提供重要信息和可靠依据。

2.1.3　靶场测控装备的维修方式

维修方式是对靶场测控装备、部件的维修工作内容及其时机的控制形式。一般来说,维修工作内容的重点是拆卸维修和深度、广度比较大的修理,因为它所需要的人力、物力和时间比较多,对靶场测控装备的使用影响比较大。因此,在实际使用中,维修方式是指控制拆卸、更换和大型修理(翻修)时机的形式。控制拆卸或更换时机的做法,概括起来通常为 3 种:一种是规定时间,只要用到这个时间就拆下来维修和更换;第二种是不管使用时间多少,用到某种程度就拆卸和更换;第三种就是什么时候出了故障,不能继续使用了,就拆下来维修或更换。这 3 种做法都是从长期的实践中概括出来的,分别称为定时方式、视情方式和状态监控(事后)方式。定时方式和视情方式属于预防性维修范畴,而状态监控方式则属于修复性维修(故障发生之后对故障排除的维修)范畴。

(1)定时方式

定时方式是对测控装备零部件或器件设定一个"规定的时间",此处的"规定的时间"可以是装备工作的累计工作时间、间隔期、日历时间、里程和次数等。对于不同的靶场测控装备,其定时维修方式包括将装备分解、清洗直到装备进行全面翻修,其技术难度、资源要求和工作量的差别都较大。分解拆卸维修的好处是可以预防那些不拆开就难以发现和预防的故障所造成的后果。结果可能是装备或部件继续使用或重新加工后使用,也可能是报废或更换。

确定定时维修的条件,一是靶场测控装备各个零部件的故障随时间而增多,进入耗损期。二是装备故障造成的后果严重(维修费用高、停用时间长,妨碍了执行重大试验测控任务,影响任务进程)。

以时间为标准的定时方式的维修时机的掌握比较明确,其优点是便于安排维修工作计划,便于组织人力和物资。其缺点是维修针对性差、工作量大、经济性差。

定时维修适用于已知寿命分布规律且有耗损期的装备。这种装备的故障与使用时间有明确的关系,大部分项目能工作到预期的时间,以保证定期维修的有效性。比如,对靶场某地面靶场测控雷达的主要零部件寿命进行了专门统计(见表2-1),这些零部件在雷达主体结构中占据重要位置,它们发生故障后,在野外站点难以修复,需进厂翻修,其适用于定时方式维修。

表 2-1 靶场某地面测控雷达主要零部件寿命

序号	零部件	寿命统计值/万小时
1	天线大盘	2~3
2	驱动齿轮箱	2.5
3	汇流环	3
4	电机	3~4
5	继电器	1.6~2.8
6	开关	2.5
7	电位器	1.8~3.3
8	接插件	2.5
9	电缆和电线	3
10	车厢蒙皮和金属结构件	3.3

(2)视情方式

视情方式是当靶场测控装备或其部件有功能故障征兆时即进行拆卸维修的方式。同样,结果可能是靶场测控装备或部件继续使用或重新加工后使用,也可能是报废或更换。视情维修适用于耗损故障初期有明显劣化征候的装备,又需要有适当的检测手段。其优点是维修的针对性强,既能够充分利用部件的工作寿命又能有效地预防故障。

视情维修是基于"大量的故障不是瞬时发生的,从有故障征候到成为最后的故障状态,期间总有一段出现异常现象的时间,而且有征兆可查寻"这一事实进行的。因此,如果采用状态监控或无损检测等技术能找到跟踪故障迹象过程的办法,就可以采取措施,预防故障发生或避免故障后果。所以也称这种维修方式为预知维修或预兆维修方式。

靶场测控装备采取视情维修方式,能够有效预防故障的发生,充分延长零部件的工作寿命,减少维修工作量,提高装备的使用效益。

(3)状态监控方式

状态监控方式是对靶场测控装备的状态进行持续监控,或借助诊断技术来分析判断装备(或某些项目)能否再继续使用,或在装备部件发生故障或出现功能失常现象以后进行的维修方式,也称为事后维修方式。其优点是在具有连续监控或先进的诊断手段的基础上,可以充分延长装备零部件的使用寿命。若该故障从潜在故障发展到功能故障的时间内有机会测试,则该部件可采用视情维修。

对不影响安全或完成任务的故障,不一定非做预防性维修工作不可,部件可以使用到发生故障之后予以修复;但是也不能放任不管,仍需要在故障发生之后,通过所积累的故障信息,进行故障原因和故障趋势分析,从总体上对装备可靠性水平进行连续监控和改进,除更换部件或重新修复外,还可采用转换维修方式和更改设计的决策。

状态监控方式不规定靶场测控装备的使用时间,因此能最充分地延长靶场测控装备寿命,使维修工作量达到最小,是一种最经济的维修方式,目前应用较为广泛。俄罗斯民航界称状态监控方式为监控可靠性水平的视情方式,或用到出故障的视情方式。

以上 3 种维修方式各有其适用范围和特点,并无优劣之分。例如,正确运用定期维修与视情维修相结合的原则,可以在保证靶场测控装备完好性的前提下节约维修人力与物力。同时,这 3 种维修方式随着可靠性和维修性工程技术的发展,已逐渐融合,成为更加合理的维修工作类型。

2.1.4 靶场测控装备常用的维修方法

靶场测控装备维修方法是维修人员从事维修活动时所采取的技术途径和措施。根据靶场测控装备的不同工作时机、条件和范围及技术指标要求等,可分为以下几种维修方法。

(1)原件维修

原件维修是对靶场测控装备故障或损坏的零部件进行调整、加工或其他技术处理,使其恢复到所要求的功能后继续使用的修理方法。这种修理方法在修理费用不足或没有备件的情况下比较适用。采用新技术对某些零部件进行原件修理还可以改善其部分技术性能。原件维修通常需要一定的设施、设备和一定等级的技术人员等维修资源的支持,多数情况下原件修理不能在零部件的原地进行,而需要将零部件拆下后返厂修理,所以耗时较长。原件维修这些特点,决定了其不满足靠前、及时和快速维修的要求。

(2)换件维修

换件维修是用靶场测控装备完好的备用零部件或模块更换故障、损坏或报废的零部件或模块的修理方法。换件维修能满足靠前、及时和快速维修的要求,对维修级别和维修人员的技能要求也不高。但实施换件维修,要求设备的标准化程度高,备件要有互换性,同时还必须科学地确定备件的品种和数量。换件维修并不适用于所有靶场测控装备和所有条件,有时换件修理并不经济,反而会增加保障负担。对换下来的零部件,是废弃、修复或降级使用,要进行权衡分析。在参试过程中,换件维修可缩短修理时间,加快修理速度,保证维修质量,节省人力,较快地将故障或损坏装备修复,并重新投入使用,因而是靶场测控装备在野外站点参试过程中修复故障的主要方法。

(3)拆拼维修

拆拼维修是将其他靶场测控装备上可以使用或有修复价值的部分或零部件拆卸下来,更换到故障靶场测控装备上,从而重新组配靶场测控装备的方法。这种方法可缓解维修器材或备件的紧张状况,保证发生故障和损坏的靶场测控装备尽快得到恢复并投入使用,适用于在参试或在某些特殊情况下修复靶场测控装备。拆卸维修只有在情况紧急,并经上级领导机关批准后才可进行。

(4)按技术指标维修

按技术指标维修是指根据靶场测控装备的技术指标和相应要求,由装备操作和管理人员或技术支援保障人员使用仪器、设备、器材等,按照规定的技术要求和工艺流程所进行的旨在恢复靶场测控装备技术指标性能的修理方法。当靶场测控装备的技术指标或参数要求出现变化,且不在正常指标范围内时,在不对零部件进行维修和拆卸更换的前提下,通过调整软件参数或硬件可调设备,使故障装备满足指标要求工作范围。按技术指标维修是靶场测控装备正常的维修方法,它可以保证靶场测控装备维修的质量,恢复或基本恢复靶场测控装备的各项性能指标。靶场测控装备参试前的指标测试适用于此种维修。在参加试验过程中,只要条件具备、情况允许,也应尽可能地采用这种方法。

(5)应急维修

应急维修是指损坏或故障的靶场测控装备零部件采取临时应急性的技术措施,以维持其一定战术技术性能的维修方法。如采取旁路、切换等方法,将损坏装备的有关部分进行重新组合,以应急代用品来替换故障、损坏的零部件,采取黏结、堵漏、捆绑、短接等临时措施来维持靶场测控装备可用性的方法均属于应急维修方法。应急维修可以使损坏靶场测控装备暂时快速恢复到某种可以使用的状态,是非常情况下的非常修理方法,在参试时或紧急情况下可以发挥重要作用。但是这种应急维修方法都是有局限性的,它既不能完全保证维修质量,也不能保证完全恢复靶场测控装备原有的技术性能,所以,凡采用应急维修方法修复的靶场测控装备,事后均应按照严格的维修技术要求,进行恢复其技术性能指标的正常维修。

2.1.5　靶场测控装备的维修工作类型

靶场测控装备的维修工作类型是按所进行的预防性维修工作的内容及其时机控制原则划分的。预防性维修工作可以划分为定时拆修、定时报废、视情维修和隐患检测 4 种维修工作类型,也可以划分为保养、操作人员监控、使用检查、功能检测、定时拆修、定时报废和综合工作 7 种维修工作类型。

1.4 种预防性维修工作类型

(1)定时拆修

定时拆修是指靶场测控装备使用到规定的时间予以拆修,使其恢复到规定状态的工作。

(2)定时报废

定时报废是指靶场测控装备使用到规定的时间予以废弃的工作。定时报废较之定时拆修,是一种资源消耗更大的预防性维修工作。

有时把定时拆修和定时报废这两种维修工作统称为定时维修。

(3)视情维修

视情维修是指经过一定的时间间隔后,将观察到的靶场测控装备或部件运行状态与适用的标准进行比较的工作。

(4)隐患检测

隐患检测是指在某一具体的时间间隔内,为发现靶场测控装备或部件已存在的但对操作人员来说尚不明显的功能故障(称为隐蔽功能故障)所进行的检测工作,我们也称之为隐蔽功能检测或使用检查。

严格地讲,隐患检测不是预防性工作,这是因为在故障发生之后才寻找故障的。之所以认为是预防性的,是因为如果隐蔽功能故障没有被发现,就可能引起连锁性的第二次甚至多次故障(称为多重故障)的发生,其目的是预防多重故障。

2. 靶场测控装备的 7 种预防性维修工作类型

（1）保养

保养是为保持靶场测控装备固有设计性能而进行的表面清洗、擦拭、喷漆、通风、更换或添加润滑剂、更换防潮剂和加电除潮等工作，它是对技术、资源的要求最低的维修工作类型。

（2）操作人员监控

操作人员监控是操作人员正常使用靶场测控装备时对其状态进行监控的工作，其目的是发现潜在故障。这类监控包括对靶场测控装备所做的使用前检查，对装备仪表的监控，通过噪声、振动、电机转速、装备指示灯、操作力的改变等辨认潜在故障，但它对隐蔽功能不适用。

（3）使用检查

使用检查是按计划进行的定性检查工作，如采用观察、演示、操作等方法检查，以判断靶场测控装备或部件能否执行其规定的功能。例如对靶场测控装备天线升降装置、载车翻转机构、单杆操作力的定期检查等，其目的是发现隐蔽功能故障，减小发生故障的可能性。

（4）功能检测

功能检测是按计划进行的定量检查工作，以判断靶场测控装备或部件的功能参数是否在规定的限度之内，其目的是发现潜在故障，通常需要使用仪表、测试设备。

（5）定时拆修

定时拆修是指当靶场测控装备使用到规定的时间时予以拆修，使其恢复到规定状态的工作。

（6）定时报废

定时报废是指当靶场测控装备使用到规定的时间时予以废弃的工作。

（7）综合工作

综合工作是指实施上述两种或多种类型的预防性维修工作。

2.1.6　靶场测控装备维修级别

根据靶场目前装备管理实际及部队编制、任务和各级维修机构的能力情况，靶场测控装备维修级别是按装备维修的范围和深度及其维修时所处场所划分的维修等级。一般分为初级维修（小修）、中级维修（中修）和后方研究所基地级维修（大修）三级。

小修是由直接使用装备的单位，即团级单位对所属靶场测控装备所进行的维修。主要完成日常维护保养、检查和排除故障、调整和校正、部件的更换以及定期检修等周期性工作。

中修是由师级单位修理机构对靶场测控装备所进行的维修。主要完成靶场测控装备及其部件的修理、装备战伤修理、一般改装以及简单零件制作等。

大修是由海军（基地）级修理机构或装备制造厂对靶场测控装备所进行的维修。主要完成装备的翻修、事故修理、现代化改装以及零备件的制作等。

靶场测控装备维修级别的划分是根据靶场测控装备维修工作的实际需要而形成的。靶场测控装备的维修项目很多，而每一个项目的维修范围、深度、技术复杂程度和维修资源各不相同，每一个部件都存在着一个最佳的修理级别，因而需要不同的人力、物力、技术、时间和不同的维修手段。事实上，不可能把靶场测控装备的所有维修工作需要的人力、物力都配备在一个级别上。合理的办法就是根据维修的不同深度、广度、技术复杂程度和维修资源而划分为不同的级别。这种级别的划分不仅要考虑维修本身的需要,还要考虑试验使用需求和试验保障的要求,并且要与试验作战指挥体系相结合,以便在不同的建制级别上组建不同的维修机构。因此,维修级别的划分不尽相同,而且不断发生变化。

2.2 可靠性维修的基本内容

2.2.1 辩证地对待定时维修

传统的定时维修观念认为,装备老,故障就多,故障主要是耗损造成的,故障的发生与使用时间有关,到达一定使用寿命后故障率迅速上升,必须进行定时维修,以预防故障的发生。而以可靠性为中心的维修理论认为,对某些简单装备(指只有一种或很少几种故障模式能引起故障的装备)而言,例如具有金属疲劳或机械耗损的部件等,“装备老,故障就多”是对的,应按照某一使用时间或应力循环数来规定使用寿命,定时维修对预防故障是有用的,这与传统的认识是一致的。但是,对大多数的复杂靶场测控装备(指具有多种故障模式能引起故障的装备)而言,例如遥测装备、测量雷达、光电经纬仪及其天线传动机构、动力装置和电控系统等,装备老故障不见得多,装备新故障不见得就少,故障不全是耗损造成的。许多故障的发生具有偶然性,故障的发生与使用时间的长短关系不大,不必规定使用寿命,定时维修对预防故障的作用甚微。相反,还会带来早期故障和人为差错故障,一些故障恰恰是因为预防故障所进行的维修工作引起的,结果增大了总的故障率。图 2-1 所示为靶场某型光电经纬仪 2004 年 1 月—2008 年 12 月 5 年时间内的故障率统计。

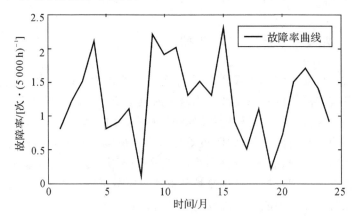

图 2-1 靶场某型光电经纬仪 2004 年 1 月—2008 年 12 月五年时间内的故障率统计

从图 2-1 中可以看出,该型光电经纬仪故障的发生与使用时间的长短关系不大,故障率并没有随着装备工作时间的增长而增长。因此,定时拆修有如下缺点:

1)在到达拆修寿命之前总有一定数量的装备出现故障,需要提前送厂修理,提前修理的数量一般为 30%~40%,实际上,规定拆修寿命并不能防止故障的出现;

2)在到达拆修寿命之后仍有相当数量的装备未出现故障,其寿命潜力未能充分发挥便送

厂修理,造成浪费;

3)经过拆修的装备不可避免地增加了早期故障和人为差错故障;

4)大部分装备在未进入耗损期之前便拆下送厂修理,得不到耗损期的使用统计数据,不利于进一步改进和延长装备寿命。

对一些磨损、疲劳的部件,如移动式雷达天线翻转机构等,一旦发生故障,维修周期较长,甚至可能进场维修,易对试验任务进程产生严重影响。为了控制其严重故障的后果,规定一个安全寿命或经济寿命仍是必须的。

早期飞机结构比较简单,装有活塞式发动机,飞机上的系统和部件大都是机械的、液压的或气动的,故障模式多为机械磨损和材料疲劳,因而故障的发生往往同使用时间有关,表现出集中于某个使用时间的趋势。又由于没有采用冗余技术,飞机的安全性与其各系统、部件的可靠性紧密相关,而可靠性与飞机的使用时间存在着因果关系,因此,必须通过按使用时间进行的预防性维修工作,即通过经常检查、定时维修和定时翻修来控制飞机的可靠性,预防性维修工作做得越多,飞机也就越可靠。翻修间隔期的长短是控制飞机可靠性的重要因素。这种传统的定时维修观念同早期飞机的发展水平和当时的维修条件是相适应的,对保证飞行安全和完成飞行任务曾起到了应有的作用。当前,其合理的部分作为 3 种维修方式之一的定时方式保存下来了,以可靠性为中心的维修理论是传统维修观念的继承和发展。

2.2.2　找出靶场测控装备潜在故障,开展视情维修

靶场测控装备采用视情维修的依据是多数部件的故障模式有一个发展的过程,不是瞬间出现的,在其部件尚未丧失其功能之前有迹象或征兆可寻,可根据某些物理状态或工作参数的变化,预见其功能故障的发生。例如,雷达天线发生故障之前,一般是转动时先出现不均匀的噪声或杂音,后出现阻尼过大现象,最后可能出现无法转动的故障。如果在临近发生功能故障之前将其更换或修理,就可以防止功能故障的发生或避免功能故障后果。这种在临近功能故障之前可以确定部件将不能完成预定功能的状态,即潜在故障,它是一种指示功能故障即将发生的可鉴别的状态。

潜在故障的"潜在"二字包含着两重特殊的意思:

1)潜在故障是指功能故障临近前的状态;

2)部件的这种状态经观察或检测是可以鉴别的,反之,则该部件就不存在潜在故障。

靶场测控装备的部件、零部件、元器件的磨损、疲劳、腐蚀、老化等故障模式大都存在由潜在故障发展到功能故障的过程。

检测部件潜在故障的工作即为视情维修,其目的在于发现潜在故障,以便预防功能故障。这项工作是对部件状态的定量检测,通常要使用仪器设备,并要求有明确的潜在故障和功能故障定量判据。

以可靠性为中心维修理论,提出潜在故障概念,首先,使部件或设备在潜在故障阶段就得到更换或修理,意味着能有效地防止功能故障的出现,达到使用安全性的目的;其次,使部件或设备一直使用到临近功能故障的潜在故障状态才更换或修理,意味着几乎利用其全部有用寿命,达到使用经济性的目的。潜在故障概念的创立,正是现代维修理论的一个重要贡献。

检测靶场测控装备潜在故障常用感官(视觉、听觉、触觉、嗅觉等)法,其优点是检测潜在故

障的范围广泛,缺点是不够精确。为了尽早准确地检测出潜在故障,需要借助各种仪器设备,如振动监测仪、无损探伤仪、发动机状态监控设备等。

在视情方式的基础上,20 世纪 90 年代出现了主动维修(Proactive Maintenance)和预测维修(Prognostic Maintenance)。主动维修也称预先维修,是对重复出现的潜在故障根源(Root Causes of Failure)进行系统分析,采用先进维修技术或更改设计方法,从故障根源上预防故障的一种维修方法。通常维修工作对重复出现的潜在故障只是在表面上予以排除,并认为这些重复维修是例行的正常现象,但是这些重复出现的问题有时是某一个更为严重问题的征兆,需要找准问题的关键所在,从故障根源上来预防,所以称为主动维修。主动维修是视情维修的发展与深化。预测维修是通过一种预测与状态管理系统,向用户提供正确的时间,对正确的原因采取正确的措施的有关信息,可以在部件使用过程中确定退化部件的剩余寿命,明确指示何时进行维修,并自动提供使任何正在产生性能或安全极限退化的事件恢复正常所需的零部件清单和工具,它也是一种深化的视情维修。

2.2.3　区分靶场测控装备不同的故障后果,采取不同的对策

靶场测控装备故障一旦发生,有的会造成装备毁坏、人员伤亡以及影响试验任务进程;有的只需花费更换故障部件费用,对试验任务影响不大。我们关心靶场测控装备故障的实质是关心它所产生的后果。所以,预防靶场测控装备故障的根本目的不仅限于预防故障本身,而且在于避免或降低该故障的后果。要不要进行预防性维修工作,不是受某一种故障出现的频率所支配,而是由其故障后果的严重程度所支配的。

以可靠性为中心的维修(Reliability Centered Maintenance,RCM)逻辑决断法将故障后果分为安全性、隐蔽性、使用性和非使用性四种。RCM2 中将环境性后果并列于安全性后果中。

1. 安全性和环境性后果

安全性后果是指故障导致人员伤亡、装备严重损坏的后果;环境性后果是指故障导致违反国家环境保护要求的后果。

2. 隐蔽性后果

隐蔽性后果是指隐蔽功能故障所引起的多重故障所造成的后果。

3. 使用性后果(经济性的)

使用性后果是指故障导致装备的使用能力或生产能力的后果。这种后果最终体现在经济性上,如某型雷达在试验靶场测控网上是必备装备,一旦该雷达出现故障无法参试,则在武器装备试验进程中造成经济损失。

4. 非使用性后果(经济性的)

非使用性后果是指故障不影响装备的安全、环境保护要求以及使用性能,只涉及修复性维修费用的后果,这种后果也体现在经济性上。

《装备预防性维修大纲的制订要求与方法》(GJB—1378)从明显功能故障和隐蔽功能故障两方面入手,将严重故障后果分为安全性后果、任务性后果、经济性后果、隐蔽安全性后果、隐蔽任务性后果和隐蔽经济性后果 6 种。

针对不同的故障后果,采取不同的对策。如果故障后果严重,则需竭尽全力防止其发生,

至少将故障风险降低到可以接受的水平,否则应更改设计;如果故障影响甚微,除了日常清洁、润滑之外,不必采取任何措施,直到故障出现以后再进行排除即可。

以可靠性为中心的维修总是在最保守的水平上评估安全性后果的。事实上,一些对安全和环境有威胁的故障,不一定每次都有这样的后果,而在于造成这样的后果的可能性。如果没有确凿的证据证明故障对安全和环境没有影响,那么,就先暂定它对安全和环境有影响。

2.2.4　科学评价靶场测控装备预防性维修的作用

以可靠性为中心维修大纲的主要进步点:

1)能有效地保证装备的使用安全。传统的预防性维修力图通过"多做工作,勤检查"来杜绝可能出现的各种故障,然而故障仍旧频繁发生,难以有效保证装备的使用安全。以可靠性为中心的维修把安全性和环境性要求放在首位,它不仅根据故障,而且是根据故障后果来确定预防性维修工作。辩证地对待定时维修,科学地规定安全寿命;能在功能故障即将发生之前将潜在故障及时检测出来,予以排除;能检测出隐蔽功能故障,及时处置;能把具有严重后果的故障以及多重故障的发生概率降低到一个可以接受的水平,从而有效地保护装备的使用安全。

2)能大幅度减少维修工作量,提高装备的利用率和出勤率。传统定时维修认为预防性维修工作做得越多,越频繁,可靠性越高,造成了"维修过度",直接影响到装备执行任务的能力。而以可靠性为中心的维修是根据故障的后果以及既技术可行又值得做时才做预防性维修工作的,避免了那些不必要的或起副作用的维修工作,增加了那些被人们忽视的而必须做的维修工作,有效地克服了传统预防性维修工作不是"维修过度"就是"维修不足"的弊病,做到了"维修适度",提高了维修工作的针对性和适用性。

3)能确保维修的经济性。大幅度地减少了预防性维修的工作量和维修工时,节省了劳力费用和器材备件费用,停用时间减少,可用时间增长,从而确保了维修的经济性。

传统维修观念认为,如果装备的固有可靠性水平有某些不足之处,只要认真做好预防性维修工作,总是可以得到弥补的。而以可靠性为中心的维修理论认为,装备的固有可靠性是设计和制造时赋予装备本身的一种内在的固有属性,是装备设计和制造时装备的故障模式和故障后果的状况,平均故障间隔时间或故障率的大小,故障察觉的明显性和隐蔽性,抗故障能力及下降速率,安全寿命的长短,预防性维修费用和修复性维修费用的高低等固有属性。靶场测控装备本身作为维修对象,其固有可靠性是维修的客观基础,对维修工作的效率和效益具有决定性意义。装备维修不可能把可靠性提高到固有可靠性水平之上,不能弥补靶场测控装备固有可靠性的不足,最高只能接近或达到靶场测控装备的固有可靠性水平。没有一种维修能使可靠性超出设计时所赋予的固有水平,要想超过这个水平,只有重新设计。

靶场测控装备各种故障的后果是装备固有可靠性的属性,预防性维修虽然能够预防故障出现的次数,从而降低故障发生的频率或概率,但不能改变故障后果。故障后果的改变,不决定于维修而决定于设计。只有通过设计,才能改变故障的后果。例如,对靶场测控装备采用冗余技术或损伤容限设计,使其不再具有安全性的后果;也可通过设计,增加安全装置,把故障发生的概率降低到一个可以接受的水平。对具有隐蔽性后果的装备故障,通过设计(例如,用明显功能代替隐蔽功能)使其不再具有隐蔽性的后果;也可通过设计,并联一个甚至几个隐蔽功能,虽然仍是隐蔽性的,但可以把多重故障概率降低到一个可以接受的水平。对具有使用性后果的故障,通过设计,也可将其改变为可以接受的经济性的后果。

2.2.5 确定靶场测控装备预防性维修工作的基本思路

以可靠性为中心的维修理论确定预防性维修工作的基本思路是:按故障的不同后果,按维修工作既要技术可行又要值得做的办法来确定预防性维修工作。

靶场测控装备维修工作中的"技术可行""值得做"是具有特定含义的。所谓"技术可行"是指该类维修工作与靶场测控装备或部件的固有可靠性是适应的;所谓"值得做"是指该类维修工作能够产生相应的效果。确定靶场测控装备预防性维修工作与更改设计的基本思路见表2-2。

表 2-2 确定靶场测控装备预防性维修工作与更改设计的基本思路

技术可行 又值得做	故障后果			
	安全性、环境性后果	隐蔽性后果	使用性后果	非使用性后果
是	预防性维修	预防性维修	预防性维修	预防性维修
否	必须更改设计	更改设计	也许需要 更改设计	也许宜于 更改设计

1."技术可行"分定时维修、视情维修和隐患检测 3 种情况

(1)定时维修的技术可行

1)靶场测控装备或部件必须有可确定的耗损期;

2)大部分靶场测控装备或部件能工作到该耗损期;

3)通过定时维修能够将靶场测控装备或部件修复到规定的状态。

(2)视情维修的技术可行

1)靶场测控装备或部件功能的退化必须是可探测的;

2)靶场测控装备或部件必须存在一个可定义的潜在故障状态;

3)靶场测控装备或部件在从潜在故障发展到功能故障之间必须经历一段较长的时间。

(3)隐患检测的技术可行

隐患检测的技术可行是指能确定靶场测控装备隐蔽功能故障的发生。

2."值得做"也分 3 种情况

1)对安全性后果、环境性后果和隐蔽性后果,要求能将靶场测控装备发生故障或多重故障的概率降低到规定的、可接受的水平;

2)对使用性后果,要求靶场测控装备预防性维修费用低于使用性后果的损失费用加修理费用;

3)对非使用性后果,要求靶场测控装备预防性维修费用低于修理费用。

故障后果是确定靶场测控装备预防性维修工作的一个重要依据。对于具有安全性和环境性后果或隐蔽性后果的故障,只有当预防性维修工作技术可行并且又能把这种故障发生的概率降低到一个可以接受的水平时,才需要做预防性维修工作,否则,就必须更改设计;对于具有使用性后果的故障,只有当靶场测控装备预防性维修费用低于使用性后果所造成的损失费用(如某型雷达故障减缓试验任务进程的经济损失)加上排除故障费用(修理费用)时,才需要做预防性维修工作,否则,就不必做预防性维修工作,也许需要更改设计;对于具有非使用性后果的故障,只有当预防性维修费用低于修理费用时,才需要做预防性维修工作,否则,就不必做预防性维修工作,也许宜于更改设计。而靶场测控装备一些后果其微或后果可以容忍的故障,除了日常清洁、润滑之外,不必采取任何预防措施,让这些部件一直工作到发生故障之后才做修复性维修(事后维修)工作。这时唯一的代价是排除故障所需的费用,而部件的使用寿命可以得到充分地利用。也就是说,不是根据故障而是根据故障的后果来确定预防性维修工作的,这比预防故障本身更为重要。这就使得不做预防性维修工作的部件数目远远大于需要做预防性维修工作的部件数目。例如,雷达天线机械部分几千几万个部件中往往只有几百件甚至几件需要做预防性维修工作,使日常维修工作量大幅度地减少,从而提高了雷达天线预防性维修工作的针对性、经济性和安全性。

参 考 文 献

[1]　戴云飞. 发电设备维修策略及维修管理系统的研究[D]. 北京:华北电力大学,2002.

[2]　徐辉. 炼油化工企业的电气管理应用研究[D]. 天津:天津大学,2006.

[3]　黄澄宇. 供电设备维修策略及维修管理系统的研究[D]. 北京:华北电力大学,2003.

[4]　马春艳. 实用润滑技术及案例分析[J]. 甘肃冶金,2011,33(5):85 – 86.

[5]　陈叶菁,龚时雨. 以可靠性为中心的维修思想[J].工业安全与环保,2006,32(6):61 – 62.

[6]　张煦. RCM 理论在 ATM 维护管理中的应用[D]. 杭州:浙江工业大学,2009.

[7]　李瑞琦. 大同电厂设备检修管理优化研究[D]. 北京:华北电力大学,2009.

[8]　冯廷敏. 基于状态监测的以可靠性为中心的智能维修系统[D]. 北京:北京化工大学,2008.

[9]　李正勤. 有杆抽油系统精益维修技术研究[D]. 武汉:武汉理工大学,2009.

[10]　游联欢. 基于 SRCM 的发电设备维修决策及优化模型研究[D]. 北京:华北电力大学,2006.

[11]　陈义. 纺纱钢丝圈的超减摩耐磨性研究[D]. 无锡:江南大学,2012.

[12]　叶松. 拖轮机械设备针对性维修制研究[D]. 南京:南京理工大学,2009.

[13]　张春香. 可维修系统的可靠性研究[D]. 秦皇岛:燕山大学,2001.

[14]　刘锦,黄兆东. 航空装备修复性维修费用的系统动力学仿真[J]. 飞机设计,2014,34(1):60 – 67.

[15]　朱雄文. 可靠性理论在自动化系统维护中的运用[J]. 空中交通管理,2008,14(11):39 – 40.

[16]　李铁纯. BIM 技术在建筑设备运维管理中的应用研究[D]. 北京:北京建筑大学,2017.

[17]　闪雷,李新平,王海军. 浅议战时导航装备应急抢修[J]. 中国新通信,2014,16(5):14.

[18]　刘济西. 战场环境变迁与武器装备维修保障研究[D]. 长沙:国防科学技术大学,2013.

[19]　张敬晔. 车辆锈蚀的危害与处理[J]. 汽车运用,2010,31(7):41.

[20]　杨占营. 略谈装备故障诊断的无损检测技术[J]. 现代物理知识,2007,19(6):34 – 36.

[21]　蔺国民. 军用飞机机群继生阶段寿命与费用研究[D]. 西安:西北工业大学,2005.

第3章　靶场测控装备的修复性维修

靶场测控装备的修复性维修是在靶场测控装备发生故障后，因系统、部件丧失功能，不能继续使用（甚至可能导致事故危及安全）而开展的维修工作。靶场测控装备在使用过程中，如何利用内部监控设备与仪器，对装备的主要构件及系统附件的技术状况和故障的发展趋势进行连续监控和诊断，并及时向使用人员报警、采取隔离和保护措施，是开展靶场测控装备修复性维修工作的关键。本章主要介绍靶场测控装备修复性维修的主要内容和主要故障模式，重点介绍了装备状况监控与故障诊断的主要原理及常用技术。

3.1　修复性维修的主要内容

3.1.1　修复性维修的概念

装备在使用或储存期间，受到外界因素和内部因素的影响，出现不能执行规定功能的状态，称为故障。

修复性维修（Corrective Maintenance，CM）是指装备（或其部件）发生故障后，使其恢复到规定状态所进行的维修活动，也称排除故障维修或修理。它可以包括下述一个或全部活动：故障定位、故障隔离、分解、更换、组装、调校、检验以及修复损坏等。常见的故障模式有机械故障、电气故障和人为故障。机械故障模式一般有断裂、磨损、变形、内漏、流动不畅和接触不良等；电气故障模式一般有不能开关机、间歇性不稳定、漂移性不稳定、误动作、误指示、不能切换、提前或滞后运行、无输入、无输出、电路短路或开路以及电泄露等；人为故障模式一般有误开机（关机）、误切换、顺序颠倒、误判断等错、漏、误操作动作。

3.1.2　修复性维修的性质与任务

修复性维修是在装备结构、系统部件已经发生功能故障或损伤后，为恢复其良好和可用状态而进行的维修工作，这种维修工作属于事后维修，而不是事前出于防止故障而进行的维修。它与预防性维修既有联系又有区别，修复性维修是装备维修中的基本维修类型之一。

修复性维修的任务是排除故障、修复损伤，使装备由故障、失效状态，通过修理而恢复到符合使用要求的正常状态，恢复装备的固有可靠性和安全性水平。同预防性维修不同，装备在什么时机、发生什么样的故障或损伤，都带有随机性，不可能在事前制订确切的计划和安排，所以修复性维修是一种非预定性维修工作，也称为非计划维修（Unscheduled Maintenance）。由于是在装备的故障、损伤已经发生之后所进行的排除与修复工作，故修复性维修属于事后维修。

在故障、损伤尚未造成不良后果的情况下而进行的这种事后维修,应该说是最合理和最经济的。

3.1.3　靶场测控装备修复性维修的主要内容及其程序

靶场测控装备的结构、系统部件发生故障后所需进行的主要工作包括:故障的发现及检查验证、故障原因的查找与分析判断、随后采取的排除及修复措施以及修理后的检验与调试等。靶场测控装备修复性维修的主要工作及程序如图 3-1 所示。

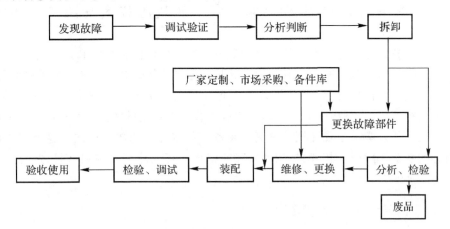

图 3-1　靶场测控装备修复性维修的主要工作及程序

从上述靶场测控装备修复性维修的主要工作及程序可以看出,为发现和排除故障,恢复其规定的状况,需要采取一系列的修复性作业措施,主要有:调试验证、分析判断、拆卸安装、分解装配、换件修复及调整校验等。其中调试验证、分析判断是靶场测控装备修复性维修工作的关键。

3.2　靶场测控装备系统的故障特征、模式及维修方法

3.2.1　靶场测控装备系统的故障特征

靶场测控装备系统零部件发生故障后,影响系统功能的发挥和靶场测控装备的正常使用,会出现各种异常的现象。比如,雷达天线能正常转动但是在转动过程中有异响,光电经纬仪转动转台时出现飞车,雷达测量方向图出现反转,雷达发射功率出现衰减,等等。这些现象是系统零部件发生故障后所造成的后果的外在表现,因此人们对故障进行分析判断、寻找故障原因时,常把故障现象当作入门的向导。但是故障原因具有多向作用性,即一个故障原因既可能导致一个故障,也可能导致多个故障,也就是说可以呈现出多重故障现象;同时故障现象又具有多向反映性,即一个故障现象可能是多个故障原因的综合反映,况且人对故障现象的感觉还可

能产生错觉。因此,故障现象和故障原因之间存在着曲折、复杂的关系,给分析判断和查找故障原因增大了难度(俗称疑难故障),这样,就有必要从故障现象中进一步寻找和分辨故障的表现特征,即故障的特有征状。比如,雷达天线在转动中有异响,装备操管人员查找故障原因时,就要进一步弄清雷达天线是在什么角度、什么转速和什么操纵状态下产生的异响?是全角度异响还是局部小角度异响?是操作单杆问题还是天线润滑或齿轮机械故障?如果发现了异响规律,应找到规律产生的本质原因,从而彻底修复故障。掌握了故障特征,弄清了具体情况,再进行分析和查清故障原因就省事多了。

3.2.2　靶场测控装备结构部件常见的故障模式及维修方法

靶场测控装备结构部件和系统零部件的故障是装备构件潜在故障和系统功能故障的主要原因之一,其故障不仅与装备自身结构有关,并且与靶场测控装备在试验中所处的野外站点环境特点有很大关系,所以不同靶场测控装备在野外站点产生的故障现象、故障模式是不一样的。某一单元损伤后,表现出来的往往是机构或装置甚至系统的故障,而不同装备在结构上的差异又是很大的。本节主要介绍靶场测控装备一些零部件的故障模式及其修复方法,不涉及由此引起的系统、分系统、装置、机构的故障或损伤。其故障模式主要有机械故障和电气故障两种。

3.2.2.1　机械故障模式及维修方法

1. 漏气、漏液

漏气、漏液是靶场测控装备上盛气、盛液装置的接头、管道、箱体、开关等零部件的常见损伤模式。漏气、漏液直接影响系统或机构的安全,从而影响靶场测控装备的参试或安全(如漏油导致燃烧)。

靶场测控装备载车水箱、油箱的渗漏、破孔,雷达波导管密封不严,充气轮胎气压不足、破裂等都属漏气、漏液的范畴。漏气、漏液的原因很多,如产品质量缺陷、零件磨损、螺纹接头滑丝、密封元件失效、转场运输中的磕碰损伤等。

修复靶场测控装备漏气、漏液,应确定现象、找出部位、查明原因。确定现象就是确定是渗漏还是泄漏;找出部位就是明确是管道漏还是箱体漏,是接头漏还是开关漏;查明原因就是弄清是裂缝还是破孔,是接头未旋紧还是接头损坏,或者是密封元件失效。显然,对于不同的故障现象、部位和原因,应采用不同的维修方法。

对于接头松动,旋紧即可。接头损坏可考虑采用切换、剪除、拆换或原件修复的方法,应根据具体的损伤部位、工作原理加以确定。密封元件失效是漏气、漏液的主要原因之一,一般应进行修复。为保证修复方法快速、及时,应选择技术和性能均比较成熟的密封带进行缠绕修复。这种密封带由纯聚四氟乙烯构成,可在强氧化剂、各种油料、氧气及各种化学腐蚀性介质中使用,是比较理想的密封材料。该密封带使用方便,操作简单。使用时将密封带缠于外螺纹上,旋紧螺纹即可。靶场测控装备位于野外站点时,若无密封带,可利用擦拭布、麻丝、棉纱、保险丝等作为其代用品,进行应急修理。

箱体或管道裂缝会引起渗漏,轻微渗漏不影响靶场测控装备的基本功能,可不予修理。严重时可用肥皂或黏性较大的泥土堵塞裂缝,作为应急修理措施。当然,现在市场上专门用于堵漏的新材料比较多,如水箱止漏剂、易修补胶泥等。水箱止漏剂专门用于修理水箱渗漏,止漏时间仅需 3min,固化时间需 36～48h,固化后可保持 1 年不漏。使用时将其倒入水箱即可,很方便、实用,因此使用水箱止漏剂是修复水箱渗漏的首选方法。易修补胶泥则是一种通用的堵漏材料,适用于对钢、铝等部件的破孔、碎裂、穿透等损伤进行快速和永久性修补。这种胶固化时间为 5～10min,固化强度高,硬如钢铁,而且结合牢固。

破孔是严重漏气、漏液的主要原因。出现破孔,气体或液体会很快漏完。因此,对于破孔应及时进行修理,使靶场测控装备尽快恢复基本功能。对于平面内的破孔(如水箱、油箱上的破孔)可用易修补胶泥补孔,破孔直径小于 15mm 时,可直接用易修补胶泥填补,破孔直径大于 15mm 时,可先制作盖片或镶料,将破孔盖上或堵上后再进行修理。管道上的破孔除可使用易修补胶泥外,还可使用前面提到的密封带(或石棉、塑利布等),其方法是将密封带缠于管道上,然后用合适的管箍(或铁丝)夹住密封带后旋紧止漏;还可以将管道有破孔处切掉,然后用管箍和备用管子重新连接一个新管道,达到维修的目的。

出现在载车充气轮胎上的破孔会使轮胎突然漏气,影响靶场测控装备的转场安全,因此轮胎上出现破孔时应立即修复。目前,市场上出售的自动补胎充气剂可实现破孔轮胎的快速抢修。将该产品注入轮胎后,立即在破洞处聚合,将破洞纵向堵住,其余液体气化后膨胀,使补胎充气一次完成,注气后立即将车慢速行驶 3～5km,使注入的补胎剂均匀分布在整个轮胎内层。若轮胎过大,可能导致气压不足,可以行驶至有条件之处补胎打气。

2. 腐蚀(锈蚀)

腐蚀是指金属受周围介质的作用而引起的一种损坏现象。产生锈蚀的主要原因是空气中的氧、水分与钢铁表面发生化学或电化学作用,在钢铁等金属表面生成铁锈。靶场测控装备的金属部件受到腐蚀后,部件的强度会下降,还会产生腐蚀脆性,使部件的承载能力降低,甚至造成零部件的全面损坏而报废。腐蚀是靶场测控装备机械产品常见的故障模式,产生腐蚀将影响零部件的功能。螺纹锈蚀会导致拆卸困难,造成抢修时间过长。精密光滑表面锈蚀会影响精度或动作,其他部位锈蚀也会不同程度地影响零部件的功能。由于靶场测控装备参试时所处的野外站点环境较之平常更严酷、恶劣,装备经常处于露天摆放状态,因此在野外站点环境中靶场测控装备锈蚀更加严重。

金属腐蚀按其机理可分为化学腐蚀和电化学腐蚀两种。靶场测控装备经常处于露天条件下停放和使用,饱受野外站点高山、海岛、风尘、潮气侵袭以及日晒雨淋,使金属构件经受各种形式(如大气、接触、缝隙、燃气及应力等)的化学和电化学腐蚀,在表面生成各种不同特征的腐蚀物,如钢件的氧化物为红褐色,铜件的氧化物为绿色,铝合金制件的腐蚀物为暗淡的灰白色,镁合金制件的腐蚀物为光亮的灰白色,有油漆保护层的金属部件锈蚀后,油漆层会鼓起或裂开。在靶场测控装备维修工作中,一方面要做好维护保养工作,采取各项防腐措施;另一方面要注意检查,及时发现部件腐蚀现象,采取排除措施,避免不良后果。

靶场测控装备在野外站点参试过程中,一般没有时间对锈蚀进行清除。但为了使装备保持良好的工作状态,有时也要拆卸锈蚀的紧固件或零件,因此也需要对锈蚀进行处理。在野外站点维修时常用的快速除锈方法有:金属调节剂除锈、有机溶剂除锈以及机械除锈。

金属调节剂是一种压力罐装的有机溶剂,将其对金属的极强的吸附力渗入金属表面,具有除锈、去湿以及清洁的功能,对油污、油脂、污渍及锈斑有极强的清除作用。喷在锈斑处,使铁锈或沉淀物脱落并防止机械零件生锈,能去除靶场测控装备表面的湿气和水分,使靶场测控装备免受腐蚀。使用时将其喷到锈蚀部位,稍等片刻,使之渗透后即可擦拭除掉锈斑。当要拆卸锈蚀严重的零部件或松开锈死的螺栓时,喷淋足够的金属调节剂,必要时可间隔几分钟再喷淋1~2次,以使铁锈疏松,但金属调节剂对油漆的渗透力较差,锈蚀的连接件被油漆覆盖时,应先去除油漆,再使用金属调节剂。

有机溶剂除锈。对于轻微锈蚀,可利用有机溶剂清洗、擦拭除锈。常用有机溶剂如汽油、煤油、柴油等,能很好地溶解零件上的油污、锈蚀,效果较好,而且使用简便,不需加温,对金属无损伤。

机械除锈法。利用机械的摩擦、切削等作用清除零件表面的锈蚀,可分为手工机械除锈和动力机械除锈。

手工机械除锈:靠人力用钢丝刷、刮刀、砂布等刷刮或打磨锈蚀表面,清除锈层。此法效率低,劳动条件差,除锈效果不太好,但操作简单、快捷,所需物资器材少,是装备维修时常用的方法。

动力机械除锈:利用电动机、风动机等提供动力,带动各种除锈工具清除锈层。如电动磨光、刷光、抛光、滚光等。磨光轮可用砂轮,抛光轮可由棉布或其他纤维织品制成。滚光是把零件放在滚筒中,利用零件与滚筒中磨料之间的摩擦作用除锈。磨料可以用砂子、玻璃等。具体采用何种方法,需根据零部件形状大小、数量、锈层厚薄、除锈要求等条件决定。对于靶场测控装备时间要求紧急的维修,应优先选择砂轮或钢丝砂轮除锈。

3. 磨损

靶场测控装备的零部件由于摩擦而使其表面物质不断损失的现象即为磨损。零部件磨损后改变了原有的形状及几何尺寸,降低了强度,增大了接触面的粗糙程度,是零部件失效和故障的主要原因。

由于磨损是伴随摩擦而发生的,而润滑是降低摩擦和减少磨损的重要措施,故磨损、摩擦和润滑是紧密联系在一起的。

1)摩擦:两个相互接触的物体在外力作用下相对运动时,在接触面上产生切向运动阻力,这种阻力就是摩擦力,产生这种切向运动阻力的现象称为摩擦。

2)润滑:为了减少摩擦阻力和避免摩擦对材料产生磨损,在靶场测控装备零部件的摩擦表面建立润滑条件是必要的。按两零件摩擦表面的润滑状况,分为干摩擦、半干摩擦、边界摩擦、半液体摩擦和液体摩擦。上述5种润滑条件相比较,干摩擦时的摩擦因数最大(如0.3),其他润滑剂的摩擦因数依次递减,液体摩擦的摩擦因数最小(如0.01~0.05)。

3)磨损:磨损是相互接触物体的表面在相对运动中表面物质由于摩擦发生不断损失的现象。机械零部件间的相互传动、运动都会造成零件的磨损。物体的表面无论加工到何等光洁程度,都存在着不平度凸锋。两固体零件表面接触,在正压力作用下做相对切向运动(摩擦)时,实际上是它们的不平度凸锋相互接触,在接触点处产生很大的接触应力,造成黏着点撕脱(剪断)现象,形成黏着磨损;当两零件的摩擦表面间存在坚硬的砂石颗粒时,这些砂石具有锐利的棱角,在一定的压力或冲击力作用下,会从金属零件表层(甚至达一定的深度)凿下金属屑,导致磨料磨损;当两零件接触面做滚动摩擦或复合摩擦时,若在循环接触压应力的作用下,材料表面会因疲劳而产生物质损失,这种表面疲劳损失的现象叫表面疲劳磨损。

靶场测控装备在野外站点参试时,由于使用强度大,加之站点环境恶劣,会加速零件的磨损。

磨损是一种低层故障模式,使用条件不同,对不同零部件间或零部件的不同部位的磨损所造成的后果是不一样的。有的零部件磨损几小时就会出现故障,而有的零部件磨损几十年仍未出现故障。靶场测控装备零部件间的相互作用形式千差万别,因而磨损造成的故障现象也有很大差别。如传动零部件磨损会造成传动精度下降,零部件间的间隙过大等;连接螺纹磨损会造成螺纹松动,紧固性能或连接性能下降。

磨损会造成零部件尺寸变化,而有时直接恢复零件尺寸也是比较困难的。当磨损过大出现故障后,应根据零件的尺寸、位置、性能要求等的不同,采取不同的维修策略。

磨损将造成零部件间隙过大,通常可分为轴向间隙过大和径向间隙过大。轴向间隙过大可采取加垫方法修复(补偿),用铁皮制作一垫片加于适当位置,减少轴向间隙;径向间隙过大修复较难,可采用刷镀或喷涂方法修复,但刷镀和喷涂所需设备较复杂,对操作人员技术水平要求比较高,装备处于野外站点时也不具备刷镀和喷涂条件。因此,可根据零部件工作原理,选用其他较简单的修复方法,以满足野外站点应急维修的要求。

4. 变形

装备构件受到力的作用,其尺寸或形状产生改变的现象,叫作变形。一些构件和系统附件由于外载荷、内应力及高温的作用而产生变形是常见的。构件的弹性变形,当受力消失后能完全恢复原形,无所危害;只有当构件受超载作用而产生的应力超过材料的屈服强度时,构件将产生过应力的永久变形。金属材料经塑性变形后,会引起组织结构和材料性能的变化,塑性变形较大时还会使构件产生内应力和硬化现象,使韧性变差、强度下降和抗腐蚀性降低。

靶场测控装备在使用过程中,由于内外因素的综合作用,特别是遭受转场运输中的颠簸、撞击、跌落、翻车及野外站点风暴影响等,经常出现变形。靶场测控装备使用中零部件的变形是多种多样的,如弯曲、扭转、凸起和压坑等。如果零部件变形后影响机构动作,导致装备故障,必须进行维修。维修前应先确定零件变形种类,根据变形种类选择适当的修复方法。

对于弯曲变形较小的零部件,可采用锉修的方法进行修理,也可采用冲力校正法,将被校零件放在硬质木块上,将铜棒抵在零件上,用手锤敲击铜棒(或用铜锤直接敲击零件),直到矫直为止。这是一种快速、简单、有效的修复方法。对于弯曲变形较大的零部件,可采用压力校正法,如长杆类零件的弯曲就可用此法校正。其方法是:将弯曲的零件放在坚硬的支架上。用千斤顶顶在弯曲部位的顶点(注意不要矫枉过正),并保持一定时间(一般为 2~3min),同时用手锤对零部件进行快速敲击,以提高零部件的校直保持性。有条件的情况下,校直后应进行热处理:对于调质的零部件,加热到 450~500℃,保温 2h 左右;对于表面淬硬的零部件,可加热到 200~250℃,保温 6h 左右。靶场测控装备处于野外站点需要应急维修时,为缩短抢修时间,不一定进行热处理。

零部件扭转变形的修复是较困难的。对于必须进行修理的零部件,可采用拆配或制配的方法修理。

靶场测控装备零件表面的凸起可能是多种原因造成的,如外载荷、内应力以及外来物的袭击等。产生凸起后会影响机构动作,经评估需要修复的,可采用锉削修复的方法,这是一种简单适用的方法。有条件时可用铣削修复或用气焊修平。

靶场测控装备零件表面由于过应力造成的凹陷称为压坑。这种过应力可能来自人为破坏或其他机械碰撞。尤其是靶场测控装备暴露部分更容易产生压坑。压坑可能造成零件强度降低,外表面压坑还可能引起内表面凸起,影响机构动作。多数情况下,对不影响系统动作的压坑可不修复。对于压坑的修复可采用胶补法、焊接法及锤击法。胶补法就是用易修补胶泥或金属通用结构胶将压坑补平,这两种胶均具有较好的粘补性能,适于压坑的修补,而且操作简单,使用方便,是抢修时的首选方法。在具备焊接条件的情况下,可对压坑实施堆焊修复,焊后再进行打磨;在既不具备黏结也不具备焊接的条件下,可采用锤击法进行修复,将零件放在坚硬的木板上,若是空心零件应套上适当的心棒,用手锤轻敲压坑周围突起金属,直到不影响动作为止。这种方法是一种临时的方法,靶场测控装备处于野外站点应急维修时可视情选用。

靶场测控装备上的紧固螺帽,因维修保养时经常拆卸,往往出现棱角磨圆的现象。虽然其中有磨损的原因,但更直接的原因是变形。对于这类现象,虽不引起故障,但却造成拆装困难,严重增加排除故障的时间。拆装这类紧固螺帽,可先用锉刀修棱,情况紧急时可直接用管钳拆卸和安装。

与上述情况类似,靶场测控装备拆装工具如开口扳手,经常出现开口扩大的现象,造成拆卸过程中工具打滑,拆装速度降低或难以拆卸。对于这种现象,可用铁皮或铜皮制作垫片,垫在螺帽与扳手之间,甚至可用起子或擦拭布垫在扳手和螺帽之间,更换合适扳手或以管钳替代扳手都是可行的。

5. 断裂

金属构件达到完全破断叫作断裂。靶场测控装备的金属构件在各种不同情况的载荷作用下,当局部破断(裂纹)发展到临界裂缝尺寸时,剩余截面所承受的外载荷因超过其强度极限而完全破断,使构件完全失去应有的效能,而且可能造成严重的事故后果,因此折断是零部件最危险的故障模式,也是靶场测控装备构件在使用过程中的一种重要的故障模式,尤其是雷达天线载车在转场或参试停放过程中发生构件断裂,可能会导致天线倒塌、机毁人亡。该故障是最危险的和无法挽救的,会立即造成严重的事故后果。断裂构件(零件)的断口是断裂形成的自然表面,是反映断裂全过程的最好的"见证人"。根据断口的结构和断口的外貌特征,可以分析出断裂的原因、过程和断裂瞬间裂纹的发展情况,从而可以确定断裂的类型,是属于延性断裂(韧性、塑性断裂),还是脆性断裂,进而可以判断构件断裂前所受载荷的性质,是一次加载(是一次静载或一次冲击力)断裂,还是疲劳断裂(反复多次的应力或能量负载循环),从中找出构件断裂的真正原因,以便之后从材料、设计和使用条件等方面提出改进策略。此外,为了把靶场测控装备部件的一切偏离规定技术条件的不合格的状况都置于维修要求之中,装备构件和系统附件管路上存在的一些失常现象,比如那些未超过规定的损伤、裂纹及松动、渗漏等,均视为可以被鉴别的潜在故障或缺陷,在维修中应重视检查,从而发现并排除。

由于野外站点环境十分恶劣,加之靶场测控装备的频繁训练参试,零部件折断是容易发生的。折断零部件经评估后需要进行修理的,应尽快进行修理,以确保靶场测控装备及时发挥基本功能。

修复折断的方法通常有焊接、胶接、机械连接3种。焊接法需有电源和焊接设备,对一般钢铁零件都是适用的,修复方便、有效。胶接法是使用金属通用结构胶等进行黏结修理。金属通用结构胶可用于钢铁零件破损的修复和再生,抗磨性强、耐蚀性强、耐老化性好、强度和硬度也很高,黏结后还可进行机械加工。黏结工序为:脱脂、酸洗、调胶、涂胶以及固化等。机械连接法也是一种较好的抢修方法,可采用捆绑、紧固件连接、销接以及铆接等方法。修理时首先确定连接方法,然后确定连接形式,最后实施连接。应急维修时可首选捆绑法,即用铁丝(或其代用品)将折断零部件连接起来,这种方法最简单。当然,应根据折断的实际情况,选择合适的方法。

　　修理过程中常用的连接形式有搭接、对接、嵌接、套接等。在野外站点临时性维修时应根据具体情况,选择合适的连接形式及修复方法。

　　搭接是将零件折断的两部分搭在一起,实施连接。搭接多数采用单搭接接头,这种接头应力集中还比较大,如果采用如图 3 - 2 的搭接形式,应力集中程度就可降低,抗剪强度提高。

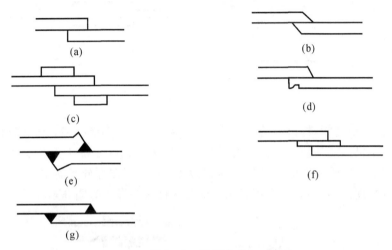

图 3 - 2　搭接形式

(a)简单搭接;　(b)斜接;　(c)胶上加强板;　(d)减小搭接末端的刚度;

(e)被黏件末端弯曲;　(f)中间胶接—薄柔性层;　(g)被黏件末端内部削斜

　　对接是将折断零部件沿断口对接,然后进行焊接或胶接。为了减小应力集中,特别是减小接头的弯曲应力,可以采用如图 3 - 3 所示的改进对接形式。图 3 - 3(a)(b)(c)中两平板也可采用斜接,这样的接头其胶接强度更强。

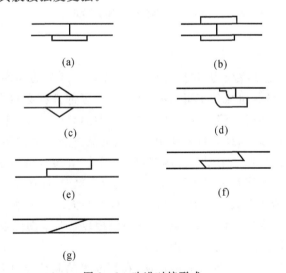

图 3 - 3　改进对接形式

(a)单贴接;　(b)双贴接;　(c)斜双贴接;　(d)凸起的单搭接;　(e)半搭接;　(f)切口半搭接;　(g)切口斜接

　　嵌接是将折断零部件断口制作成像楔子一样的形状,使折断零部件衔接在一起。如果被连接零部件的厚度较大,采用搭接是不合适的,可以采用嵌接形式。常见的嵌接接头形式如图3-4所示。

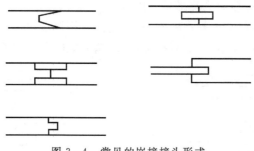

图3-4　常见的嵌接接头形式

套接是制作专门套管,将折断的两部分套在一起,然后焊接或胶接。棒和管材的胶接采用套接接头形式,是机械产品胶接结构中用得较多的接头形式。套接接头在承受拉伸、压缩、扭转等外力时,胶层主要受剪切应力,因而承载能力较大,可以在部分产品中取代压配合、键连接以及铆、焊等机械连接,有很大的实用意义。部分套接接头形式如图3-5所示。

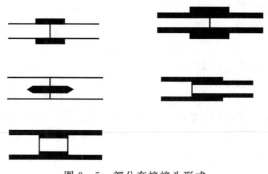

图3-5　部分套接接头形式

6. 裂缝

金属裂缝是完整的金属在应力、温度、时间共同作用下产生的局部破裂,由于靶场测控装备机械零部件都是通过各种机械加工得来的,所以每个零部件都必然带有从原子位错至肉眼可见的不同大小、不同性质的缺陷。这些缺陷是最初期的裂纹,像铸造裂纹、锻造裂纹、焊接裂纹、热处理裂纹以及磨削裂纹,还有后来使用中形成的裂纹。零部件经过长期的使用,裂纹也在不断地形成和发展,最后形成肉眼可见的裂纹(或裂缝)。裂纹的存在不仅直接破坏了金属的连续性,而且因多数裂纹尾端都很尖锐,必将引起应力集中,加速裂纹扩展,促使零部件在低应力下提前破坏,甚至造成事故。因此裂纹也是危险性最大的一种损伤模式。

一旦发现裂纹(或裂缝),经评估后确认对靶场测控装备基本功能或其他功能有潜在危险,即应修复。目前对裂纹的维修可选择下面几种方法:

胶补法是利用金属通用结构胶良好的性能,在裂缝里填满该胶,即可修复裂纹,这是一种简单适用的方法;焊修法是在裂缝处实施焊接,但需要电源和焊接设备;盖补法是制作一大于裂缝边缘的盖片,用盖片将裂缝盖住,然后将盖片焊接在零部件上,但盖片应不影响零部件的安装和使用。以上三种方法均是裂缝的修复方法,应急维修时可根据实际情况合理选用。

对于发现的裂纹,经评估后确认不影响当前的使用,可采取必要措施防止裂纹进一步扩展。这些措施如:钻孔止裂法,在裂纹两端尽头钻直径为 3～6mm 的小孔,可有效防止裂纹进一步扩展;捆绑法,用套箍和铁丝在裂缝适当位置沿与裂缝垂直方向进行捆绑止裂,待完成试验任务后,再采用常规方法进行维修。

7. 连接松动

连接松动是靶场测控装备经常出现的一种故障现象,其主要原因是连接件磨损,还有振动、零部件老化等。对于连接松动的修复,可选择目前市场上流行的具有锁紧功能的有机制品(如锁固密封剂)。锁固密封剂属厌氧胶,黏度低、渗透性好、强度中等,最大填充间隙为 0.25mm,固化后具有较好的力学性能。使用时先用超级清洗剂或汽油对密封与胶黏的表面清洁除油,然后涂胶结合,室温 10min 可初步固化,24h 达到最大强度,是一种快速、理想的修复连接松动的物质。靶场测控装备在野外站点参试时,若缺乏锁固密封剂,可采用简易方法进行修复。如缠丝修复,将密封带(或麻丝、棉纱)缠于外螺纹上,旋紧螺帽,也可起到防松作用。

8. 工作表面损伤

靶场测控装备工作表面损伤是指零件之间由于相对运动时存在其他介质的作用而引起的表面划伤、破损等。常见的有轴与轴孔之间的划伤,零部件表面的划伤、沟痕等,它既区别于压坑,又不同于磨损。产生划伤会引起机构动作困难,影响靶场测控装备顺利完成试验任务。

轻微损伤可不进行修理。若影响机构动作,可用锉刀清理,若沟痕较深,可在清理后用金属通用结构胶将沟痕补平。对轴类零件或接触平面研伤,评估后若需要进行修理,可采用熔敷法,这是一种比较复杂的方法,需要专用的熔敷设备和机械加工设备,对修理人员的技术水平要求也很高,所需抢修时间长,野外站点维修时应谨慎选择。若需要进行抢修,而摩擦不大或强度要求不高的零件损伤,也可用钎焊方法进行修补,这是一种简单、迅速的修复方法。

还有一类比较特殊的损伤,就是螺钉起子口的损伤,这种损伤造成靶场测控装备维修时拆装困难,拖延维修时间,对这类损伤常用的处理措施包括使用工具转动加强剂、修槽或进行冲打拆装。

工具转动加强剂是工具克服打滑的救星,可以使工具发挥最好的转动力,适用于扳手、起子等,能使已损坏螺丝槽的螺丝继续转动和保护经常要拆卸的螺丝不被损坏。使用时将工具转动加强剂滴在螺丝头槽内,立刻可用螺丝刀操作;用于其他手工工具,可直接涂在螺丝头处或工具和金属接触部位之间,同样可以产生良好的效果。

修槽就是对起子口进行修整,使之能与起子配合进行拆装,若修整无效可用锯条重新开起子口,或进行冲打拆装,用尖头冲子沿起子口一侧,朝松动(拆卸时)或旋紧(安装时)方向锤击冲子,实施强行拆装,此时应注意防止螺钉头部折断。

9. 弹簧失效或折断

弹簧的功能在于受载时变形,同时吸收能量,而在卸载时恢复原形,同时释放能量。弹簧在靶场测控装备上应用很广泛。

弹簧失效或折断主要是过应力或长期受载引起的疲劳折断。弹簧在加工过程中会产生各种缺陷,如拉裂、拉痕、碰伤以及锈蚀等。这些缺陷在弹簧使用期内,会产生裂缝或应力腐蚀,弹簧在受力时裂缝尖端的应力集中会使裂缝扩展,最后导致弹簧失效或折断。

弹簧失效或折断后,会影响靶场测控装备机构的功能。最简单的维修方法是更换同类型的弹簧。若一时无法购买,经评估需要修复的,可根据弹簧类别采取不同的修理方法。

小弹簧失效,可将弹簧(压簧)拉长,并进行回火处理;中等弹簧失效,可加一适当厚度的垫圈,相当于增加其自由高度,保证所需弹力。

弹簧折断后,应将折断处磨平,并调头安装,再在两节弹簧间加垫圈;大型弹簧折断,可在折断处进行焊接修理。

拉簧钩或扭簧头部折断,可将拉簧或扭簧再拉出一圈,重新加工钩或扭簧头。

10. 油泥太多

靶场测控装备所处的野外环境十分恶劣,灰沙、尘土极易吸附于靶场测控装备的机构或零件表面,并可能逐步渗透到机构内部,与机构内部的润滑油(脂)混合,形成大量油泥,进而使得操作困难,影响靶场测控装备完成正常的试验任务。

清除油泥的方法很多,如可用煤油、汽油等清洗,这也是常规处理方法,该方法简单有效。还可以使用金属调节剂清除油泥,只要将金属调节剂喷淋到零件表面,稍等片刻,即可进行擦拭。此外,利用"超级清洗剂"去除油泥也是一种理想的方法。超级清洗剂具有较强的去油、去污能力,且不易燃烧,不刺激皮肤,对零部件无腐蚀性,喷淋于零件表面,擦拭后即可去除油泥,是一种理想的去油、去污剂。

11. 轴承损坏

轴承广泛地用于机械装备上,用于定位、减摩及支承。靶场测控装备上轴承损坏将使机构不能正常运转,影响其基本功能,应进行修理。

轴承可分为滚动轴承和滑动轴承,两类轴承的损坏形式、原因及修理方法是不同的,分别叙述如下。

(1)滚动轴承

滚动轴承的损坏形式及原因如下:

轴承变成蓝色或黑色,这是使用过程中温度过高,轴承被烧引起的。此时若几何精度和运动精度尚好,应检查硬度是否尚好,其方法是用锉刀锉削轴承外圈圆角部分,锉不动,说明硬度尚好,轴承仍可用;锉得动,说明轴承已退火,不能继续使用。

运转时有异响,可能是滚动体或滚槽表层金属有剥落现象,也可能是零件安装不当造成的。

滚动体严重磨损,可能是滚动体不滚动产生滑动摩擦,以致磨损,或者是轴承温度过高,致使滚动体过热而硬度显著降低,加速磨损。机械振动或轴承安装不当,也会将滚动体挤碎。

工作表面锈蚀,主要原因包括没有防潮、润滑剂变质、含有水分或密封不严进水。轴承工作表面的锈蚀将会过早地出现麻点和剥离。锈蚀生成物及泥水、润滑剂等混合在一起时,会导致磨粒磨损,加速损坏。

滚动轴承的修复(处理)方法:一般来讲,装备战场抢修时,修复轴承是比较困难的,但可选择代用法维持其功能正常。

直接代用,当代用轴承的内径、外径和厚度尺寸与原配轴承完全相同时,不需任何加工即可安装代用。

加垫代用,当代用轴承的内径、外径与原配轴承完全相同,仅宽度较小时,可采用加垫代用法。所加垫圈的厚度等于原配轴承和代用轴承的厚度差。垫圈内径与轴采用间隙配合,外径等于轴承内圈的外径。

以宽代窄,有的轴承找不到尺寸相近的代用轴承,而其轴向安装位置又不受限制时,可用较宽轴承代替较窄轴承。

内径镶套改制代用,若代用轴承外径与原配轴承相同,而内径较大,可采用先改制后代用。即在轴承内径与轴之间增加一镶套,套的内径与轴配合,外径与代用轴承的内径采用稍紧的过渡配合。

外径镶套代用,当代用轴承内径与原配轴承相同,而外径较小时,可采用外径镶套改制的办法。套的外径直接与箱壳孔配合,套的内径与代用轴承外径采用稍紧的基轴制过渡配合。

内、外径同时镶套代用,即内径镶套与外径镶套的综合应用。

(2)滑动轴承

滑动轴承的损坏形式及原因如下:

异常磨损,造成异常磨损的主要原因是:超载或超速运行;轴承润滑不良;润滑油杂质的含量过高或中、大颗粒的杂质过多;轴承与轴颈磨合不良。

擦伤,轴承处于摩擦状态下,轴承摩擦副工作表面的粗糙微体呈固相接触;在流体润滑状态下,润滑介质中大颗粒的杂质穿破润滑膜并与磨擦副工作表面粗糙微体呈固相接触,当摩擦副工作表面相对滑动时,在剪切作用下,轴承减磨材料脱落,导致擦伤。

划伤,硬质杂质颗粒在轴径的驱动下,在轴承工作表面沿轴径运动方向或杂质运动方向形成一条较深的沟痕即为划伤。造成划伤的主要原因有:轴承装配时污物的介入;润滑物中含有硬质大颗粒杂质;轴承表面有磨削等。

疲劳,在过高的交变应力作用下,轴承的承载层产生裂纹,并发展到裂纹闭合,导致材料剥落的现象,即为疲劳损坏。形成疲劳损坏的主要原因有:设备超负荷运行;装配不良引起的轴承边缘载荷或局部应力过高;应力集中等。

滑动轴承的修复是较困难的,就目前的工艺技术而言,还没有较好的方法来抢修战场上损坏的滑动轴承。采取清洗、擦拭、重新涂油等措施会起到一定的作用。

随着靶场测控装备发展的日益现代化,电气设备已经大量应用于靶场测控装备中,靶场测控装备长期在野外站点恶劣气候下工作,受日晒雨淋、高温、低温、高盐雾、高腐蚀环境的影响,电气故障频繁出现。在实际工作中,电气故障的产生原因众多,排除故障的方法及方式只能根据故障的具体情况而定,也没有严格的模式及规定,对部分装备维修人员来说会感到困难,在排除故障的过程中,往往会走不少弯路,甚至造成较大损失。因此,当遇到电气故障时,能准确查明故障原因,合理、正确地排除故障,对提高工作效率、减少装备经济损失以及提高装备参试率都具有重大意义。

3.2.2.2　靶场测控装备电气故障的模式及维修方法

3.2.2.2.1　靶场测控装备电气故障分类

按照靶场测控装备电气装置的构成特点,常见的电气故障可分为以下几种:

1. 断路

断路(开路)是电气系统常见故障模式,电路中的多种元器件(如电阻、电容、电感、电子管、晶体管、集成块、开关以及导线等)均可能发生断路故障。元器件受到弹片损伤或爆炸冲击波,引起设备产生振动、位移，都可能造成断路故障。一个元器件的断路，可能导致设备或系统产生故障。由于电气元件的种类较多，因此断路的形式也很多，如电阻烧断会引起断路，电位器断线、脱焊、接触不良也会引起断路。

断路的抢修可以采用短路法，即将损坏的元件或电路用短路线连接起来。连接的方式包括将短路线缠绕在需短路的两点上，或用电烙铁焊接，或在一根导线两端焊上两个鳄鱼夹，使用时直接将鳄鱼夹夹住需短路的两点即可。

开关类断路，包括乒乓开关、组合开关、门开关、琴键开关等不能动作或接触不良，可将有关触点短路。应注意组合开关和琴键开关的对应触点不能接错，测量无误后再连接。如果是高压开关，直接接通可能影响大型电子管的寿命，可以把开关两触点用导线引出，打开低压后再将这两根线短路，此时为带电操作，注意不要触电。

电线及电缆一般都捆扎成匝或包在绝缘胶层内，当发现内部某线开路时可在该线的两端用一根导线短路。有时一条线路通过几个接插件、几个电缆或电线匝，当发现这条线路开路时，不必再继续缩小故障范围，可直接将两端短路。

接插件接触不良是经常发生的，而且不易修复，可将接触不良的触点上相应的插针、插孔的焊片或导线短路。

电流表都是串联在电路中的，如果电流表开路，则电路因不能形成回路而不能工作，可将电流表两接线柱短路，虽然电流表不能指示但电路可恢复正常工作状态。

有时继电器虽然受控、能动作，但某对触点可能接触不良，可将该对触点短路，也可将有关触点的弹簧片稍微弯动，使每对触点都接触良好。

扼流圈开路后如找不到可替换品，可将其短路，虽然会增大某些干扰，但有时仍能工作。

自保电路通常由继电器、门开关等元器件组成，如果仅仅是自保电路本身产生故障，可将自保电路全部或部分短路，即可使电路恢复正常。

2. 短路

短路是电流不经过负载而"抄近路"直接回到电源。因为电路中的电阻很小，所以电流很大，会产生很大热量，很可能使电源、仪表、元器件、电路等烧毁，致使整个电路不能工作。如元器件战斗损伤、振动、电容的击穿、绝缘物质失效等均可能造成短路。短路最明显的特征是启动保护电路，如保险烧断。

如果将这些元件开路，电路即可恢复正常或基本恢复正常，这是电路发生短路时应急修复中最常用的方法。开路的方法包括用剪刀剪断导线、焊下元件或将导线从接线板或接线柱上拧下来，究竟采用哪种方法，应根据当时的条件进行选择。首先应考虑速度要快，其次考虑以后按规程修理时应方便。注意不要将开路的导线与其他元器件相碰而产生短路。例如，滤波电容击穿后会烧断电源保险丝而产生电源故障，可将被击穿的电容开路，电路即可恢复正常或基本正常。

电压表是跨接在电源两端用于指示电路工作状态的，电压表击穿或短路后也将使电源短路。若将电压表开路，电路工作将完全恢复正常。

指示灯和电压表一样，用于指示电路工作状态，当指示灯座短路后，将其开路，电路即可恢复正常。

冷却用的风机风扇发生短路或绝缘性能降低时，会造成其他电路不能正常工作。可将其引线开路，其他电路即可恢复正常。但大型发热元器件很容易被烧坏，故应尽量采取措施对装备进行通风冷却,如打开机盖板或用另外的风扇吹风。

3. 接触不良

接触不良是电路常见的故障模式之一,可能引起电气系统时好时坏、不稳定等现象。产生接触不良的主要原因有开关或电路中的焊点氧化、裂纹、烧蚀以及松动等。战斗损伤、冲击波和振动常常导致这类故障。

恢复接触不良的最简单方法是机械法,即利用手或其他绝缘体将失效元器件用机械的方法进行固定,使其恢复原有性能。例如,按钮开关损伤时,当按下按钮开关,电路接通;当手松开按钮时,电路又断开。这是因为自保电路中的继电器或有关电路有故障。这时可以不必排除故障,继续用手按住按钮不放,或用胶布黏住,或用竹片、木片、硬纸片等将按钮开关卡住,使电路继续工作,到战斗间隙再进行修理。

继电器损伤。对于不频繁转换的继电器,如电源控制继电器、工作转换继电器,由于线包开路、电路开路或机械卡住等,继电器不能动作,可以用胶布、布带或其他绝缘材料将继电器捆绑住,强制使继电器处于吸合状态。如果继电器不能释放,也可用胶布或纸片将衔铁支起,使电路恢复正常工作。

琴键开关损伤。当琴键开关的自锁或互锁装置失灵时,不能进行工作状态转换,也可采用手按、胶布黏、硬物卡的办法使琴键开关处于正常工作状态。

天线阵子损伤。通信设备或雷达的天线上的有源阵子或无源阵子在机械作用下从主杆上脱落时,可用胶布、绳或铁丝将阵子按原来的位置捆绑好,其性能将不受任何影响。

4. 过载

过载也是电气系统常见的故障现象,过载会使某些元器件输出信号消失或失真,保护电路会启动,电路全部或部分出现断电现象。应该指出,过载造成的断电现象,只有在保护电路处于良好状态时才会发生。否则,将会损坏某些个别单元。

靶场测控装备上的过载故障常见于电机过载。一般来说电机都有一个固定的运行功率,称为额定功率,如果在某种情况下使电机实际使用功率超过电机的额定功率,则称这种现象为电机过载。电机过载的表现形式主要有:

1)电机发热量增大;

2)电机转速下降,甚至可能下降为零;

3)电机有低鸣声,振动一般;

4)如果负载剧烈变化,会出现电机转速忽高忽低的现象。

修复靶场测控装备电机过载故障时应查明故障原因,其原因一般有电气原因和机械原因。电气原因:如缺项、电压超出允许范围值等。此时应查明供电柴油机或市电输出指标是否在装备要求范围内,若不在要求范围内应进行调整。机械原因:过大的转矩、电动机损坏(轴承的振动)等。此时应查明扭矩过大和轴承故障的原因,并进行排除。

5. 机械卡滞

机械卡滞常出现在电气系统的开关、转轴等机械零部件上。其主要原因是过脏、零件变形、间隙不正常等。

恢复电气系统的机械卡滞可采用酒精清洗、砂布打磨、调整校正等方法。可根据具体的故障原因,合理选择具体方法。

6. 设备和元器件故障

设备和元器件故障包括板卡器件过热烧毁、老化、不能运行、电气击穿以及性能变劣等。根据故障现象,分析故障原因,对电气装置的构造、原理、性能进行充分的理解,并与故障实际结合,是查找电气故障的关键。产生电气故障的原因很多,重点是在众多原因中找出其最主要的原因。例如,某电动机无法正常运转,不论何种故障现象,最集中的表现是电动机不能工作,但该故障不一定是电动机问题,可能是电源故障或其他故障。因此,同类故障的原因多种多样,在这些原因中哪个方面使电动机不能运转,还要经过更加深入、详细的分析,进而确定电动机故障的具体原因。

3.2.2.2.2　靶场测控装备电气故障检修的基本方法

电气故障现象多种多样,同类故障可能有不同的故障现象,不同类故障也可能导致同种故障现象,这就会给查找故障带来复杂性和不确定性。要彻底排除故障,就必须查出故障发生的原因,这就要求我们具有一定的专业理论知识,从理论上分析、查找、解决故障,并掌握排除故障的方法。而故障现象是查找电气故障的基本依据,故障一旦出现,就要对故障现象仔细观察分析,确定故障的部位,搞清故障发生的时间、地点、环境等因素,并采用多种手段和方法予以排除。

1. 直观检查法

直观检查法就是利用感官检查,是故障分析之初最简单实用的方法。即通过问、看、听、摸、闻来发现异常情况,进而找出故障所在部位。

1)问:向装备操作和管理人员了解故障发生前(后)的异常情况,询问相关人员了解故障产生的过程、故障表现及故障后果。

2)看:查看靶场测控装备各分系统是否处于正常状态(例如各开关按钮的位置、雷达天线及经纬仪天线的运转情况等);各电控分系统(如天控系统、时统设备、光纤分系统等)有无报警指示;局部查看有无保险烧断、元器件烧焦、电线电缆脱落等情况;仔细察看各种电器元件的外观及位置变化情况,查看指示灯、仪表是否有变化等。

3)听:主要听各有关电器在故障发生前后声音是否有异常变化。比如听电动机启动前后、散热风扇启动前后、接触器线圈加电前后声音是否有变化等。

4)摸:在靶场测控装备发生故障后,断开电源,用手摸或轻轻推拉导线及电器的某些部位等来发现可能出现故障的原因,以察觉异常变化。如摸电动机、变压器和电磁线圈表面,感觉温度是否过高;轻拉导线,看连接是否松动;轻推电器活动机构,看移动是否灵活等。

5)闻:靶场测控装备出现故障后,断开电源,靠近故障器件及其相关部位,若闻出有焦味,则表明该电器绝缘层或板卡器件已被烧坏,其一般原因则是电路过载、短路或三相电流严重不平衡等。

2. 状态分析法

状态分析法是根据靶场测控装备发生故障时电气装置所处的状态进行分析的方法。任何电气装置都工作在某一状态下,如电动机工作过程可以分解成启动、运转、正转、反转、高速、低速、制动和停止等工作状态。在任何状态下都可能产生故障,例如,电动机运转时,哪些触点闭合,哪些元件工作等,因而检修电动机运转故障时,要注意这些触点和元件的工作状态。它们的状态划分得越细,对检修电气故障越有利。

目前靶场测控装备大都设有信号与报警装备或指示灯。硬件报警指示灯是指包括装备遥测系统、伺服系统、时统系统、UPS 电源等各种电器装置上的状态和故障指示灯,结合这些指示灯的状态和相应的功能,便可获知故障原因与排除方法。软件报警指示一般是接口信号错误或数据包丢失(解码错误)造成的,这些接口信号有的在相应的接口板和输入/输出板上有指示灯显示,有的可以通过简单操作在显示屏上显示,并且所有的接口信号都可以用 PLC 编程器调出和调试、更改。这种检查方法,要求装备维修人员既要熟悉本装备的接口信号及传输协议,又要熟悉 PLC 编程器的应用。

3. 原理分析法

根据靶场测控装备各分系统的组成原理图及其工作原理,结合控制环节的动作程序以及它们之间的逻辑关系,将可能引起这种故障的各种原因罗列出来,通过追踪与故障相关联的信号,进行比较、分析、判断和验证,减少测量与检查环节,找出故障点,并查出故障原因。使用本方法要求维修人员对整个系统和单元电路的工作原理有清楚的理解。

在对靶场测控装备故障使用原理分析法的过程中,遇到复杂电路,不利于从中分析、查找故障原因时,可以使用图形变换法、简化分析法和单元分割法。

(1)图形变换法

电路图是用以描述电子装置的构成、原理和功能,提供连接和使用维修信息的工具。电子器件一旦出现故障,往往需要将实物和电路图进行对照,进而定位故障。然而,靶场测控装备接线图是一种按装备大致形状和相对位置画成的图,这种图主要用于该电气系统的安装和接线,对检修电气故障十分有用。但从这种图上,不易看出电气系统的工作原理及工作过程,因此为检修故障方便,需要将一种形式的图变换成另一种便于识别、一目了然的图。其中最常用的是将设备综合接线图分解成单一线路电路图,将集中式电路图变换成为分开式电路图。

(2)简化分析法

电气装置往往由很多部件、元器件和线路组成,从功能、用途来划分,可以划分出主要部件和次要部件。电气装置出现故障后,可以根据具体情况,重点分析主要的核心部件及元器件,这种方法称为简化分析法。例如,某电动机正转运行正常,反转不能工作。分析这一故障时,可以不考虑与正转有关的控制部分,只考虑反转控制的相关电路器件,再进行故障分析定位。

(3)单元分割法

一个复杂的电气装置通常是由若干个功能相对独立的单元构成的。检修电气故障时,可将这些单元分割开来,然后根据故障现象,将故障范围限制于其中一个或几个单元。经过单元分割后,查找电气故障就比较方便了。以电动机控制电路为例,其由继电器、接触器、按钮等组成的断续控制电路,可分为 3 个单元:前级命令单元由启动按钮、停止按钮、热继电器保护触点等组成;中间单元由交流接触器和热继电器组成;后级执行单元为电动机。若电动机不转动,先检查控制箱内的部件,按下启动按钮,看交流接触器是否吸合。如果吸合,则故障在中间单元与后级执行单元之间(即故障在控制电路部分)。这样,以中间单元为分界,可把整个电路一分为二,判断故障是在前一半电路还是在后一半电路,是在控制电路部分还是主电路部分。这样可节约时间,提高工作效率,特别是对于较复杂的电气线路,效果更为明显。

4. 备件置换法

随着时代的发展,电子元器件的集成度越来越高,靶场测控装备一旦出现故障,一时又难以把故障定位于某一元器件上,只能把故障分析结果集中于某一印制电路板上。因此,为了缩短停机时间,可以先将疑似故障备板备件换上,看故障是否消失,装备是否恢复正常,然后认真、仔细检查和修复故障器件,这就是备件置换法。更换备件板时要注意以下问题:一是断电更换;二是记录原器件开关及状态位置后再更换;三是记录老器件参数并参照设置新器件参数后再更换;四是仔细阅读说明书注意事项后再更换。

在疑似故障板没有备件的情况下,可以将系统中相同或相兼容的两个板互换检查,例如将方位和俯仰伺服板互换,从而判断故障板或故障部位。这种交叉换位法应特别注意,硬件接线和软件参数都要设置正确交换,否则不仅无法修复故障,反而会产生新的故障。

5. 类比法

当靶场测控装备出现故障,对设备一时难以定位时,通过与同类非故障设备的特性和工作状态等进行比较,确定设备故障的原因进而排除的方法称为类比法。考虑到参试成功率与可靠性,有时靶场测控装备布站时采用同类装备备份布站方法,这就为采用类比法创造了可行条件。例如,某光测装备出现无时统时间输出故障,在该装备没有备板的情况下,可以到同站点同装备上测试并观察时统状态,从而判定是否为时统板故障。又比如,一个线圈是否存在中间短路,可通过测量线圈的直流电阻来判定,但若图纸资料没有标明直流电阻的正确值是多少,这时可以通过测量同类型且完好的线圈的直流电阻值,将二者进行比较来判别是否发生故障。

6. 仪器测试法

许多电气故障靠人的直接感知是无法确定部位的,需要借助各种仪器、仪表,对故障设备的电压、电流、功率、频率、阻抗、绝缘值、温度、振幅以及转速等进行测量,经与正常的数值对比,以确定故障部位。例如,用示波器观察相关脉动信号的幅值、相位参数的变化,以便分析故障的原因;用万用表检查各电源情况,以及对某些电路板上设置的相关信号状态测量点的测量;通过测量绝缘电阻和介质损耗,判定设备绝缘元件是否受潮;通过测量直流电阻,确定长距离线路的短路点、接地点;用PLC编程器查找PLC程序中的故障部位及原因等。

(1)电压测试法

电压测试法是指利用万用表测量电路中某一电压值的一种方法。测量时应注意合理选择量程,通常选用电压的最高档,以确保不至于损坏万用表;同时测量直流时,要注意正负极性。如用万用表AC500V档测量电源主电路电压以及各接触器和继电器线圈各控制回路两端的电压,若发现所测处电压与额定电压不相符(超过10%以上),则为故障可疑处。

(2)电流测试法

电流测试法是使用仪表测量线路中的电流是否符合正常值来判断故障原因的一种方法。对弱电回路,一般采用将电流表或万用表打到电流档,串接在电路中进行测量;对强电回路,一般采用钳形电流表检测。用钳形电流表或交流电流表测量主电路及有关控制回路的工作电流时,若所测电流值与设计电流值不相符(超过10%以上),则该电路为故障可疑处。

(3)电阻测试法

电阻测试法通常是指利用万用表的电阻档,测量电机、线路、接触点等是否符合使用标称值以及是否通断的一种方法。用兆欧表测量相与相、相与地之间的绝缘电阻等也是电阻测试法。测量时,一是严禁带电测量;二是要注意被测线路是否有回路;三是先低档后高档。一般来讲,线路接通时,电阻值趋近于0;线路断开时,电阻值为∞。导线可靠连接时接触电阻趋于

0,连接处松脱时,电阻值则为∞。各种绕组(或线圈)的直流电阻一般非常小,往往只有几欧姆或几百欧姆,而断开后的电阻值为∞。

(4)测量绝缘电阻法

测量绝缘电阻法是用兆欧表测量断开电源时的电器元件和相线与地、相线与相线之间的绝缘电阻值。电器绝缘层的绝缘电阻规定不得小于 0.5MΩ。绝缘电阻值过小,是相线与地、相线与相线之间漏电和短路的主要原因。

7. 故障复现法(也叫试探分析法)

在确保装备、设备安全的情况下,可以通过复现或试探的方法来确定故障部位,即通过某些方法让故障复现,进而找出故障所在。故障再现时,主要观察有关板卡、器件、电器是否工作正常,若发现某一个器件工作不正常,则说明该器件所在电路或相关电路有故障。进一步检查此电路,便可发现故障原因和故障点。在通电检查过程中,如发现冒烟、打火、异常声音、异常气味、触摸有过热以及电动机和器件漏电情况,应立即断电进行分析。

8. 参数调整法

在有些情况下,靶场测控装备出现故障时,线路中元器件没有坏,线路接触也良好,只是由于某些物理量调整得不合适或运行时间长了,有可能因外界因素致使系统参数发生改变或不能自动修正系统值,从而造成系统不能正常工作,这时应根据设备的具体情况进行参数调整。

靶场测控装备在进行不同类型靶场测控试验时,要根据客户对参数指标的需求,更改靶场测控设备的参数设置,如遥测设备要针对被试品指标进行检前数据处理,因此,任何参数的变化(尤其是模拟量参数)甚至丢失都是不允许的。另外,装备的长期运行所引起的机械或电气性能的变化,会打破最初的匹配状态和最佳状态。针对此类故障,需要重新调整相关的一个或多个参数方可排除。这种方法对维修人员的要求是很高的,不仅要对具体系统主要参数十分了解,既知晓其位置,熟悉其作用,又要有较丰富的电气调试经验。

9. 特殊处理法

随着靶场测控装备的日益集成化、现代化、自动化以及计算机化,其软件内容越来越丰富,有系统软件、天线控制软件以及状态监控软件,软件逻辑的设计中不可避免的一些问题,会使得有些故障状态无从分析,例如死机现象。对于这种故障现象则可以采取特殊手段来处理,比如整机断电,稍作停顿后再开机,有时则可能将故障消除。维修人员可以在自己的长期实践中摸索其规律或者采取其他排除方法。

3.2.2.2.3 靶场测控装备电气故障检修技巧

1. 熟悉电路原理,确定检修方案

当测控装备某一电气系统发生故障时,首先要了解该故障发生的现象、经过、范围和原因,然后熟悉该电气系统的基本工作原理,对照图纸和文件资料分析各个电路和信号的相互关系及走向,研究并确定一个科学的检修方案,再动手进行拆卸。

2. 先机损,后电路

当前,测控装备的电气设备大多是机电一体化的先进设备,机械部分和电子电路在功能上进行有机配合,才能实现其功能。从大概率上看,一般是机械部件先出现故障,进而影响电气系统,造成许多电气部件的功能无法实现。因此表面上电气系统出现故障是电气本身的问题,实际上可能是机械部件故障所造成的。因此先检查机械系统是否能正常工作，再排除电气部分故障，一般会达到事半功倍的效果。

3. 先简单，后复杂

检修靶场测控装备故障时，要先排除简单、直观、常见的故障，后排除难度较大、没有处理过的疑难故障。

4. 先检修通病、后攻克疑难杂症

电气设备经常容易产生相同类型的故障，即"通病"。由于通病比较常见，处理通病的经验较丰富，因此可快速排除。这样就可以集中精力和时间排除比较少见、难度高、古怪的疑难杂症，从而简化步骤、缩小范围、提高检修速度。

5. 先外部调试，后内部处理

外部是指暴露在电气设备外、密封件外部的各种开关、按钮、插口及指示灯。内部是指在电气设备外壳或密封件内部的印制电路板、元器件及各种连接导线。先外部调试，后内部处理，就是在不拆卸电气设备的情况下，利用电气设备面板上的开关、按钮等调试检查，缩小故障范围。首先排除外部部件引起的故障，再检修机内的故障，尽量避免不必要的拆卸。

6. 先不通电测量，后通电测试

在对故障的电气设备检修时，不要立即通电，否则会烧毁更多的元器件，扩大了故障范围，造成不必要的损失。一般要对各个元器件先进行电阻测量，在采取必要的措施后，再通电对电气设备进行检修。

7. 先公用电路，后专用电路

任何电气系统的公用电路出现故障，其能量、信息就无法传送和分配到各具体专用电路，专用电路的功能、性能就不起作用。如一个电气设备的电源出现故障，整个系统就无法正常运转，向各种专用电路传递的能量、信息就不可能实现。因此要快速、准确地排除电气设备的故障，一般要遵循先公用电路、后专用电路的顺序。

8. 总结经验，提高效率

电气设备出现的故障五花八门、千奇百怪。任何一台有故障的电气设备检修完之后，都应该把故障现象、原因、检修经过、技巧以及心得记录在专用笔记本上，学习掌握各种新型电气设备的机电理论知识、熟悉其工作原理、积累维修经验，将自己的经验上升为理论。在理论指导下，具体故障具体分析，才能准确、迅速地排除故障。只有这样，才能把自己培养成为检修电气故障的行家里手。

3.2.2.3　工控机常见故障与维修方法

随着靶场武器装备试验鉴定的需要与发展，靶场测控装备日益集成化、现代化，工业控制计算机被大量应用于靶场测控装备中，工控机作为靶场测控装备的关键部件，起着至关重要的作用。如果工控机产生故障，将会影响整个靶场测控装备系统的工作。

3.2.2.3.1　工控机故障维修处理的基本步骤

1）先调查后熟悉，先分析考虑问题可能出现在哪里，然后动手操作。

2）先除尘后检修，实践证明，许多故障在除尘后，往往会自动消失。

3)先机外后机内,首先检查计算机外部及线路,然后开机检查。

4)先着手软件后着手硬件,先从软件判断入手,然后从硬件入手。

5)先机械后电气,分析是机械原因引起的还是电气原因引起的。

6)先电源后其他,许多故障往往是由电源接触不良或电源断开引起的。

7)先通病后特殊,先排除普通的常见故障,然后检查特殊故障。

3.2.2.3.2　一些工控机常见故障及维修方法

1.开机无显示

1)主板扩展槽或扩展卡有问题,导致插上声卡等扩展卡后主板没有响应而无显示。

2)主板 CMOS 设置的 CPU 频率不对,也可能会导致不显示故障。对此,只要清除 CMOS 设置即可予以解决。清除 CMOS 设置的跳线一般在主板的锂电池附近,其默认位置一般为 1、2 短路,只要将其改为 2、3 短路,即可解决问题,对于没有设置跳线的主板,可将电池取下一段时间,将电池放电后恢复 COMS 出厂设置。

3)主板无法识别内存、内存损坏或者内存不匹配也会导致开机无显示的故障。此时通过插拔内存、清理内存或者更换内存即可解决。

2.CMOS 设置不能保存

1)检查更换主板电池。

2)主板电路问题,要找专业人员维修。

3)有时候错误地将主板上的 CMOS 跳线设为清除选项,或者设置成外接电池,使得 CMOS 数据无法保存。

3.在 Windows 下安装主板驱动程序后出现死机或光驱读盘速度变慢的现象

更新驱动程序,问题一般都能够解决,如果还是没有解决,则重新安装系统。

4.安装 Windows 或启动 Windows 时鼠标不可用

此类故障的软件原因一般是 CMOS 设置错误。在 CMOS 设置的电源管理栏有一项 modem use IRQ 项目,它的选项分别为 3、4、5、…、NA,一般它的默认选项为 3,将其设置为 3 以外的中断项即可。

5.电脑频繁死机,在进行 CMOS 设置时也会出现死机现象

此类故障一般是由于主板设计散热不好或者 Cache 有问题,散热不好可以采取加装风扇解决问题;解决 Cache 问题需进入 CMOS 设置,将 Cache 设为禁止,即可解决问题,但 Cache 禁止后,电脑运算速度会降低。

6..主板 COM 口或并行口、IDE 口失灵

此类故障一般是用户带电插拔相关硬件造成的,此时用户可以用多功能卡代替,但在代替之前必须先禁止主板上自带的 COM 口与并行口(有的主板的 IDE 口需要禁止才能正常使用)

7.开机后主板能正常工作,BIOS 检测到键盘,报告键盘出错

看键盘锁是否锁定,如果是,解除键盘锁,如果不是,检测主板同底板的连线及键盘、鼠标是否连接正确。

8.工控机装硬盘以前可以启动,安装硬盘后不能启动

检查硬盘数据线是否接反。

9. 加电后底板上的电源指示灯,亮一下就灭了,无法加电

首先看机箱内是否有螺丝等异物,导致短路。其次看有关电源线是否接反,导致对地短路。再次利用替换法更换电源,看是否是电源的问题。最后,更换地板看是否是地板的问题。

10. 工控机加电后,电源工作正常,主板没有任何反应

首先去掉外围的插卡及所连的设备,看能否启动,如果不能,可去掉内存,看是否报警,然后检查 CPU 的工作是否正常,最后替换主板,检查主板是否正常。

11. 安装操作系统,加载声卡驱动时死机

首先声卡的类型选择错误,选择正确的类型后再安装。其次,所选的声卡同其他设备冲突(包括网卡、视频卡、主板)。

12. 加载声卡驱动后,运行速度变慢或声音太小

一般为声卡同主板冲突。

13. 安装视频卡时驱动安装正确,没有图像显示,或显示没有彩色

一般视频卡的制式默认为"ntfc",需设置为"PAL"制式。

14. 工控机正常运行时,一有震动就会重启

电源的连线故障,或是主板同地板的连线接触不良(实现 ATX 功能的连线)。

15. 操作系统 GHOST 时,原盘同新刻的盘分区不一致

硬盘的模式,设置不一致,应都设为 LBA 模式。

16. 运行客户程序时,出现莫名的重启现象

客户的软件同主板的兼容性有关,全方位检查后,如果还是找不到原因,更换主板后再试。

17. P4 的主板加电后,不能启动

P4 的主板功耗很大,对 12V 的电压需求较大。如果不接主板上 4 芯的 12V 电压,主板不能启动。

18. DOS 下能否使用 U 盘

这要看主板是否支持,有的主板能够支持,例如 7166,而大多数主板是不支持的。

19. USB 硬盘、U 盘能否作为启动盘

这要看主板是否支持,大多数新型主板(P4、P3)能够支持,一些老型号的主板可能不会支持。

20. 工控机种的某块 PCI 卡不能使用

查看该 PCI 卡的导电触片是否干净,如果不干净,用橡皮擦之。

21. 工控机中的所有 PCI 卡不能使用

用橡皮擦拭主板的 PCI 导电触片,或更换底板插槽。

22. 主板上的键盘口能否直接接鼠标

不能。

23. 当前的 ATX 机箱能否实现 AT 的功能

可以,但是必须有此宽机箱上的 AT 开关,而且需要在开关上焊线。

24. P4 的主板能否用 AT 的电源实现

可以,但是电源需要改造:要把主板上的电源设置为 AT 方式,加上 4 芯的 12V 电源的接头。

25. ATX 电源的工控机能否实现"来电自启"

这同主板有关系,如果主板支持,则可以。

26. 打开计算机电源而计算机没有反应

1)查看电源插座是否有电并与计算机正常连接;

2)检查计算机电源是否能正常工作(开机后电源风扇是否转动),显示器是否与主机连接正常;

3)打开机箱盖查看电源是否与计算机底板或主板连接正常,底板与主板接插处是否松动,开机底板或主板是否上电,ATX 电源是否接线有误;

4)拔掉内存条,开机是否报警;

5)更换 CPU 或主板。

27. 加电后底板上的电源指示灯,亮一下就灭,无法加电

首先看机箱内是否有螺丝等异物导致短路。其次看电源线是否接反,导致对地短路。再次利用替换法,更换电源、主板、底板等设备。

28. 工控机加电后,电源工作正常,主板没有任何反应

1)去掉外围的插卡及所连接的设备,看能否启动;

2)去掉内存,看是否报警;

3)检查 CPU 工作是否正常;

4)替换主板,检查主板是否正常。

29. 开机后听见主板自检声但显示器上没有任何显示

1)检查显示器是否与主机正常连接以及显示器是否存在故障;

2)更换显卡检查是否能正常显示;

3)清除 CMOS(可能设置有错误)或更换 BIOS;

4)更换 CPU 板(主板集成显卡)或显示器。

30. 开机机器没有启动,能听到连续的报警声

根据报警声,能确定是内存的问题。先打开机器检查内存是否正常接触,或更换内存插槽进行测试。最后更换内存检查是否解决问题。

31. 开机后报警显示器上没有任何显示

1)打开机箱盖查看内存条是否安装或松动;

2)拔掉内存条开机后报警声是否相同;

3)清除 CMOS(可能设置有错误)或更换 BIOS;

4)更换显卡或外插一块显卡;

5)一般长音为内存条的故障,连续短音分为两种:一种是显卡报警,另一种是 BIOS 报警。能进入系统但有间隔的短音,在主板 BIOS 下有一项 CPU 温度报警设置,当 CPU 温度达到设置时主板会发出有间隔的短音报警。

32. 开机报警的声音

（1）AWARD　BIOS

1 短——系统正常启动

2 短——常规错误

1 长 1 短——RAM 或主板出错

1 长 2 短——显示器或显卡出错

1 长 3 短——键盘控制器错误

1 长 9 短——主板 FLASH RAM 或 EPROM 错误，即 BIOS 损坏

不间断长鸣——内存条未插紧或内存损坏

重复短鸣——电源损坏

（2）AMI　BIOS

1 短——内存刷新失败

2 短——内存 ECC 效验错误

3 短——系统基本内存检查失败

4 短——系统时钟出错

5 短——CPU 错误

6 短——键盘控制器错误

7 短——系统模式错误，不能切换到保护模式

8 短——显示内存错误

9 短——ROM　BIOS 校验错误

1 长 3 短——内存校验错误

1 长 8 短——显示器或显卡出错

（3）兼容 BIOS

1 短——系统正常

2 短——系统加电自检（POST）失败

1 长——电源错误，如果无显示，则为显卡错误

1 长 1 短——主板错误

1 长 2 短——显卡错误

3 短——电源错误

33. 开机后主板不能自检成功

1）按"Del"键重新设置 CMOS 或者清除 CMOS；

2）更换内存条；

3）刷新 BIOS 或者更换相同的 BIOS 芯片。

34. 开机后主板能正常工作，BIOS 检测到键盘部分，报告键盘出错

首先检查键盘是否锁定，如果是，解除键盘锁，如果不是，检测主板同底板的连线及键盘、鼠标是否连接正确。

35. 工控机装硬盘以前可以启动,安装硬盘后发现不能启动

检查硬盘数据线是否接反。

36. 鼠标、键盘均不能使用

检查鼠标、键盘是否有一分为二转接头,若有,就将键盘、鼠标反接使用。

37. 开机后主板自检成功但无法从硬盘引导系统

1)按"Del"键进入 CMOS 查看硬盘参数设置和引导顺序是否正确;

2)用光驱引导后,查看硬盘是否有引导系统或硬盘是否正常分区并激活引导分区;

3)使用 FDISK/MBR 命令。

38. 开机后内存自检与实际容量不符

1)查看主板显存(主板集成显卡)是否与主板内存共享,这样会从内存里分一部分作为显存;

2)查看内存是否为小颗粒内存,因为部分老芯片不支持大颗粒内存,插上后只显示一半容量;

3)有极少数主板使用了比较特殊的 CPU,占用部分内存作为指令解码器,用于 CPU 指令集转换,因而造成内存容量不符。

39. 开机后不能完全进入系统就死机或者出现蓝屏

1)查看系统资源是否有冲突;

2)BIOS 设置是否有错误;

3)更换内存条;

4)对硬盘重新进行分区,格式化安装操作系统。

40. 进入系统后找不到 PS/2 鼠标

1)查看是否使用了一转二的转接头并正常连接,有时需要键盘和鼠标交换一下插头;

2)按"Del"键进入 CMOS,查看 PS/2 选项是否打开;

3)查看是否占用了 PS/2 鼠标所使用的 IRQ(一般 BIOS 分配给 PS/2 鼠标的 IRQ 是 12);

4)查看是否已经加载了鼠标驱动(NT 系统需要安装鼠标驱动);

5)更换另外一个鼠标。

41. Windows 系统在运行过程中死机或者蓝屏

1)查看是否安装了新的设备,造成系统资源冲突;

2)查看是否安装了错误的或者过期的驱动程序;

3)查看系统中是否感染病毒;

4)查看 CPU 风扇是否正常转动;

5)查看系统文件或者应用程序以及磁盘是否受损;

6)查看内存是否不兼容或者内存有问题。

42. 无法正确安装设备驱动程序

1)查看驱动程序是否是最新并且支持该操作系统;

2)查看驱动程序是否需要该操作系统的补丁;

3)查看其他设备占用的资源是否和需要驱动的设备占用的资源有冲突；

4)若是外围设备，换一个插槽并重装驱动；

5)更换设备并重装驱动程序。

43. ATX 电源无法实现完全关机

1)BIOS 下是否打开 ACPI 选项；

2)安装系统时是否打开 ACPI 选项或系统是否支持高级电源管理；

3)部分主板在连接 ATX 接线时必须接上标有 GND 的引脚。

44. 软件安装失当造成 ＊.vxd 丢失，严重的致使无法进入系统

1)开机记下丢失的文件及路径；

2)用系统启动盘引导启动电脑；

3)键入 EXT，按回车键，在提示：PLEASE ENTER THE PATH TO WINDOWS CABFILE 后输入 Windows 压缩包所在的完成路径，按回车键；

4)之后的步骤要根据电脑提示输入记下文件名。

45. 本地打印机不能网络打印

1)检查网线、网络配置是否正确，能否与网络正常连接；

2)检查计算机打印设置中的打印机是否与共享打印机相匹配；

3)查看打印机是否工作正常。

3.3　靶场测控装备状态监控与故障诊断

3.3.1　靶场测控装备状态监控与故障诊断内容及分类

　　故障诊断是查找装备或系统故障的过程，而检查寻找故障的程序称为故障诊断程序。用于对其他设备或系统执行故障诊断的系统称为故障诊断系统。系统故障诊断是对系统运行状态和异常情况进行监控和检测，当发生系统故障时，对故障类型、故障部位及原因进行诊断，并根据诊断结果作出判断，为系统故障恢复提供依据。靶场测控装备状态监控与故障诊断是指靶场测控装备在工作过程中，或靶场测控装备部件在不拆卸的情况下，用内部设备或外部检测仪器获取部件工作时输出的有关参数和信息，并据此进行自动判定或人工判明其技术状况的技术手段。

　　靶场测控装备状态监控与故障诊断是推行基于状态的维修的基础和对靶场测控装备进行修复性维修的前提。系统通过传感器或离线的测量装置检测靶场测控装备的状态，通过机器性能分析、振动分析等，预测靶场测控装备未来可能的故障以及对已有故障点进行准确定位。目前，靶场测控装备智能维修广泛采用专家系统形式，利用维修领域专家的知识和经验来建立专家系统，根据故障现象，进行故障检测与诊断，为装备管理人员和维修人员提供智能维修决策。海军某靶场测控装备远程故障诊断系统目前已广泛应用于靶场，大大减少了专家出差成本，提高了装备维修效率、装备参试率和完好率。

3.3.1.1 评价一个故障诊断系统的性能指标

评价一个故障诊断系统的性能指标主要有以下几点。

1. 故障检测的及时性

故障检测的及时性是指系统在发生故障后,故障诊断系统在最短时间内检测到故障的能力。故障发生到被检测出的时间越短,说明故障检测的及时性越好。

2. 早期检测的灵敏度

早期检测的灵敏度是指故障诊断系统对微小故障信号的检测能力。故障诊断系统能检测到的故障信号越小说明其早期检测的灵敏度越高。

3. 故障的误报率和漏报率

误报指系统没有发生故障却被错误地检测出发生故障,漏报是指系统发生故障却没有被检测出来。一个可靠的故障诊断系统应尽可能使误报率和漏报率最小化。

4. 故障分离能力

故障分离能力是指诊断系统对不同故障的区别能力。故障分离能力越强说明诊断系统对不同故障的区别能力越强,对故障的定位就越准确。

5. 故障辨识能力

故障辨识能力是指诊断系统辨识故障大小和时变特性的能力。故障辨识能力越高说明诊断系统对故障的辨识越准确,也就越有利于对故障的评价和维修。

6. 鲁棒性

鲁棒性是指诊断系统在存在噪声、干扰等的情况下能正确完成故障诊断任务,同时保持低误报率和漏报率的能力。鲁棒性越强,说明诊断系统的可靠性越高。

7. 自适应能力

自适应能力是指故障诊断系统对于变化的被测对象具有自适应能力,并且能够充分利用变化产生的新信息来改善自身。

以上性能指标在实际应用中,需要根据实际条件来分析判断哪些性能是主要的,哪些是次要的,然后对诊断方法进行分析,经过适当的取舍后得出最终的诊断方案。

3.3.1.2 靶场测控装备状态监控与故障诊断内容

靶场测控装备状态监控与故障诊断主要包括故障检测、故障诊断、故障修复 3 方面内容。

1. 故障检测

故障检测是指检测靶场测控装备某一系统是否发生故障的过程。在对靶场测控装备进行故障检测之前,需做以下假设:装备系统参数有变化,如故障使输出变量、状态变量、残差变量、模型参数和物理参数等其中一个或多个有变化。这是所有故障诊断方式都必须遵守的假设条件。在标准情况下,认为这些变量满足某一已知模式,而当该装备系统任一部件发生故障时,这些变量(参数)会偏离其标准状态(参数),可根据靶场测控装备系统输出参数或状态变量的估计残差的特性来判断故障。当前,对故障检测研究的目标是检测的及时性、准确性和可靠性及最小误报和漏报率。

2. 故障诊断

靶场测控装备故障诊断是指根据检测出的残差方向和结构来分离出故障的部位,判断故障的种类,估计故障的发生时间、故障大小和原因,并进行评价与决策的过程。按故障的严重程度对其进行分类,并根据故障的类别采取修复、补救、隔离或改变空置率等措施,以防止故障的影响和传播,预防灾难事故的发生。

3. 故障修复

靶场测控装备故障修复是指根据故障诊断结论,或改变控制率,或控制重构,或系统重构,使整个系统在发生故障的情况下,保证稳定并改善系统性能。如对传感器故障修复来说,可用余度传感器或估计值代替故障传感器的输出值。故障修复是自主系统和智能系统的重要环节。故障修复把故障状态检测和故障诊断与自动控制紧密联系起来,使故障诊断具有更深远的意义和更广阔的应用前景。寻找合适的故障修复理论和方法是靶场测控装备维修目前和将来的研究方向。

3.3.1.3 靶场测控装备故障诊断的目的、技术与方法

靶场测控装备故障诊断的目的是及时、正确地对各类运行中的装备的种种异常状况或故障做出诊断以便确定最佳维修决策,保证各类装备无故障、安全可靠地运行,以便发挥其最大的设计能力和使用有效性。

靶场测控装备故障诊断的技术与方法很多,而且必须结合装备故障的特点,获取故障征兆信号的有效性,相应地采用不同的诊断技术和方法。装备故障诊断的概念来源于医学领域的疾病诊断,装备故障诊断与医学诊断方法对比见表 3-1。

表 3-1 装备故障诊断与医学诊断方法对比

序号	医学诊断方法	装备故障诊断方法	原理及特征信息
1	直接观察(感观) 中医:望、闻、问、切 西医:望、触、扣、听、嗅	直接观察(感观) 听、摸、闻、看	通过形貌、声音、颜色、气味的变化来诊断
2	听心声、做心电图	振动与噪声监测	通过振动大小及变化规律来诊断
3	量体温	温度监测	研究分析温度变化
4	化验(血、尿)	油、液分析	分析物理化学成分及细胞(磨粒)形态的变化
5	X射线、超声波检查	无损监测	观察内部机体缺陷
6	总体性能测试,如肺活量、握力、耐力、摸高、拉力等	整机性能测试,如功率、转速、扭矩等	分析整机性能参数,判断是否在规定范围内
7	问病史	查阅技术档案资料	找规律、查原因、作判断

现将靶场测控装备常用的典型诊断技术和方法简述如下。

1. 振动诊断法

振动诊断法是以平衡振动、瞬态振动、机械导纳及模态参数为检测目标,进行特征分析、谱分析和时频域分析,也包括含有相位信息的全息谱诊断法和其他方法。

2. 声学诊断法

声学诊断法是以噪声、声阻、超声、声发射为检测目标,进行声级、声强、声源、声场及声谱分析。超声波诊断法和声发射诊断法也属于此类,应用较多。

3. 振声诊断法

振声诊断法是为了能验证或获取更多信息,将振动诊断方法与声学诊断方法同时应用,能够得到较好的效果。

4. 温度诊断法

温度诊断法是以温度、温差、温度场和热像为检测目标,进行温变量、温度场、红外热像识别与分析。红外热像诊断法就是其中一种。

5. 强度诊断法

强度诊断法是以力、扭矩、应力和应变为检测目标,进行冷热强度变形、结构损伤容限分析与寿命估计。

6. 污染物诊断法

污染物诊断法中以泄漏、残留物、气、液、固体的成分为检测目标,进行液/气成分变化、气蚀、油蚀、油质磨损分析。油样诊断法与铁谱诊断法属于此类,应用较多。

7. 压力流量诊断法

压力流量诊断法是以压差、流量压力及压力脉动为检测目标,进行气流压力场、油膜压力场及流体喘动流量变化等分析。

8. 电参数诊断法

电参数诊断法是以功率、电信号及磁特性等为检测目标,进行物体运动、系统物理量状态及机械设备性能等分析。

9. 光学诊断法

光学诊断法是以亮度、光谱和各种射线效应为检测目标,研究物质或溶液构成、分析构成成分量值,进行图形成像识别分析。

10. 表面形貌诊断法

表面形貌诊断法是以裂纹、变形、斑点、凹坑及色泽等为检测目标,进行结构强度、应力集中、裂纹破损、气蚀、化蚀及摩擦磨损等现象分析。

11. 性能趋向诊断法

性能趋向诊断法是以设备各种主要性能指标为检测目标,研究和分析设备的运行状态,识别故障的发生与发展,提出早期预报与维修计划,估计设备的剩余寿命。

在海军某靶场,目前适宜采取故障诊断技术的装备主要有:靶场测控装备中的重大关键设备;不能接近检查,不能解体检查的重要设备;维修困难、维修成本高的设备;没有备品、备件,或备品、备件昂贵的设备;从人身安全、环境保护等方面考虑,必须采用诊断技术的设备。

3.3.2 靶场测控装备故障诊断的主要理论和方法

从不同的角度出发,靶场测控装备故障诊断的主要理论和方法有以下几种。

1. 基于机理研究的诊断理论和方法

基于机理研究的诊断理论方法是从动力学角度出发研究故障原因及其状态效应。针对不同机械设备进行的故障敏感参数及特征提取是重点。

2. 基于信号处理及特征提取的故障诊断方法

该方法主要有时域特征参数及波形特征诊断法、信息特征法、幅值域特征法、时间序列特征捉取法、频谱分析及频谱特征再分析法以及滤波及自适应除噪法等。

3. 模糊诊断理论和方法

模糊诊断是根据模糊集合论征兆空间与故障状态空间的某种映射关系,由征兆来诊断故障。由于模糊集合论尚未成熟,模糊集合论中元素隶属度的确定和两模糊集合之间的映射关系规律的确定还没有统一的方法可循,通常只能凭经验和大量试验来确定。

4. 振动信号诊断方法

该方法研究较早,理论和方法较多且比较完善。它是依据设备运行或激振对的振动信息,通过某种信息处理和特征提取方法来进行故障诊断。在这方面应注重引入非线性理论、新的信息处理理论和方法。

5. 故障树分析诊断方法

它是一种图形演绎法,把系统故障与导致该故障的各种因素形象地绘成故障图表,能较直观地反映故障、元器件和系统之间的相互关系,也能定量计算故障程度、概率及原因等。今后研究应注重与多值逻辑、神经元网络及专家系统相结合。

6. 故障诊断灰色系统理论和方法

该方法是从系统的角度来研究信息的关系,即利用已知的诊断信息去揭示未知的诊断信息。它有自学习和预测功能。它利用灰色系统的建模(灰色模型)、预测和灰色关联分析等方法进行故障诊断。由于灰色系统理论本身还不完善,如何利用已知信息更有效地推断未知信息仍是一个难题。

7. 故障诊断专家系统理论和方法

该方法是近年来故障诊断领域最显著的成就之一。内容包括诊断知识的表达、诊断推理方法、不确定性推理以及诊断知识的获取等。目前的主要问题包括:缺乏有效的诊断知识表达方式、不确定性的推理方法、知识获取和在线故障诊断困难等。今后研究应注重与模糊逻辑、多值逻辑、故障树、机器学习和人工神经网络等理论和方法的结合与集成。

8. 故障模式识别方法

该方法适于静态故障诊断,诊断效果依赖于状态特性参数的提取、样本量、典型性和故障模式的类别、训练和分类算法等。

9. 故障诊断神经网络理论和方法

神经网络具有原则上容错、结构拓扑鲁棒、推测、记忆、联想、自适应、自学习、并行和处理复杂模式的功能,使其在多过程、多故障、突发性故障和系统的监测及诊断中发挥较大作用。

3.3.3　靶场测控装备状态监控与故障诊断系统的技术结构

靶场测控装备状态监控与故障诊断的具体过程由状态监控、故障诊断、治理与预防三部分组成。

1. 第一部分:状态监控

状态监控是对靶场测控装备工作状态采用各种监测仪表(实时的或非实时的,在线的或离线的,定期的或连续的)进行监测,同时经过必要的处理,确定其处于正常工作状态。

状态监控是对靶场测控装备进行诊断的第一步工作,即采集靶场测控装备在运行中的各种信息,通过传感器把这些信息变为电信号或其他物理量信号,输入信号处理系统中进行处理,以便得到能反映装备运行状态的参数,从而实现对靶场测控装备运行状态的监控,并开展下一步诊断工作。

在这些信息和信号中,有的是能反映靶场测控装备故障部位的症状,我们把这种信息称为征兆,或称故障征兆。有的并不是诊断所需要的目标信号,需处理和排除。为了提取征兆信号,人们需要做些特征信号的提取工作,这也是由信号处理系统来完成。有时将征兆信号与特征信号等同看待,不再加以区分。但是无论是征兆信号还是特征信号,都必须是能够准确反映故障源存在的有效信号,是能作为诊断决策的依据或充分依据。

2. 第二部分:故障诊断

故障诊断是根据状态监控所提供的能反映靶场测控装备运行状态的征兆或特征参数的变化情况,或与某故障状态参数(模式)的比较,识别靶场测控装备能否正常运转。诊断故障的性质和程度、产生原因或发生部位,并预测靶场测控装备的性能和故障发展趋势。

为了能准确地诊断靶场测控装备是否存在故障,需要深入分析和研究各种症状(或征兆)与故障之间存在的客观关系,而这些关系又是客观逻辑关系的反映,因此,出现了诸多的诊断理论与诊断方法,其中包括:统计识别、模糊逻辑、灰色理论以及神经网络等,通过收集和提取到的各种征兆参数与已知对各种典型故障状态模式向量的比较,识别和诊断出装备所存在的故障,同时说明其性质和程度等有关决策判断,这是系统中的关键步骤。

3. 第三部分:治理与预防

在诊断出故障与其性质程度之后,紧接着要考虑对靶场测控装备故障的治理问题和装备故障的预防问题,其中也包括对某些关键部件或组件的剩余寿命的估计。

治理与预防是当分析、诊断出靶场测控装备存在异常状态时,即存在故障时,对其原因、部位和危险程度进行研究,决定其治理修正和预防的办法。包括调整、更换、检修和改善等,如果经过分析认为该靶场测控装备尚可继续短时运行,就要对故障的发展进行重点监视,或巡回监视,保证靶场测控装备运行的可靠性。

3.4 靶场测控装备故障诊断及维修技术

随着靶场测控装备的系统化、复杂化、信息化以及计算机技术与信息技术的迅速发展和应用,越来越多的先进技术被广泛地应用于靶场装备维修领域,解决靶场测控装备在一定的维修级别、在规定的时间内"修得好"和"修得快"的问题。这些维修技术极大地提高了靶场测控装备的完好率和参试率,使部队快速实现作战能力产生质的飞跃。

3.4.1 嵌入式诊断技术

嵌入式诊断是在系统运行中或基本不拆卸的情况下,利用在靶场测控装备系统或其部件内部嵌入微处理群,通过它及时、自动地提供靶场测控装备系统的运行信息、故障发生的部位和原因,预知系统的异常和故障动向,以声、光和显示屏等多种形式进行信息输出,并辅助操作人员和维修人员采取必要的维修方法。嵌入式故障诊断技术具有实时诊断、节约时间,自行诊断、减少耗费,减少环节、提高维修效率等优势。嵌入式诊断是提高靶场测控装备测试性、维修性和提升复杂武器系统快速维修能力最为简洁有效的技术手段。

研究开发智能嵌入式诊断技术,如嵌入式传感器故障诊断设备,是将传感器、激励器和微处理器制成单片电路联合体,形成一种闭合网路反馈零件。将这种传感器置入靶场测控装备上,通过便携式维修辅助设备(Portable Maintenance Aid,PMA)就能收集并处理传送的各种信息,决定应采取行动的程序,同时控制输出,达到装备故障进行准确监控、预测、隔离和诊断的目的。维修时维修人员将PMA插入武器装备上的接口,连接到被诊断设备嵌入式电路中,进行机内测试检查,诊断有无故障,若有故障,告知相关人员如何排除故障。

目前,这种嵌入式传感器故障诊断装置技术已日渐成熟,并在其他部队投入实际应用,下一步可考虑在靶场测控装备上论证使用,促使靶场测控装备的故障诊断和维修工作上一个新台阶。

3.4.2 无损检测技术

"无损检测"亦称"无损探伤",它是利用物理或机械方法,在不损坏被检测对象的形体和使用性能的前提下,检测材料是否存在缺陷或探测材料的物理和机械性质的检测技术。该技术能较灵敏地检测和发现装备构件表面和近表面的故障和缺陷。通过检测,可以获得与装备构件强度相关的裂纹的形状、方向、尺寸等各种参数及其他缺陷,为发现构件的故障缺陷、实现质量控制和采取相应的修复措施提供了可靠的依据。

在装备维修中,无损检测技术主要有:超声波探伤、射线探伤、磁粉检测、电涡流探伤以及渗透检测等。此外,目前红外检测、微波检测及激光全息检验等检测探伤技术在维修中也在推广应用。

1. 渗透检测

渗透检测包括着色检测和荧光检测两种。一般情况下,这两种方法对金属和非金属零部件的缺陷表面和很不规则的表面均可进行检测。正因为其设备简单,操作方便,不受材料性质的限制和表面形状的影响,所以应用较广泛。

(1)着色检测

着色检测是综合利用物理学中的浸润、扩散、毛细管现象和吸附作用,将有色渗透液渗入缺陷(裂纹)的缝隙中,再用显示剂将渗透液从缺陷缝隙中吸至表面而显色,从而显示出缺陷,并用肉眼进行直接观察。这种方法的优点是灵敏度高、分辨力强、直观性好。但使用该方法时要求必须除去保护层(油漆)和污垢,检测工作量大,时间长(全过程 1.5~4h)。低温条件下可取性差,液体反复使用时易填塞细小的缝隙,纹痕与黑暗表面反差较小,故此法不宜于检测过细的疲劳裂纹。

(2)荧光检测

荧光检测的基本原理与着色检测法相同。不同的是渗透液是采用一种荧光物质,在紫外线的照射下激发出荧光,从而显示出材料表面缺陷。这种方法的检测灵敏度比着色法要高。

上述两种方法对工艺程序与安全规定要求很高,要严格按照操作规程进行,防止探伤液和挥发的气体对人体的侵害。

2. 磁粉检测

磁粉检测也称磁力探伤,它利用铁磁粉在泄漏磁场聚积的现象,显示零部件(指铁磁性材料制件)的表面或近表面的缺陷。在磁粉检测中,磁化的零部件常用的磁场有电磁铁两极之间的磁场、螺管线圈中间的磁场、给零部件直接通电产生的磁场以及永久磁铁的磁场。不论被检铁磁性零部件在哪一种磁场中进行磁化,其最终的结果都相当于把被磁化的零部件变为一块磁铁,即形成一块特殊形状的磁体。这块磁体若完整无损,则磁力线呈闭合状,若磁体内部或者表面有缺陷(裂纹、非磁性夹杂或气孔等),则磁力线就不能呈闭合状。受磁体缺陷的影响,原来均匀分布的磁力线,会被分割成三部分,一部分被迫从磁体缺陷下部通过,一部分强行通过缺陷,另一部分被排挤到磁体外部。磁力线就会改变原有的分布密度和方向,好像是磁体被缺陷分割成数块或数段,形成数块磁体的两端磁极,而磁极对磁粉的吸附力是最强的,这时,在有缺陷的地方撒上磁粉或喷涂磁悬液,必然会在磁极(如裂纹处)的地方形成磁粉聚积而显现出缺陷,可根据磁粉聚积的形状判定缺陷的性质,这样,就达到了磁粉检测的目的。若磁力线的射向与缺陷的走向相垂直,磁力线分割的现象就越明显,显现出的缺陷就更清晰;若磁力线的射向与缺陷的走向相一致,或者其夹角小于 20°,磁体被分割得不明显,漏磁很少,吸附磁粉的能力大大降低甚至吸附不起来,缺陷也就显现不出来。所以,在磁粉检测时,要预先弄清被检件因受力而裂损情况和加工工艺清况,以便采取相应的磁化方法。

磁粉检测的应用范围较小,只能用于铁磁材料的零部件,且只能检测表面或近表面的缺陷。一般情况下能发现缺陷的最大深度为 0.1mm,最小宽度为 0.001mm,最短长度为 0.3~1mm,若再小的缺陷,磁粉检测就无能为力了。可见,其优点是灵敏度高、可靠性强,并且可以拍出缺陷的图像。但检测前必须除去缺陷部位的保护层;磁粉掉入轴承内或紧密结合部位,会影响部件的正常工件;某些部件的退磁很复杂,某些结果的判断也比较困难。

3. 电涡流探伤

在一个交变的磁场中放置一个封闭线圈,则在线圈中就会产生感生电流,且感生电流也是交变的,它的频率和磁场的频率相同。若利用一块金属导体代替线圈,则在金属导体中也同样会产生感生电流,这时,分布在金属导体中的感生电流,就好似流水受阻时产生的涡流一样,故被称为电涡流(或称涡电流)。电涡流探伤的基本原理就是根据电磁场和被检金属材料制件(导体)之间的相互作用,在金属制件内部产生电涡流,由于涡流的大小除和电磁场的交变频率、电磁感应系数有关外,还和金属材料内部有无缺陷(如裂纹、夹杂、气孔等)有关,当被检金属制件有缺陷时,则在缺陷处产生的涡流就会减小,由涡流引起的功率损耗就会降低,同时,电路阻抗也会有新的变化。电涡流探伤就是利用一部电子仪器,通过探测线圈激励电磁场,对被检金属件进行测定,测定线圈中因涡流而引起的阻抗的变化(或测定功率损耗的变化),从而判断被检金属件有无缺陷。

4. 超声波探伤

超声波就是弹性介质的质点在外激力作用下的机械振动,以声波的形式在弹性介质的内部(或表面)进行传播。利用超声波在介质中传播具有反射性、折射性和定向性特征,制成的超声波探伤仪;利用高频声波(在 2 000 Hz 以上)遇到不同的弹性介质时反射或穿透来寻找零件中隐藏的缺陷;利用超声波的定向性对被检件中的缺陷进行扫描定位;利用声反射或穿透能量的大小来判断缺陷的大小;根据声速和声波在介质中传播到缺陷处所需的时间来测定缺陷的距离。在实际应用中有 3 种方法,即脉冲反射法、穿透法和谐振法。用得最多的是脉冲反射法,它是使用探头(一种换能器)发出的超声波脉冲在被检件中碰到不同介质(如裂纹、气泡及夹杂等)的界面时就发生反射,根据反射波的强弱、位置和波形,就可判断出有无缺陷及缺陷的大小和位置。

超声波在介质中的传播波形主要有纵波、横波、表面波和板波等。纵波常用于检测厚板、锭材和大型锻件,横波用来检测焊缝、管材和形状较复杂的零部件,表面波大多是用来检测零件表面的裂纹缺陷。超声波探伤仪一般在型号上已标出,使用者可根据需要进行选用。超声波探伤具有灵敏度高、探测深度大、操作方便、费用低以及对人体无害等优点,在装备维修中可用于检测压气机及涡轮盘与叶片、螺旋桨的桨毂和桨叶以及机身框架等。但这种检测方法的工艺难度大,对各种零件和材料往往要有专用的探头,对被检件表面的光洁度要求高,对形状复杂的零件有时还无法检测。对检测结果的判断、缺陷部位和性质的确定比较复杂,不能直接得到检测的结果。所以,要对操作者进行专门的培训,并在检测实践中不断积累经验。

5. 射线探伤

射线检测主要是利用高穿透能力的放射物质发出的 X 射线和 γ 射线,在不伤害物体的情况下穿透被测对象,然后在底片或屏幕等介质上生成影像记录,并通过判读影像,检测出材料内部的缺陷情况。射线探伤法的突出优点是不受被检零件的材料、形状以及所在位置的限制,能检测金属和非金属件的内部缺陷。但缺点也是明显的,设备笨重、费用较高、对射线的安全防护措施要求极高。

无损检测的方法种类繁多,而新的技术正在迅速发展,新的方法层出不穷。比如,在利用电磁波、射线方面,正在装备维修中采用的有微波(频率为 300 MHz～300 GHz)检测法、β 射线检测法和中子射线检测法;利用光、热传导原理方面的有热像检测法和激光全息影像检测法;借助于声学振动与原理来检测胶接质量的有机械阻抗检测法;由超声波检测原理发展起来的有 P 型扫描法、超声波频谱分析法和超声全息技术(沿用激光全息技术)。此外,液晶法也已用于无损探伤,它适用的范围较广(磁性的或非磁性的金属和非金属件),灵敏度较高、设备轻便、操作简单、无毒无害。

3.4.3　靶场测控装备智能维修技术

对于智能维修,目前尚无统一的定义。一般认为:智能维修是指在维修过程及维修管理的各个环节中,以计算机为工具,并借助人工智能(Artificial Intelligence,AI)技术来模拟人类专家智能,包括分析、判断、推理、构思和决策等过程的各种维修技术和管理的总称。

人工智能主要应用于维修管理、故障检测与诊断等方面,其中维修管理包括维修决策及确定预防性维修间隔期等。

1. 故障检测与诊断

故障检测与诊断是对设备进行修复性维修的前提,准确地进行故障检测、诊断和故障隔离是实施正确、及时维修的先决条件。目前,人工智能技术在维修领域最为广泛的应用是采用专家系统进行故障检测诊断。专家系统是根据故障现象、积累的经验和知识,或采用基于案例推理的方式,建立故障特征知识库和信息库等,以便为设备管理人员或维修人员提供故障检测与诊断的智能决策。如被称为诊断专家的美国陆军队的 SPORT 和空军的 IMIS 诊断系统,可协助设备管理人员进行自动机械的故障诊断,通过提供系统的故障特征,并逐步分析,为维修或服务提供建议。

2. 维修管理

维修管理在设备维修中具有重要的作用,良好的维修管理带来更好的作业环境、更好的效益,非科学的维修管理亦可能导致严重的维修后果。人工智能在维修管理方面的应用有很多,利用专家系统的模拟和推理、知识发现等功能,基于人工神经网络的学习特性,建立设备维修决策模型,实施设备维修的智能决策和管理,为单位提供维修决策,确定大型、复杂设备的维修间隔期,进行维修方案选择等。

维修决策:智能维修决策系统可以根据维修人员输入的相关信息,提供可选择的维修方案。在具体的维修实践中,维修人员的经验和水平是一个不可忽视的因素,一个具有丰富维修经验的人员所做出的维修决策和选择的维修方案比一个缺乏经验的维修人员所做出的维修决策和选择的维修方案,从时间、费用、效益等方面要好得多,因此,可以充分利用专家的知识和实践经验建立专家系统,从而做出维修决策。采用专家系统进行维修决策的制订,可用于各类复杂设备的维修管理。智能型维修系统,将诊断技术与现代信息技术结合在一起,从而获得最佳的维修方案;人工智能技术可实现维修管理系统的集成,该系统不仅考虑设备维修工作,而且考虑系统效率和维修综合费用,实施基于人工智能的维修管理系统规划,并控制维修活动。

确定最佳修理间隔期:智能维修技术可为维修部门提供合理的维修规划。对于预防性维修活动,如对靶场测控装备定期润滑,检测和维护等,都是预先规划并事先确定操作时间的。定期维护,不考虑装备工作状况,其结果是造成大量的维修资源的浪费。

随着人工智能技术的发展和应用,其在维修中的应用领域将会逐渐扩展,不再仅仅局限于以上领域。概括起来,在维修过程中直接运用人工智能的领域主要有:

1)智能诊断,借助人工智能方法,在监测的基础上对复杂系统的故障进行分析和判断,确定故障位置、原因等,并给出解决方法;

2)机器人,机器人的视觉和模式识别问题本身就需要人工智能的方法才能解决,例如让机器人完成特殊环境下的维修任务;

3)智能设计,在维修性设计中引入人工智能,有很多设计难以建立数学模型和用数学方法求解,与人工智能相结合的 CAD、CAPP 等,为维修性设计开辟了新的途径;

4)智能控制,主要有专家控制系统与专家控制器、仿人智能控制器以及基于神经网络的控制系统等。

通常,在智能维修中,人工智能较多体现在维修设备或故障检测设备中,有的则体现在保障装备的电子维修系统中。按照智能维修所采用的人工智能技术来划分,可以分为运用专家系统的智能维修、运用神经网络的智能维修、运用模糊逻辑的智能维修以及综合运用多种人工智能技术的混合智能维修等几类。实现智能维修技术的难点在于其所采用的人工智能技术的不同,主要包括知识获取、模型建立以及在线诊断实时性等内容。

计算机技术、信息技术以及网络技术的发展,促使智能维修向着综合化、网络化的方向发展。综合化包括功能的综合化和技术的综合化,是指未来所开发的智能维修系统将不仅针对某项维修职能或任务,而是集成化、综合化的智能维修,可能包括故障诊断、维修决策、维修规划以及维修训练等多项功能,开发的智能维修系统所采用的技术是综合化的,可能包括专家系统、神经网络,还可能融合了网络、仿真以及虚拟等各项技术;网络化则是通过网络,实现智能的远程监控,及时获得设备的状况,发出故障警告,相关的维修信息实现网络共享。

靶场测控装备智能维修是以对靶场测控装备状态的实时或接近实时评估为基础的维修,靶场测控装备的状态信息通过嵌入式传感器或外部测试以及利用便携装置测量获得。只有在靶场测控装备出现了需要维修的明显征兆时才进行维修。采用这种维修方式可以减少虚警率和不必要的维修,能有效提高靶场测控装备的完好性和可靠性。由此可见,智能维修扩大了故障诊断的数据信息来源,增强了维修的决策能力,提高了维修过程故障诊断的准确性和自适应性,能够较全面、准确地反映靶场测控装备的状况,为预防性维修提供科学的依据,从而全面提高靶场测控装备的维修效能。

3.4.4 靶场测控装备远程维修技术

现代制造设备的结构日趋复杂,自动化程度也越来越高,许多设备综合了机械、电子、自动控制、计算机等许多先进技术,设备中各种元器件相互联系、相互依赖,这就使得设备故障诊断难度增大。制造现场存在着很多不确定性因素,使得在设备的运行过程中,不可避免会出现各种各样的故障,一旦出现故障,能对故障进行快速的诊断并排除故障,对于制造企业来说是非常重要的。机械制造设备的使用者都是生产一线的工人和技术人员,他们一般只能解决一些简单的问题,当系统出现较严重、复杂的故障时,就需要相关专家的帮助才能解决问题,但如果每次出现故障时都将诊断专家请到现场是不太现实的,这就对机械制造设备的故障诊断提出了新的要求,即如何克服地域和时间的限制,实现远程专家的协作诊断。

远程诊断系统作为一个复杂的跨学科系统,涉及众多研究领域,一直以来,被各国科研人员和政府重视,并投入了大量资金开展基础理论和应用产品方面的研究。近年来,随着各种配套技术的逐步完善,尤其是网络技术随着全球信息化建设而飞速发展,网络技术打破了传统通信方式的限制,使得信息交流更加自由、快捷和方便。远程故障诊断也在许多领域得到了广泛应用。

远程故障诊断的最大特点是设备与诊断资源在地域上的分离,提供服务的诊断资源与被诊断设备之间通过网络通信,组成一个比较松散的逻辑整体,这使得远程资源为设备提供故障诊断服务的形式有了一些新的特点。一方面,可以将诊断任务分解为不同故障域的子问题,再利用不同的远程诊断资源进行诊断,进而综合所有这些诊断结论,无疑会得到比较准确的诊断结果;另一方面,同一远程资源可以为不同地域的多个或多种设备提供诊断服务。

因此,开放式远程故障诊断系统具有下述特点:

(1)资源协作性

诊断系统中可以有多个诊断资源,共同为一个设备协作进行故障诊断。

(2)多设备适应性

能够快速地重构相应的符合实际需要的诊断系统,便于为不同类型、不同地域的设备提供故障诊断服务。

一方面,远程故障诊断系统将根据具体请求服务的设备,调用相应的设备通信接口,与设备进行交互,监测操作设备以获取其故障症状,并将诊断结果反馈给设备,即通过设备通信接口的适配,实现多设备适应性。另一方面,诊断系统可以根据获取的故障症状的类型,通过资源通信接口调用多个不同的远程资源,共同为设备提供服务,并且协调资源之间的关系,即通过诊断资源的调度实现多资源的协作。

靶场测控装备远程维修技术是随着高技术装备的大量使用和计算机网络通信技术的不断发展而产生的一种先进的装备维修保障手段。它通过计算机网络将野外站点的保障人员与后方研究所的技术专家紧密联系起来,并为野外站点靶场测控装备的使用、维护、修理以及试验任务应急抢修提供及时、准确的技术指导和决策支持。当野外站点保障人员遇到困难时,通过联网,将现场的故障代码、故障图像、声音和装备的技术参数等,传输给远方研究所的技术专家,请求技术支援,现场接受维修培训和指导;远方研究所的技术专家在进行分析研究后,迅速得出结论,提出排除故障的方案、方法,并通过网络对野外站点的使用维护保障工作进行实时指导,协助野外站点人员迅速、准确地完成任务。因此,应用远程维修技术,野外站点的技术人员可以及时得到许多技术专家的帮助和实时的指导,而且,后方研究所技术专家也可以实现一对多的维修技术服务,从而加快受损靶场测控装备的维修,有效提高靶场测控装备的完好性,降低使用和保障费用。不仅如此,它还兼有智能维修的诸多功能,如基于网络的维修管理和维修训练等。

靶场测控装备远程维修系统,包括视频辅助修理系统、人员保障网络、佩戴式计算机系统及人工智能综合维修系统等子系统。其中,视频辅助修理系统可在野外站点修理人员和后方研究所维修专家之间提供双向视/音频联系,增强前线维修能力。佩戴式计算机系统由头戴式电视摄像机、显示器和微机组成。维修人员既可与后方研究所基地进行多媒体通信,也可拨号进入人员保障网络。人工智能综合维修系统则可协助维修人员对系统或设备运行状况进行评估,可对靶场测控系统的故障进行预测,并能将有关数据实时传送到维修仓库,便于对故障进行预测、诊断以及维修用零部件的科学调配,从而提高装备维修效率。由此可见,靶场测控装备远程维修技术是计算机技术、人工智能技术、信息技术以及通信技术等众多学科技术交叉集成的结果。从某种程度上讲,它是智能维修在作用空间、作用距离和功能上的扩展,是广域范围的电子维修,它能更有效地调动各种维修资源,满足维修活动的需要,对提高装备维修能力具有十分重要的作用。

参 考 文 献

[1] 刘济西. 战场环境变迁与武器装备维修保障研究[D]. 长沙：国防科学技术大学，2013.

[2] 徐可. 军用电子装备战场损伤评估与修复技术[D]. 南京：南京航空航天大学，2007.

[3] 马建卫，严东超. 飞机电网络战伤抢修研究[J]. 航空维修与工程，2008,52(4):47-49.

[4] 张晓峰. 矿用吊车保养技术探析[J]. 露天采矿技术，2012,27(3):86-87.

[5] 钟榕森. 试论电气故障的解决措施[J]. 工业设计，2011,16(5):201.

[6] 邱思琳. 浅析电气故障的排除方法[J]. 沿海企业与科技，2009,9(8):96-98.

[7] 张泽隆. 电气故障的解决措施[J]. 科技致富向导，2012,20(15):241.

[8] 邱静妍. 维修电工的故障排除技能的培养[J]. 劳动保障世界，2015,33(21):16-18.

[9] 粟艳. 浅析电工维修经验[J]. 科技创新与应用，2014,(22):155.

[10] 张晓峰. 矿用吊车保养技术探析[J]. 露天采矿技术，2012,27(3):86-87.

[11] 温韶霞，于铠凡. 电气故障检修的步骤、技巧和方法[J]. 机床电器，2011,37(3):54-58.

[12] 王广生，黄守道，高剑. 永磁同步电动机过载特性及其控制策略[J]. 电机与控制应用，2011,38(5):10-15.

[13] 孙宪华. 数控机床电气维修技术综述[J]. 装备制造，2009,3(12):190-191.

[14] 樊志青. 电脑主要硬件故障分析及处理[J]. 数字技术与应用，2011,29(2):82.

[15] 李春兰，艾海提，李雪莲. 怎样查找电气故障[J]. 新疆农机化，2003,18(3):50-51.

[16] 何利民，尹全英. 如何查找电气故障讲座（一）电气故障的分类、特点及一般查找方法[J]. 农村电工，2007,15(8):44-45.

[17] 张晗. 浅析自动化机床的故障排除技术[J]. 硅谷，2011,10(13):53.

[18] 陈冕. 浅析电脑主板的维修技巧[J]. 科技资讯，2008,18(2):251.

[19] 尤广辉，刘海娇. 计算机硬件的维修与维护探析[J]. 经营管理者，2012,8(10):246.

[20] 郑道东. 关于计算机硬件维护的关键问题的探讨[J]. 计算机光盘软件与应用，2013,16(4):118-119.

[21] 朱剑峰. 8K电力机车中央柜故障诊断系统的研究与应用[D]. 长沙：中南大学，2005.

[22] 董选明，裘丽华，王占林. 机电控制系统故障诊断的回顾与展望[J]. 中国机械工程，1998,9(10):63-66.

[23] 徐丹. 基于神经网络的空调风机状态评估技术的研究[D]. 上海：上海海运学院，2001.

[24] 刘松柏. SS8电力机车主变流器故障智能诊断系统的研究[D]. 长沙：中南大学，2003.

[25] 杨占营. 略谈装备故障诊断的无损检测技术[J]. 现代物理知识，2007,19(6):34-36.

[26] 刘松柏. SS8电力机车主变流器故障智能诊断系统的研究[D]. 长沙：中南大学，2003.

[27] 杨淑珍. 基于模糊专家系统的矿井提升机故障诊断算法的研究[D]. 青岛：山东科技大学，2006.

[28] 杨冰. 基于C/S结构的分布式故障诊断系统中若干问题研究[D]. 大连：大连理工大

学,2003.

[29] 武万,郑倩颖. 基于 SCADA 系统长输管道输油泵故障分析诊断系统的探究[J]. 中国石油和化工标准与质量,2011,30(8):237-238.

[30] 侯澍旻. 时序数据挖掘及其在故障诊断中的应用研究[D]. 武汉:武汉科技大学,2006.

[31] 邹亮. 关于机电一体化设备故障诊断技术的研究[J]. 科技创新与应用,2016,6(35):128.

[32] 刘钦渠,陈洪燕,王武生. 车辆新技术给装备保障带来的主要影响及变化[J]. 汽车运用,2011,22(8):23-24.

[33] 陈幼平,张国辉,袁楚明,等. 远程故障诊断系统体系结构研究[J]. 计算机应用研究,2005,21(12):88-90.

[34] 马善钊. 故障诊断技术及在某雷达上的应用[D]. 长沙:国防科学技术大学,2005.

[35] 李茜,王延年. 基于普通铣床数控化的 S7-300 PLC 远程监控和故障诊断系统设计[J]. 工业仪表与自动化装置,2015,45(2):49-52.

[36] 卢燕. 远程故障诊断系统的研究[D]. 太原:中北大学,2007.

[37] 刘卫平. 基于 INTERNET 的远程故障诊断技术研究[D]. 南京:南京航空航天大学,2004.

[38] 付陟玮. 基于 WEB 的中国实验快堆重要设备的远程故障诊断系统研究开发[D]. 北京:中国原子能科学研究院,2006.

[39] 李永洪. 船舶冷藏集装箱制冷系统远程故障监测、预报及诊断研究[D]. 上海:上海海事大学,2006.

[40] 舒象海. 基于神经网络的船舶冷藏集装箱故障远程监控、预警及诊断研究[D]. 上海:上海海事大学,2007.

[41] 张晓峰. 矿用吊车保养技术探析[J]. 露天采矿技术,2012,27(3):86-87.

[42] 闫圣天. D 公司产品维保服务策略案例研究[D]. 大连:大连理工大学,2019.

[43] 刘金甫. 美国军队武器装备维护中的综合诊断[J]. 测控技术,2003,22(11):1-3.

[44] 王军. 国外舰船维修信息化技术发展现状[J]. 船舶物资与市场,2005,12(4):30-32.

[45] 彭森露,雷磊,刘伟,等. 测控设备在线维护一体化的分析与设计[J]. 电讯技术,2011,51(9):10-14.

[46] 段慧文. 舞台机械设备的维护保养[J]. 演艺科技,2014,11(2):39-41.

[47] 阿不都热合曼·艾沙. 浅谈物业设备保养的重要性[J]. 科技视界,2013,3(29):228.

[48] 徐卫东. 浅谈设备保养的重要性[J]. 现代商贸工业,2007,19(4):179.

[49] 彭森露,雷磊,刘伟,等. 测控设备在线维护一体化的分析与设计[J]. 电讯技术,2011,51(9):10-14.

第4章 装备维护保养的概念及意义

装备维护保养分为机械维护保养和软件维护两部分内容。

4.1 机械维护保养的概念及意义

1. 机械维护保养的概念

机械设备在使用过程中,需对设备进行日常维护和保养,设备维护保养包括:为防止设备劣化,维持设备性能而进行的清洗、检查、润滑、紧固以及调整等日常维护保养工作;为测定设备劣化程度或性能降低程度而进行的必要检查;为修复劣化、恢复设备性能而进行的修理活动。

测控装备机械维护保养是指,为了使测控装备在规定的使用期限内保持完好状态,能够随时用于执行部队靶场试验任务而采取的硬件技术保障措施。一般根据测控装备的复杂程度和使用、封存、保管以及季节变换等具体情况,分为定期维护保养和不定期维护保养。其中定期维护保养又分为日常维护保养、月维护保养、换季维护保养、试验期间维护保养和特殊环境下的维护保养等。

2. 机械维护保养的意义

装备机械维护保养的意义在于,装备在长期、不同环境的使用过程中,装备部件磨损、间隙增大、配合变化,直接影响装备原有的平衡,装备的稳定性、可靠性以及使用效益均会有相当程度的降低,甚至会导致装备丧失其固有的基本性能,无法正常运行。装备机械维护保养通过对装备技术性能进行全面测试检查,对装备进行清洗、擦拭、润滑等必要的维护保养,调整各项参数、检查关键备附件,以确保装备稳定性、可靠性和良好技术状态。其目的主要是避免灰尘、潮湿等对装备产生影响,减少故障的发生,延长装备使用寿命,提高使用效率,保障装备具备良好的工作状态,随时可以投入使用。

4.2 软件维护的概念及意义

随着软件在武器装备系统中的广泛应用,软件维护愈来愈引起人们的关注。即使是优化的软件开发与生产,软件故障仍然难以避免,而且软件故障常常多于硬件故障,许多软件故障往往是在投入使用之后才被发现。同时,为了适应变化的使用环境和改进性能,需要在软件交付使用之后再修改。软件维护已成为高技术装备形成、保持和提高战斗力的重要因素。

1. 软件维护的概念

软件维护(Software Maintenance)的概念经常被使用,但是在不同文献中会找到软件维护的很多不同定义。本书采用的定义来自 IEEE 软件维护标准"IEEE Std 1219 - 1993"。具体定义如下:

软件维护:软件产品交付之后的修改,目的是修改缺陷、提高软件性能或其他属性,或使软件产品适应修改后的环境需求而进行的一系列维护操作。

2. 软件维护的意义

(1)软件维护的必要性

在软件使用过程中,由于许多内在和外在因素,必须对软件进行维护。此外,软件使用中用户将会提出各种改进要求,需要通过软件维护来满足用户的需求,实现软件功能的扩充和性能的改善。又由于使用环境的变化,软件会不适应,也需要通过维护使其适应使用环境。同时,还需要为用户提供技术咨询、提供软件问题报告、软件修改报告以及建立维护档案等。

1)为了提供服务的连续性:系统需要持续运转。例如,控制飞机或导弹飞行的软件不允许遇到错误就停下来。软件的意外失效可能会威胁人员生命安全。维护活动的目标就是使系统保持运行,包括程序错误修改、失效恢复以及适应操作系统和意见的更改。已经交付使用的软件不可避免仍然存在故障,需要维护以排除故障,尤其是危及安全的关键软件中的故障,如不及时排除会产生灾难性的后果。

2)为了支持强制升级:这类更改是必要的,因为当使用环境变化时,软件为了能够继续发挥作用,必须要进行修改。

3)为了支持用户改进要求:总体来说,系统越好,就会被越多地使用,更多用户就会提出功能增强要求,以及提高性能和针对具体工作环境定制的要求。

4)为了方便未来的维护工作:在软件开发阶段走捷径是不可取的,从长远来看代价很高,这一点不需很长时间就能发现。单纯为了使未来维护工作更容易而实施更改是很有必要的,这种更改可能包括代码和数据库结构的更新以及文档更新。

如果系统要被使用,就永远不会停止改进,因为系统永远需要更新,以满足系统所服务的不断变化着的世界的需要。

(2)软件维护的重要性

随着计算机技术的飞速发展以及现代局部战争条件下信息化要求的不断提高,计算机资源在武器装备中的应用越来越普遍,所占比例越来越大。近 20 年来,计算机软件已被广泛应用于各型武器装备系统和自动化指挥系统,对提高武器装备的作战能力和指挥能力起到了至关重要的作用。特别是在以信息处理为主要任务的系统中,如指挥、控制、通信、计算机、情报、监视以及侦查系统,计算机软件已不再是系统的组成部分,实际上软件本身已自成系统,通过它把各个分系统综合成为一个整体,协调一致地完成或辅助完成各项作战任务。也就是说,人们已经逐步认同软件是武器装备系统的神经中枢,软件也是形成战斗力的重要因素。但是,当软件出现故障而未进行维护时,可能出现通信中断、控制失灵、情报失真、目标丢失以及指挥瘫痪,其后果十分严重,所以必须认真做好软件维护工作。

参 考 文 献

[1] 设备维护保养的概念和意义[EB/OL]. (2018 - 06 - 25)[2020 - 07 - 19]. https://www. taodocs.

[2] 上官廷杰, 许莹. 软件质量控制[C]//中国电子学会. 2005 第二届电子信息系统质量与可靠性学术研讨会论文集. 平遥: 中国电子学会, 2005: 244 - 250.

[3] 段慧文. 舞台机械设备的维护保养[J]. 演绎科技, 2014(2): 16 - 18.

[4] 国防科学技术工业委员会. 可靠性维修性术语: GJB 451 - 1990[S]. 北京: 国防科学技术工业委员会, 1990.

[5] 徐卫东. 浅谈设备保养的重要性[J]. 现代商贸工业, 2007 (4): 179.

[6] 彭森露, 雷磊, 刘伟, 等. 测控设备在线维护一体化的分析与设计[J]. 电讯技术, 2011, 51(9): 10 - 14.

第5章 装备维护保养内容及方法

5.1 装备清洗维护

清洗是指在一定的介质环境中,在清洗力的作用下,物体表面上的污垢脱离和去除,恢复物体表面本来面貌的过程。其主要目的是将污垢从物体表面除去。在装备维护过程中,装备或零部件表面的清洗对改善装备外观、提高零部件鉴定的准确性、确保装备的维护质量和延长使用寿命都具有十分重要的意义。

1. 清洗分类

清洗可以从不同的角度进行分类,根据清洗方法和原理可分为化学清洗、物理清洗和微生物清洗;按清洗对象所处的状态分为投产前清洗、不停产清洗和停产检修清洗;也可按清洗的对象进行分类。

(1)按清洗方法和原理分类

1)化学清洗:化学清洗是采用一种或几种化学药剂(或其水溶液)清除设备内侧或外侧表面污垢的方法。它是借助清洗剂对物体表面污染物或覆盖层进行化学转化、溶解和剥离,以达到清洗的目的。常见的化学清洗包括:用各种无机或有机酸去除金属表面的锈垢、水垢,用漂白氧化剂去除物体表面的色斑,用杀菌剂、消毒剂灭杀微生物并去除物体表面附着的泥垢或霉斑等。

2)物理清洗:物理清洗是借助各种机械外力和能量使污垢粉碎、分解并剥离物体表面,以达到清洗的目的。即凡是利用热学、力学、声学、光学以及电学的原理去除表面污垢的方法都应归为物理清洗范围。当前常见的物理清洗方法有高压水射流清洗、干冰清洗、激光清洗和爆破清洗等。

3)微生物清洗:微生物清洗是利用微生物将设备表面附着的油污分解,转化为无毒无害的水溶性物质的方法。这种清洗把污染物(如油类)和有机物彻底分解,是一种真正意义上的环保型清洗技术。

(2)按清洗精密度范围分类

在普通工业清洗过程中,清洗后的洁净度通常可用肉眼观察和用手触摸判断,其要去除的污垢微粒直径一般大于 10^{-5} m。在精密工业清洗中,洗净后的物体表面残留的污垢微粒直径在 10^{-9} m 以下,用肉眼已看不到,通常需要借助光学显微镜观察。而在半导体电子工业领域中,要求去除的污垢(如在半导体材料上吸附的污垢微粒)的直径甚至会小到 10^{-10} m 左右,这么小的微粒即使用电子显微镜也观察不到。通常把要求去除这么小的污垢微粒的清洗称为超精密工业清洗。图 5-1 列出了清洗精密度范围。

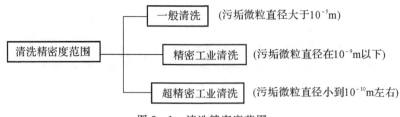

图 5－1　清洗精密度范围

（3）按清洗对象所处的状态分类

1）投产前清洗：投产前清洗是指新建装置投产前进行全面的清洗和防腐处理。

2）不停产清洗：在装置运行过程中，进行除垢去污、预膜处理及水处理，以达到清洗的目的，这一过程称为不停产清洗。

3）停产检修清洗：装置运行一段时间后，利用检修时间清洗除垢，恢复设备使用性能，该类清洗为停产检修清洗。

（4）按清洗对象分类

按清洗对象的不同，还可以将装备清洗分为伺服电机清洗、雷达天线清洗、装备舱体清洗以及内部机柜清洗等。

2. 选择清洗方法考虑的因素

（1）清洗物体的材料性能

如果清洗物体是金属材料，则应考虑到钢铁、不锈钢、铝材以及铜材制成的物体在强度、耐化学腐蚀性能上都有很大差别。由木材、皮草、玻璃、塑料以及橡胶等非金属材料制成的物体在性能上也有很大差别。因此在清洗中要充分了解这些材料的性能，有针对性地选择合适的清洗剂与清洗方法。

（2）清洗物体的表面状况

光滑平整的物体表面与粗糙不均的物体表面用同样方法清洗，取得的效果是大不相同的。选择清洗方法时，要充分考虑到物体的表面状况。

（3）污垢的情况

对于不同的污垢要采用不同的清洗剂，对于金属表面以油脂为主的污垢与以水垢、氧化物为主的污垢，所选用的清洗剂及清洗方法是大不相同的。

（4）要求的洁净度

对于普通金属零件和高精度电子元件，由于对表面加工精度要求不同，洗净去污的要求不同，因此选用的方法也不同。随着洁净度要求的提高，生产成本也迅速提高。因此必须兼顾洗净度要求与经济性两方面，选择合适的清洗剂与方法。

（5）使用的清洗设备

使用高级的清洗设备可以取得较好的清洗效果，但是也要考虑到实际需要的必要性。

（6）使用洗涤剂的安全性

在选择洗涤剂时，要充分了解洗涤剂的性能，例如，是否易燃易爆，对人体有无毒性以及废水如何处理等，以免在清洗过程中造成不必要的意外事故。

（7）清洗的效率

提高清洗去污的效率是十分重要的,例如,用单纯浸泡的方法去除金属表面的油污耗时较多,而采用循环流动,伴有搅拌、超声波处理或蒸汽清洗时去污时间就可大大缩短。对于大批量工业零件的清洗,采用流水线可以大大提高生产效率。因此,要根据实际需要选择不同的清洗方法。

(8)经济型

选择清洗方法时,必须考虑生产成本。在保证洁净度的前提下,使用最经济的方法,即是最合理的选择。

因此,考虑清洗方法时,必须对上述有关问题做出全面的综合了解,才能选择出最合理的方案。需要强调的是,目前还没有单独哪一种清洗技术能够解决所有清洗问题。因此,本章后续内容的各种清洗方法在某些情况下需要结合起来,综合利用。

3. 清洗方法

被清洗物体的种类不同,清洗方法也有多种选择,特别是随着现代科技发展,更多的高技术清洗方法逐步得到应用,例如,超声波清洗法、电解以及化学清洗法等。限于篇幅,在这里只针对常用的测控装备清洗技术予以介绍。

(1)热能清洗

1)对其他清洗有促进作用。水和有机溶剂对污垢的溶解速度和溶解量随温度升高而提高,所以提高温度有利于溶剂发挥它的溶解作用,而且可以节约水和有机溶剂的用量。同样,清洗后用水冲洗时,较高的水温更有利于去除吸附在清洗对象表面的碱和表面活性剂。

2)使污垢的物理状态发生变化。温度的变化会引起污垢的物理状态变化,使它变得容易去除。例如,附着在军用装备或汽车底盘下的污垢常被沥青和矿物油黏结在一起,牢固地黏在车体上,单独靠使用表面活性剂和溶剂难以清除。使用加压水蒸气喷射到污垢上时,利用水蒸气冷凝时放出的热量,使油垢等黏性固体物质软化,黏结力降低,这时黏附的污垢在水压作用下很容易清除。

另外,油脂和石蜡等固体油污很难被表面活性剂水溶液乳化,但当它们加热液化(60~70℃)后,就比较容易被表面活性剂水溶液乳化分散了。

3)使清洗对象的物理性质发生变化。温度变化时,清洗对象的物理性质也发生变化,有利于清洗。当清洗对象和附着的污垢的热膨胀率存在差别时,常可以利用加热的方法使污垢与清洗对象间的吸附力降低而使污垢易于解离和去除。

4)使污垢受热分解。耐热材料表面附着的有机污垢,加热到一定温度后,可能发生热分解变成二氧化碳等气体而去除。

(2)流动液体清洗

清洗装备上的零部件时,由于零部件通常是多面体等复杂形状,仅通过把零部件置于洗涤剂中的静态处理,很难达到去除污垢的目的,因此,为了提高污垢被解离、乳化和分散的效率,可以让洗液在清洗对象表面流动,用搅拌的方法使洗液形成紊流以提高清洗效果。

搅拌容易使洗液均匀、有效地流动,通常有以下两种方法:有轴搅拌(见图5-2)和无轴搅拌(见图5-3)。

1)洗液流动。如图5-2所示,用搅拌轴带动旋转叶片搅拌洗液,并在洗槽槽壁上安装挡板,使搅拌的液体发生折流运动,从而提高其紊流效果。把搅拌轴伸入洗槽内部,有时会造成清洗操作不便。现在多采用无轴搅拌方式。如图5-3所示,不用旋转叶片,用外接泵组成循环流动装置推动洗液流动。

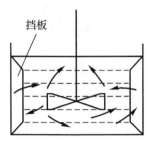

图5-2 有轴搅拌

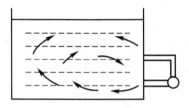

图5-3 无轴搅拌

2)清洗对象运动。小型清洗零部件适合采用这种方式。把许多小型零部件装在一个笼子里放在清洗液中,让笼子沿着垂直和水平方向运动,或旋转运动。设计这种装置要考虑到清洗对象的差别以及采取不同的放置安排方法,以产生良好的界面流动效果。

3)清洗对象和清洗液都运动。当清洗液激烈流动时,清洗对象在清洗液中漂浮运动从而被洗净。如用洗衣机清洗沙发套以及设备屏蔽服等。

(3)喷射清洗

通过喷嘴把加压的洗液喷射出来冲击清洗物表面污垢的清洗方法叫喷射清洗。它包括喷射清洗的作用力和喷射清洗液的选择两部分内容。

1)喷射清洗的作用力。在喷射清洗过程中,清洗作用力包括清洗液本身的清洗力和清洗液流动喷射的冲击力(压力)。当低压射流喷射清洗时,其清洗作用力包括清洗液的洗涤和水流冲刷的双重去污作用;随着射流的喷射压力逐渐增大,其清洗作用力将会逐渐以水力冲击的清洗作用为主,清洗液所起到的溶解去污的作用不断变小。高压水射流清洗不污染环境、不腐蚀清洗物体基质,高效、节能。测控装备方舱和天线车体大多采用高压水射流清洗方法。

2)喷射清洗液的选择。一般用于喷射的洗液包括温水、热水、酸或碱的水溶液以及表面活性剂水溶液等。在使用表面活性剂水溶液作喷射清洗液时,要注意选用低气泡性的表面活性剂。用含有水蒸气的高压热水作清洗液时,叫作蒸汽喷射清洗。水蒸气的压力和蒸汽液化时放出的大量热能对清洗效果有很大的影响。

另外,当清洗垂直的壁面(方舱车壁)时,有时为充分发挥清洗能力,减少清洗液的浪费,可使用发泡性强的清洗液进行喷射。在壁的表面形成有一定厚度的稳定性泡沫,延长泡沫与壁面的接触时间,使污垢充分溶解,然后用清水喷射,提高对污垢的清除效果。清除各种装备表面的油污时,都适合用这种方法。

(4)摩擦和研磨清洗

1)摩擦清洗。对一些不易去除的污垢,使用摩擦清洗的方法往往能取得较好的效果。用喷射清洗液清洗各类军用装备、大型设备或机器的表面时,配合使用合成纤维材料做成的旋转刷子擦洗设备表面效果会更好。当用各种清洗液浸泡清洗金属或玻璃材料之后,有些清洗液不易去除的污垢顽渍,配合用刷子擦洗以去除干净。

需要注意的是,工具(如刷子)要保持清洁,防止工具对清洗对象的再次污染。另外,当清洗对象是不良导体时,应注意消除因摩擦力使清洗对象表面带静电,防止吸附污垢和静电火灾。

2)研磨清洗。研磨清洗是指利用机械作用力去除表面污垢的方法。研磨清洗方法包括使用研磨粉、砂轮、砂纸以及打磨机等其他工具对含污垢的清洗对象表面进行研磨、抛光等。例如,去除装备上锈迹时,研磨清洗的作用力比摩擦清洗的作用力大得多,有明显区别。操作方法主要有手工研磨和机械研磨。

(5)超声波清洗

超声波对附着的污垢有很强的解离分散能力,因此超声波清洗技术越来越多地被应用于清洗领域的各个方面。

1)超声波清洗装置。超声波清洗装置示意图如图 5-4 所示。超声波清洗机由超声波发生器和清洗槽两部分组成。电磁振荡器产生的单频率简谐电信号(电磁波)通过超声波发生器转化为同频超声波,通过介质传递给清洗对象。超声波发生器通常装在清洗槽下部,也可以装在清洗槽侧面,或采用移动式超声波发生器装置。超声波清洗装置中的关键设备是超声波部分,它分为两大部件:超声波换能器(或称超声波振头)和超声波发生器。

A.超声波换能器(或称超声波振头)。

超声波换能器是将超声波发生器提供的电信号转化为机械振动的装置。

B.超声波发生器。

超声波发生器的种类很多,一般分为两种类型:机械性和电声型。机械性超声波发生器直接用机械方法使物体振动而产生超声波。常见的机械性超声波发生器都是流体动力式的,即利用高压流体作为动力来产生超声波,如旋笛、空腔哨以及簧片哨等;电声型超声波发生器应用得更为广泛,它是通过电声换能器,利用电磁能量转换成机械波能量,电声换能器有压电式(电致伸缩)和磁致伸缩两种。

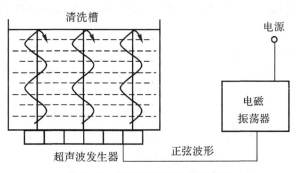

图 5-4 超声波清洗装置示意图

2)超声波清洗技术。

A.超声波清洗参数。

超声波清洗参数主要为:工作频率、必要功率、清洗液温度和清洗时间。超声波清洗技术参数选择见表 5-1。

表 5-1　超声波清洗技术参数选择

参数名称	选用范围	说明
振动频率	常用≈20kHz 高频 300～800kHz	工件表面粗糙度较低或有小孔、狭深凹槽时,建议采用高频。但高频振动衰减较快,作用范围较小,空化作用弱,清洗效率较低
功率密度	0.1～1.0W·cm^{-2}	工件形状复杂或具有深孔、盲孔,或油垢较多,清洗液黏度较大,或选用高频振动时,功率密度可较大。对铝及其合金或用乙醇、水为清洗液时,则可取小些
清洗时间	2～6min	工件形状复杂时取上限,表面粗糙度低则取下限,还应根据污垢严重程度而变化
清洗温度	水基清洗液:32～50℃ 三氯乙烯:70℃ 汽油或乙醚:室温	一般经试验确定合适的温度

B. 超声波清洗流程。

工件在清洗槽内须正确放置。换能器一般在槽底,槽底面即是超声振动的辐射面,工件应挂于清洗槽内,并将重点清洗部位对准辐射面。如果零件上有盲孔,则应在盲孔内灌满清洗液,并对准辐射面,而且应注意清洗过程中保持清洗液充满。许多微型件和小件常装入盛筐一起清洗,但不得使用小直径网眼盛筐,小直径网眼引起超声波衰减十分明显,应该用薄板栅条作为盛具。

在清洗过程中:应调节超声波发生器频率与换能器频率一致,此时超声波振动最大,空化效应最充分,在清洗液中可见许多白色聚流,用手伸入清洗液试探,会有针刺感觉。

经超声波清洗的工件表面一般应色泽均匀,如有明显白点,表明工艺不当,原因有:清洗时间过长;上次清洗工件过多;清洗液使用太久,污染严重;电源电压波动太大,须及时检查、排除故障。

3)超声波清洗应注意的问题。

A. 充分了解温度、压力、洗液速流、洗液中气体含量以及清洗对象声学特性等因素对清洗效果的影响。

B. 空穴的产生并不均匀,需采取移动清洗对象、改变清洗液深度、使用合成超声波、抑制驻波生成以及使用调频超声波等措施加以改善。

C. 因超声波被反射造成的清洗效果不均匀性。

D. 空穴对清洗对象的损伤破坏作用。

4)超声波清洗的应用。

各类民用或军用装备、设备、车辆和零部件使用超声波清洗最主要的目的是去除物体表面的油污,此时多使用有机溶剂或表面活性剂洗涤剂水溶液。

　　对几何形状复杂或清洗质量要求高的中小型精密工件,尤其工件上带有各类孔、槽等结构时,用超声波清洗往往能取得较好的效果。适用的工件有:光学器件、电子器件、钟表零件、轴承、阀座、柱塞、套筒、齿轮传动部件以及液压部件等。超声波清洗常作为多步清洗中的一个工序,协同其他清洗方法达到清洗目的,超声波清洗在其中起到提高清洗效率和质量的关键作用。

5.2　装备防雷维护

1. 雷电对装备的破坏作用

(1)对电效应的破坏作用

在雷电放电时,能产生高达数万伏甚至是数十万伏的冲击电压,对装备而言具有极大的破坏性。它可能破坏电力变压器等电气设备的绝缘性,烧断线缆和劈裂标校设备等,绝缘损坏还可能引起短路,导致可燃物、易燃物着火和爆炸等。

(2)对热效应的破坏作用

雷击时,几十至上千安培的强大电流在极短时间内变成热能,其温度大约为 $25\sim100\,℃$。据此估算,雷击点的发热量大约为 $500\sim2\,000J$。该能量可以熔化 $50\sim200mm^3$ 的钢材。因此,雷电流的高温热效应,将会导致灼伤人体、破坏装备,使设备部件熔化。

(3)对机械性质的破坏作用

雷电的热效应能使雷电通道中木材纤维缝隙和其他结构缝隙中的空气剧烈膨胀,同时使水分及其他物质分解为气体(汽化),因而在被雷击物体内部产生强大的冲击性机械力,该机械力所产生的强大冲击力,能使装备零部件、固体建筑物和人体组织等被击物遭受严重破坏,甚至发生爆炸。

(4)静电感应

当装备或金属物处于雷云和大地电场中时,金属物上会感生出大量电荷,雷云放电后,云与大地间的电场虽然消失,但金属上感应积聚的电荷来不及逸散,因此,可能产生几万伏甚至几十万伏的静电感应电压,其瞬间释放的能量足以造成部分气体或混合物燃烧或爆炸,严重时可击穿元器件和烧毁电路板,导致装备系统工作瘫痪。

(5)电磁感应

雷电在超短时间内,产出极高的电压和瞬时强电流,进而导致强大的交变电磁场的产生。该磁场会在构成闭合回路的金属物中产生出强大的感应电流,倘若此时闭合回路上存在部分区域电阻过大的情况,那么其产生的电磁脉冲将会造成该区域局部发热甚至出现火花放电现象,在一定的范围内对装、设备产生危害。

(6)雷电波侵入

雷电不直接对建筑和装备本身放电,而是对布放在装备外部的线缆放电。线缆上的雷电波或过电压几乎以光速沿着电缆线路扩散,侵入并危害装备内的电子设备和控制系统。因此,往往在听到雷声之前,我们的电子设备、控制系统等可能已经损坏了。

2. 防雷的基本措施

装备防雷工作是一项系统工程,通常采用接闪、分流、均压、屏蔽以及接地等防雷方法。有时为了达到全方位保护的目的,会同时采取多种防雷手段,对装备及其内部的电子设备进行综合防护。

(1)防雷区的划分

将装备或电子设备需要保护的空间划分为几个不同的防雷区,并且规定各防雷区的不同电磁环境,具体情况如图 5-5 所示。

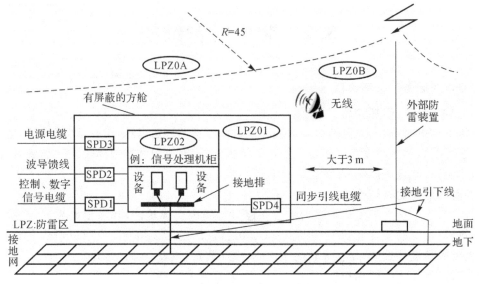

图 5-5   雷电分区保护示意图

LPZ0A:本区内各物体可能遭受直击雷击,电磁场没有衰减;

LPZ0B:本区内各物体不可能遭受直击雷击,电磁场没有衰减;

LPZ01:本区内各物体不可能遭受直击雷击,电磁场有可能衰减;

LPZ02:本区内各物体不可能遭受直击雷击,电磁场有进一步衰减。

(2)直击雷的防护

电子设备防直击雷的有效措施:通常采用避雷装置,俗称避雷针,其由雷电流的引下线和装备场坪接地网组成,引下线一般是两根。其防雷的工作原理是利用避雷针上接闪器吸引附近的雷云放电,并通过引下线和接地体等装置将雷电流能量传导入地,使雷电的能量消耗在地下,进而达到保护地面上的电子设备的目的。

(3)感应雷的防护

采用多种措施进行雷电防护应对:感应电磁脉冲的防护采用屏蔽措施;地电位反击的防护采用均压、等电位连接;线路来波(雷电波)的防护采用分流以及各种防雷器(电源防雷器、信号防雷器、天馈防雷器)等措施。

1)屏蔽。用金属材料构成一个闭合空间,并且接地,把雷电电磁脉冲空间入侵的通道全部阻断。如采用金属屏蔽网箔作为传输信号的电缆外皮、采用的金属外壳作为设备外壳、采用金属笼网作为装备墙壁等,都是很好的防电磁干扰的屏蔽措施。

2)均压。为了避免雷电流在经过的路径产生瞬时高电压,导致该路径与周围的金属物体之间形成暂态电位差,造成对附近金属物体的击穿放电,需要对雷达站内的各种金属构件进行均压处理,即将雷达站的防雷接地系统相连接,形成一个电气上连续的等电位连接整体,并维持在低电位水平。以此,避免在不同金属外壳或构架之间出现暂态电位差,从而起到保护电子设备的作用。

3)分流。分流就是将避雷器并联在从装备外来的各类型导线与接地体或接地线之间,当雷电沿着这些导线传入室内时,防雷器就会短路,进而保护电子设备。由于雷电流在分流之后,仍会有少部分沿导线进入设备,这对于不耐高压的微电子设备来说仍是很危险的,因此,需要在一些电子设备的入机壳处也安装防雷器,对雷电流进行多级分流,层层防护。

4)防雷器。防雷器按照类型可分为电源避雷器、信号型避雷器和馈线避雷器三种类型。按照连接方式的不同又可以分为串联式防雷器和并联式防雷器。

A. 串联式防雷器。

串联式防雷器是将保护器串接在馈电线的线间,其在馈电线上的走线可以很短,并且距离是固定的。通常,信号型避雷器和馈线避雷器都是采用串联式防雷器的方法。

B. 并联式防雷器。

并联式防雷器是将防雷器并接到机柜电源接线或并接到馈电线上,注意其接线端子上的导线一定要短,一般不超过 15cm,否则防雷效果将会大幅度下降。电源避雷器多采用并联式防雷器的方法。

3. 防雷接地

接地是防雷体系中最重要的环节,其工作原理是将地面上避雷针等金属物体或装备电气回路中的某一节点,通过导体与大地保持等电位,把雷电流通过低电阻的接地体向大地泄放。接地可以有效地泄放直击雷或雷电电磁干扰的能量,减少落雷点附近电气和电子设备感应雷击的机会,避免引雷入室的祸患,从而确保装备和人员的安全。

(1)接地的基本原则

1)接地线严禁从室外架空引入,必须全程埋地或室内走线;

2)接地线不宜与信号线平行走线或相互缠绕;

3)接地线应选用铜芯导线,不得使用铝材;

4)保护地线应尽可能地选择塑料绝缘铜芯导线;

5)保护地线上严禁接头,严禁加装熔断器或开关;

6)接地端子必须经过防腐、防锈处理,其连接应牢固可靠;

7)测控装备到接地桩的距离不应超过 30m,且越短越好。超过 30m 后,应要求用户重新就近设置接地桩。

(2)接地系统简介

电子设备的接地系统主要由以下几个部分组成:

1)接地网:埋入地下并与大地直接接触的金属导体(接地网连接见图 5-6 和图 5-7);

2)总接地排:也被称为接地总汇集线,用于汇接装备内各种电子设备的接地线;

3)引下线:用于连接总接地排和接地网之间的连接线;

4)接地排:是从总接地排上连接到装备各分系统或各机柜中的接地装置。

接地系统的传导路径为:

各电子设备的接地线→接地排→总接地排→引下线→接地网,以此实现设备与大地的接地连接。

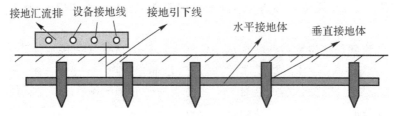

图 5-6 接地网连接示意图

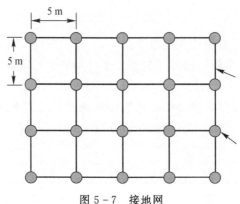

图 5-7 接地网

（3）接地分类

不同的电路有不同的接地方式，电子电力设备中常见的接地方式有以下几种：

1）安全接地。安全接地（保护接地），即将装、设备的外壳与大地连接到一起。防止设备绝缘性减弱或因机壳积累电荷，使机壳带电或产生静电，进而危及设备和人身安全。

2）防雷接地。防雷接地，一般在装备附近设置避雷针与大地相连，装备要位于避雷针保护半径之内，以达到避雷的防护效果。

安全接地与防雷接地都是为了给电子电力设备或者人员提供安全的防护措施，用来保护设备及人员的安全。

3）工作接地。电路正常工作时需要一个基准电位，其电位值一般设定为零。但是，当该基准电位没有与大地连接时，这种相对的零电位是不稳定的，它会随着外部的电磁环境的变化而变化，进而导致电路系统工作不稳定。因此，需要将这种基准电位与大地连接，即工作接地，保持基准电位零值稳定。

4）信号地。信号地是各种物理量信号源零电位的公共基准地线，信号地按照物理量类型的不同又可分为模拟信号地和数字信号地。由于信号（特别是视频信号）存在信号强度较弱，易受干扰的特点，如果接地不合理，会使电路产生干扰甚至影响电路的正常工作，因此对信号地的要求较高，合理的信号地对整个电路的作用不可忽视。

5）电源地。电源往往同时给系统中的各个工作单元供电，而各工作单元要求的供电参数和供电性质可能存在很大区别。因此，我们通常采用电源接地的方式，产生一个公共基准的电源零电位，保证电源和其他工作单元稳定、可靠地工作，电源地一般接到电源的负极上。

6）功率地。功率地是功率驱动电路或负载电路的零电位的公共基准地线。功率地在连接时必须要与其他弱电地分别设置，原因是功率驱动电路或负载电路的电流较强、电压较高，倘若接地线缆的电阻值较大,功率地线上会产生明显的压降,进而对电子设备产生较大的干扰,影响整个系统的稳定性。

7)屏蔽接地。为了考虑电磁兼容性,通常情况下屏蔽与接地应当配合使用,将屏蔽设备上因电磁干扰而产生的大量电荷导引到地下,以达到良好的屏蔽效果。按照屏蔽类型的不同,可以分为静电屏蔽接地与交变电场屏蔽接地。

8)静电接地。静电接地是安全接地或保护接地的一种,为了使产生的静电荷尽快导走,避免火花放电等危害事故发生,消除静电放电的诱发因素,保证人员安全和设备正常工作。如油罐车用一条拖在地上的铁链把静电导走,飞机机轮上的搭地线,着陆时将机身的静电导入地下。这种接地地线起到传递电荷的作用。

(4)接地电阻和防雷的关系

单纯从防雷角度来看,最关键的问题是要尽可能地做好电子设备(包括电子设备的内部系统和电子设备的外部工作场地)的等电位接地设计和连接工作。在实际防雷中,只要将电子设备的等电位连接和设备的端口防雷都做好了,即使接地电阻值达到 10Ω 甚至更大,也能够满足设备的防雷要求,不会对电子设备的防雷产生严重的负面影响。

电子设备接地电阻通常要求小于 4Ω,最大一般不超过 10Ω。对土壤电阻率较高的地区,可以酌情放宽一些,但最大不能超过 $30\ \Omega$。

电子设备工作场地的接地电阻值除了和防雷有关,还关系到电子设备的其他安全问题,因此,电子设备工作场地的接地电阻值应尽量小。

5.3　装备防潮维护

大气腐蚀的影响因素很多,主要有湿度、温度和大气成分等,而在诸多因素中,对装备的质量影响最大的无疑是湿度。装备防潮湿的基本着眼点主要在于通过涂覆一定的阻隔材料,例如用涂料、油脂或塑料薄膜等防护涂层,实现对测控装备的防护。将水汽、盐雾与装备分割开来,从而延缓装备锈蚀、霉变、失效等各种环境效应。

5.3.1　涂料防腐技术

涂料制造及施工方便、坚固耐用且成本低,尤其适用于大面积、造型复杂的装备及构件的保护,是一种应用广泛的表面防护材料。涂料除了具有美观、装饰、耐磨损及修补零件等作用外,还可以根据使用要求配制,成为具有各种防护功能的涂层。

1. 涂料配制

涂料主要由漆基(基料)、颜料和溶剂组成。漆基是漆料中的不挥发部分,它能形成涂膜,并能黏结颜料。溶剂是一种在通常干燥条件下可挥发的、并能完全溶解漆基的单一或混合的液体。必要时还需一些添加剂(助剂)。涂料的组成如图 5-8 所示。

(1)漆基

漆基的成膜材料是涂料中的主要成膜物质,它是涂料的重要组成部分,也是涂料的基础材料。漆基决定了涂料的主要性能,选择什么类型的漆基就可以制造什么类型的涂料。根据漆基中成膜材料成膜机理的不同,漆基可划分为转化型和非转化型两大类。

转化型漆基在干燥成膜之前是以低聚合或部分聚合状态溶解在溶剂中构成的溶液,当被施涂在底层上之后,通过化学反应而干燥,形成固态的不能再熔化的涂膜。

非转化型漆基是由一些分子量较高的聚合物,溶解在溶剂中或分散在分散介质中而构成的溶液或胶态分散体。用这种漆基制成的涂料经施工涂装后,漆中溶剂或分散介质挥发到大气中,留下的不挥发物就在底材上形成一层连续、均匀的涂膜。

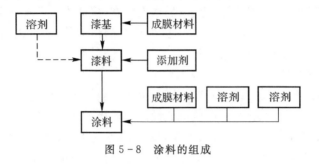

图 5-8　涂料的组成

（2）颜料

颜料是一种微细粉末的有色物质,它不溶于水或油的介质,而能均匀地分散在介质中,涂于物体表面形成色层,呈现出一定颜色。颜料是色漆生产中不可缺少的成分之一,其作用不仅仅是色彩和装饰性,更重要的作用是改善涂料的物理和化学性能,提高涂膜的机械性、附着力、防腐性能、耐光性和耐候性等,而特种颜料还可以赋予涂膜以特殊性能。颜料的性能参数包括颜色、遮盖力、着色力、吸油量、耐光性、耐候性、水分、颗粒形状和粒度分布等。

（3）溶剂

溶剂是用来溶解和分散成膜物质,形成便于施工的溶液,并在涂膜形成过程中挥发掉的液体。尽管溶剂在色漆中不是一种永久性的组分,但是溶剂对成膜物质的溶解力决定了所形成的树脂溶液的均匀性、漆液的黏度和漆液的储存稳定性。在色漆涂膜干燥过程中,溶剂的挥发性又极大地影响了涂膜的干燥速度、涂膜的结构和涂膜外观的完美性;同时,溶剂的黏度、表面张力、化学性质及其对树脂溶液性质的影响都是色漆设计中应予以考虑的问题。

（4）助剂

涂料是由漆基、颜料和溶剂组成的,但有时单凭三者之间的相互调配达不到性能要求,必须使用助剂。不同种类的助剂分别在涂料的生产、储存、涂装和成膜等不同阶段发挥作用,对涂料和涂膜性能有极大影响,已成为涂料不可缺少的组成部分。常见的助剂包括润湿分散剂、流平剂、防止浮色发花剂、催干剂以及消光剂等。

2. 防腐涂料

靶场测控装备大多布站于高山或沿海地带,其恶劣的自然环境对装备的腐蚀非常严重,较大程度地影响了装备的正常使用寿命。因此,武器装备及其基础设施所用的涂料,一般要有较高的耐候性和耐化学溶剂的防腐性能。利用涂料涂装技术控制防腐效果,可以通过添加各种填料和颜料,以制成各种具有特殊功能的涂层;也可以与其他防护措施联合使用(如阴极保护、金属涂镀层等),从而获得更好的防护性能。防腐涂料涂装的这些优点,使得其在武器装备的腐蚀控制中得到了广泛的应用。防腐涂料主要包括以下几种:

（1）环氧树脂涂料

环氧树脂是平均每个分子含有 2 个或 2 个以上环氧基的热固性树脂。环氧树脂以其易于加工成形、固化物性能优异等特点而被广泛应用，通过环氧结构改性、环氧合金化、填充无机填料、膨胀单体改性等高性能化后，可以制成防腐涂料。环氧树脂涂料有优良的物理机械性能，最突出的是它对金属的附着力强，它的耐化学药品性和耐油性也很好，特别是耐碱性非常好。环氧树脂涂料的主要成分是环氧树脂及其固化剂，辅助成分有颜料、填料等。

（2）聚氨酯涂料

聚氨酯涂料是以聚氨酯树脂为基料，以颜料、填料等为辅助材料的涂料。聚氨酯涂料对各种施工环境和对象的适应性较强，可以在低温固化，可以在潮湿环境和潮湿的底材上施工，并且耐油性能突出。聚氨酯涂料的主要缺点是有较大的刺激性和毒性。聚氨酯涂料按装备的包装形式可分为湿固化聚氨酯涂料和双组分聚氨酯涂料。前者是含异氰酸基的预聚物，涂布以后，涂膜与空气中的湿气反应而交联固化，主要优点是使用方便，缺点是色漆制造比较复杂，需要特殊的工艺方法，成品的储存期限一般较短；后者包括多羟基组分与异氰酸酯两组分，在使用前将两组分混合，由羟基组分中的羟基与多异氰酸酯组分中的异氰根反应而交联成膜，所采用的多羟基化合物的种类很多，如聚酯、聚醚、环氧树脂和丙烯酸树脂等，涂层的耐热、耐水和耐油性良好，但耐碱性较差。

（3）不锈钢粉末涂料

不锈钢粉末涂料是最近几年发展起来的金属颜料，由于其具有不活泼性，特别是在高温、强腐蚀环境中的防护性极好，所以既可用来作为主要颜料，也可作为复合颜料的一部分，与黏合剂组成防护性涂料。研究发现，通过极化方法可以实现不锈钢颜料与环氧树脂的最优组合，生成的粉末环氧涂料可以弥补环氧树脂表面耐磨性差的缺点，从而可以直接用于露天环境。该涂料是双组分涂料，一部分是将 70％的环氧树脂溶于甲基异丁酮、二甲苯等溶纤剂，另一部分则由 70％的聚酰胺溶于二甲苯，使用时将两者混合即可。通过力学、加速老化和电化学等方法测试可知，该涂料有良好的力学性能及在 $NaCl$ 等溶液中长期保持金属形貌稳定的特性。

（4）鳞片树脂涂料

金属及某些无机化合物经物理或化学的特殊方法处理后，使其呈大小一定、微厚的薄片，工程上称为鳞片。以鳞片为填料，合成树脂为成膜物质（黏合剂），再加以其他添加剂，可制成耐腐蚀性材料。鳞片树脂涂料有下列共性：抗渗透性好、收缩性小、抗冲击性以及耐磨性好。目前，已有像玻璃鳞片、云母、耐蚀金属片以及有机材料等鳞片树脂涂料。试验证明，对涂料影响最大的是鳞片的添加量及表面处理剂量。对施工性能影响较大的是悬浮触变剂、活性稀释剂及颜料。玻璃鳞片涂料是用微细片状玻璃粉填充的一种涂料，其涂层不但可厚涂，而且由于片状玻璃粉隔离作用很强，对水、水蒸气、电解质和氧的防渗透效果很好，是一种优异的重防腐涂料。

（5）无机富锌涂料

无机富锌涂料有水性和溶剂型两类。前者是以硅酸钠为基料，后者是以正硅酸乙酯为基料。正硅酸乙酯可溶于有机溶剂，涂刷后，在溶剂挥发的同时，正硅酸乙酯中的烷氧基吸收空气中的潮气并发生水解反应，交联固化成分子硅氧烷聚合物。由正硅酸乙酯与锌粉（质量分数为 70％～90％）制成的富锌涂料，锌粉具有阴极保护作用，所以该图层有好的耐热性、耐磨性和耐溶剂性，同时有强的防锈性。其缺点是涂膜韧性差，往往需要加一些有机树脂进行改性。

(6)高固体分涂料

普通防腐涂料中一般含有40％的可挥发成分，它们绝大多数为有机溶剂，在涂料施工后会挥发到大气中去，不仅造成涂层缺陷，难以满足防腐要求，而且会污染环境。因此，提高涂料的固含量，降低其可挥发组分，成为涂料开发的新方向。目前，国外已经研制出固体含量很高（达到95％）的防腐涂料，该涂料性能优异，已在油气田及水电工程中得到应用，并取得了很好的效果。研究报道，采用改性环氧和聚氨酯预聚物制备的高性能、高固体分涂料的固体含量达到97％，涂料一次涂覆厚度在150um以上，同等条件下涂层出现针孔的数量比普通防腐涂料少2/3以上。另外，它与普通防腐涂料相比有以下优异性质：可挥发成分极少，高压下抗渗透性强、固化时间短、涂层光滑致密、抗冲击强度好以及良好的抗流挂性和施工工艺性。

(7)氟树脂防腐涂料

在分子结构中含有氟元素的树脂统称为氟树脂，其结构中含有稳定性的C—F键。氟树脂表现出一系列的优良特性，如优异的耐久性、耐候性和耐化学药品性，良好的非黏附性、低表面张力和低摩擦性。另外，还具有高绝缘性、低电解常数等电气特性。

因此，采用氟树脂作为主要成膜物制备的防腐涂料具有极高的化学惰性，能耐强酸、强碱以及盐类等大多数物质的侵蚀，而且耐候、耐温性优异，在−40～200℃范围内可长期使用。但也存在某些缺点，如熔点高、熔融黏度大和不溶于一般有机溶剂等，导致加工性能差，涂层孔隙率高，一般不能单独用作防腐涂层。

(8)氯化聚醚防腐涂料

氯化聚醚又称聚氯醚树脂，该树脂的含氯量为45.5％，氯原子以比较稳定的氯甲基的形式和主链的碳原子连接，而该碳原子上无氢原子，所以在受热时不会像聚氯乙烯树脂那样释放出氯化氢。从上述结构可知，主链是由C—C键和稳定的醚键构成，分子上没有活性的官能团，故氯化聚醚树脂的耐热性和耐腐蚀性很好，对多种的酸、碱、盐和大部分溶剂都有很好的抗蚀能力，能在120℃的环境下长期使用。氯化聚醚树脂的熔点和分解温度相差大，便于粉末涂料的涂装，但其玻璃化温度低（7～32℃），而在−40℃以下就显著脆化，所以使用温度范围较窄。

(9)聚苯胺防腐涂料

聚苯胺是当前最具有代表性的导电聚合物之一，除具有其他复杂环导电聚合物所共有的性质外，还具有独特的掺杂现象、可逆变的电化学活性、较高的电导率、化学和热稳定性好及原料易得、合成方法简单等特点。自从De Berry首次指出导电聚苯胺有防腐性能以来，导电聚苯胺用于防腐蚀涂料的研究成果不断涌现。为了发挥聚苯胺的防腐作用，一般是以低含量的导电聚苯胺与聚合物基料配制成底漆，再与对水和离子有较好屏蔽作用的面漆配套应用，以达到良好的防腐效果。

(10)橡胶涂料

橡胶涂料是以天然橡胶衍生物或合成橡胶为主要成膜物的涂料。橡胶涂料具有快干、耐碱、耐化学腐蚀、柔韧、耐水、耐磨以及抗老化等优点，但其固体分低（固体分又称不挥发物含量，是指涂料含有的不挥发物的量，也就是涂料组分经过施工后形成干漆膜的部分，含量的高低对形成涂膜的质量和涂料使用价值有直接关系）、不耐晒，主要用于船舶、水闸及化工防腐蚀涂装。其中最主要的是氯磺化聚乙烯防腐蚀涂料和氯化橡胶涂料。氯化橡胶是由天然橡胶经过炼解或异戊二烯橡胶溶于四氯化碳中，通氯气而制得的白色多孔性固体物质。氯化橡胶分子结构饱和、无活性化学基团,耐候性及化学稳定性好,对酸、碱有一定的耐腐蚀性,水蒸气渗透性低、耐水性、耐盐水性、耐盐雾性好,与富锌漆配合,具有长效防腐蚀性能,并可制成厚膜涂料。

5.3.2　油脂封存技术

油脂主要用于金属防腐领域。早期的油脂,如炮油,具有取材容易、成本较低、适应性广以及防护性能好等优点,在低温、干燥地区,基本能满足防锈要求。其缺点是封存期较短,一般防锈期为 3～5 年,当防锈油脂变质时需要重新换油;油封和启封手续麻烦,尤其对用厚油封存的装备,2～3mm 厚的油层必须在使用前予以刮除,难以适应随时使用的需要。另外在高温(30～40℃)、高湿(相对湿度为 80％以上)地区,厚层炮油防护效果差。

因此,人们考虑在基础油(机械油或变压器油等)中加入两种(或两种以上)复合缓蚀剂、成膜剂、稀释剂等多种添加剂,形成防锈油。防锈油封存是目前军用动力机械常用的防锈涂敷层。

1. 防锈油的特性

防锈油比早期使用的炮油具有显著的优越性。

(1)油膜薄

膜层均匀透明,其膜层一般为 10～20μm,最薄可达 3μm。

(2)用油少

在同样涂油面积上,薄层防锈油用量仅为炮油的 1/200,虽然防锈油价格贵 4～5 倍,但防锈油的实际费用比炮油便宜。

(3)防锈效果好

由于防锈油一般都加有多种效能的缓蚀剂,所以它是多功能防锈油,不仅对钢有较好的防锈能力,而且对铸铁、铝、铜、黄铜都有较好的防锈能力。例如,某装备涂敷硬膜 2 号防锈油后,装备在库房存放 15 年仍然完好无锈,而在同样库房内,用炮油封存的装备均出现不同程度的锈蚀,有的甚至报废。

(4)施工简单

防锈油既可喷涂,又可刷涂,不必另行加热。特别是除油启封方便,一般只要用毛巾蘸一些汽油轻轻一擦即可,这从根本上解决了启封问题。对于极薄防锈油,在紧急情况下,不用除油就可使用,这样既减轻了工作量,又节省了大量的人力和物力成本,从而提高了装备的战斗力。

2. 防锈缓蚀剂作用机理

防锈缓蚀剂是防锈油的主要功能组分。缓蚀剂是一种以适当的浓度和形式存在于环境(介质)中,可以防止或减缓腐蚀的化学物质或复合物。

缓蚀剂作用过程如下:当防锈油涂到金属表面时,由于缓蚀剂和金属表面的吸附作用,缓蚀剂极性分子呈定向排列,其极性部分指向金属,并牢固地吸附在金属表面,非极性部分向外溶于油分子群中,共同形成一层排列紧密的吸附膜,从而阻缓了腐蚀介质对金属的侵蚀,缓蚀剂极性分子在定向排列时,还能吸附汗液中的无机盐类,使盐类溶解并扩散到油中,防止金属生锈。

此外,由于缓蚀剂分子极性部分较水分子的极性更强,当把防锈油涂于金属表面时,缓蚀剂还能把金属表面吸附的水分子置换掉,油溶性缓冲剂在防锈油中增加了油膜的分子密度,形成更加紧密的膜层,能增加与金属之间的吸附力,因此提高了油膜抗外部腐蚀介质侵蚀的能力。

3.防锈油的使用

防锈油主要用于没有镀层、涂层保护的金属表面。选择防锈剂时必须考虑装备的所有材料种类,特别是要考虑所有金属和非金属材料的种类和性质是否与所选防锈剂中各种成分相溶,还要考虑装备需要涂敷防锈剂的必要性和封存期长短要求。例如:铜、镍、铬或其他耐蚀的合金材料在非关键部位可不用防锈油;纺织品、绳索、橡胶、塑料、云母、皮革及皮革制品等易受防锈剂的损害,在无特殊规定的情况下不应使用防锈剂;某些类型的电气和电子设备(如电容器、配电盘、电机转子等)涂敷防锈剂时,要采取屏蔽措施。

(1)协同使用

所谓协同使用,是指使用两种(或两种以上)复合缓蚀剂,比其中任何一种缓蚀剂单独使用具有更为优良的效果,但是必须要指出:两种缓蚀剂同时使用时,应该注意避免混合型缓蚀剂因吸附速度差异造成对某些金属保护的同时,又使另一些金属遭到腐蚀。而复合协同缓蚀剂,一旦在防锈介质中分解,不同防锈基团就会各自与其亲合的金属进行优先吸附,从而达到同时协同保护的作用。

(2)防锈油层厚度

实践证明,并不是防锈油层越厚,防锈效果就越好。关键是必须选择极性很强的缓蚀剂作为薄层防锈油的添加剂,这样就能增加油分子与金属表面的结合力,也就控制了阳极过程的进行,因而就有较好的防锈效果。当前对于防锈油层厚度问题的研究向着薄层、超薄层和极薄层方向发展。

(3)添加剂的浓度

配制防锈油时,添加剂的使用量应有一定的限度,过高并不能提高性能,反而是一种浪费。一般极薄防锈油,其中缓蚀剂含量只需10%左右。

5.3.3 环境控湿技术

对于靶场测控装备而言,除了以上两种防潮维护技术外,也会注重研究电子设备,特别是试验专用板卡以及电子元器件的存放环境,对其进行潮湿控制,即所谓的环境控湿技术。环境控湿的方法有两种:一是静态除湿法,二是动态除湿法。

1.静态除湿法

静态除湿法是在密闭的空间放置一定数量的干燥剂,吸附空间内的水分,达到控制湿度的目的。干燥剂是一种吸附脱水剂,通过毛细作用从周围吸附水分,并将其凝聚后以液态保持在吸附表面和毛细表面。目前干燥剂的种类很多,常用的干燥剂有硅胶、分子筛、活性氧化铝,此外,蒙托土和氯化钙也可用作干燥剂。

(1)硅胶

硅胶是一种非晶体状的化合物,其主要的化学成分是二氧化硅($SiO_2 \cdot xH_2O$)。一般硅胶中 SiO_2 含量可达 99%。它是由硅酸钠与硫酸或盐酸,经硅凝、洗涤、干燥以及焙烘而成,市售硅胶一般含有 3%~7%的水。硅胶具有多孔性和高表面积结构,1g 粗孔硅胶总表面积可达 $35m^2$,细孔硅胶表面积可达 $750 \sim 800\ m^2/g$,故它是一种极佳的吸附剂。它亲水特性强,但不溶于水,具有较高热稳定性和化学稳定性。硅胶质坚硬,具有不燃、不爆、无毒、无臭以及无腐蚀等特性,是一种优良的干燥剂。

硅胶品种很多,根据其组成和结构的不同,有着不同的吸湿能力和用途。国产硅胶用作干燥剂的有粗孔球形硅胶以及细孔球形硅胶、变色球形硅胶、粗孔块状硅胶、细孔块状硅胶等,其中常用粗孔球形硅胶、细孔球形及变色球形硅胶作为干燥剂。

硅胶的吸湿能力受温度和相对湿度的影响,一般温度在 20~30℃条件下硅胶吸湿能力最佳。温度超过 30℃后,其吸湿能力随着温度的增高而下降;温度达到 90℃以上时硅胶已基本丧失吸湿能力。在不同相对湿度条件下,硅胶的吸湿能力也大不相同。硅胶吸湿率和相对湿度的关系见表 5-2。

表 5-2　硅胶吸湿率和相对湿度的关系

硅胶名称	相对湿度 %	吸湿率 %	硅胶名称	相对湿度 %	吸湿率 %	硅胶名称	相对湿度 %	吸湿率 %
细孔球形硅胶	20	6~10	细孔块状硅胶	20	10~11	变色球形硅胶	20	≥9
	40	14~20		40	20~22		35	≥13
	80	32~34		80	32~33		50	≥23

(2)分子筛

分子筛是一种优异的高效能选择性超微孔吸附剂,同时也是性能优异的催化剂和催化剂载体。

分子筛化学通式为

$$Me_{(x/n)}\left[(AlO_2)_x(SiO_2)_y\right] \cdot mH_2O$$

式中:Me 为金属阳离子;x/n 为能置换的阳离子 Me 数;m 为包藏水的分子数。

分子筛晶格内部含有大量的包藏水,高温处理后水分失散,晶格框架内部就形成了呈网状密布的微孔,比表面积很大(内表面积为 $700 \sim 800\ m^2/g$,外表面积为 $1 \sim 3\ m^2/g$),从而具备了很强的吸附能力,尤其是它能在低浓度吸附质情况下保持很高的吸附量,这是其他吸附剂所不能比拟的。分子筛利用其微孔孔径的均一性,把小于孔径的分子吸进孔内,把大于孔径的分子阻挡在外,以筛分子的方式把分子大小不同的物质分离开,"分子筛"之名也由此而来。

在可吸附的前提下,分子筛的吸附性又有以下两个特点:

1)按分子极性大小的选择吸附,即当分子相同时,分子筛优先吸附极性较大的分子;

2)按分子不饱和程度的吸附,分子筛对不饱和性的有机物分子具有较高的亲和性,吸附能力随分子的不饱和性增加而增高。

分子筛化学性能稳定,不溶于水及有机溶剂,一般可溶于强酸、强碱。各种型号的分子筛由于组成及晶格结构的不同而形成严格一致的孔径和极性,所以各型分子筛吸附的物质以分子大小划分范围。为了满足实际应用的需要，通常是在粉末分子筛中加入一定数量的黏合剂，塑合成球形、条形、片形或不规则颗粒。

按化学组成和晶格结构的不同，分子筛可分为几十个品种。我国目前普遍生产和广泛应用的分子筛有：A 型、X 型和 Y 型三个品种。

A 型分子筛可用高岭土作黏合剂来合成，化学通式为 $Na_{12}[(AlO_2)_{12}(SiO_2)_{12}] \cdot 27H_2O$；

X 型分子筛，化学通式为 $Na_{86}[(AlO_2)_{86}(SiO_2)_{406}] \cdot 264H_2O$；

Y 型分子筛，化学通式为 $Na_{56}[(AlO_2)_{56}(SiO_2)_{436}] \cdot 250H_2O$。

分子筛的吸湿能力在高温、低湿条件下要明显优于普通干燥剂，但是在高湿条件（相对湿度大于 40%）下吸湿能力不如硅胶。

（3）活性 Al_2O_3

活性 Al_2O_3 又名铝凝胶，是一种疏松的多孔性吸附剂。同硅胶相比，其价格较贵。它是由具有多晶相的 Al_2O_3 在不同温度下处理，使其晶格发生变化而制得的活性水合物。化学成分中：$Al_2O_3 > 90\%$，$NaOH < 8\%$，其余为 SiO_2、Fe_2O_3、CaO 等。成品呈弱碱性。

活性 Al_2O_3 在失水过程中形成较大的内部活性表面积结构，比表面积达 $200 \sim 350 \ m^2/g$，因而具有较强的吸附性。活性 Al_2O_3 不仅具有大的表面积，还具有较高机械强度，化学性能稳定，耐高温、抗腐蚀，主要用作吸附剂和催化剂载体。

2. 动态除湿法

动态除湿是通过对被控空间湿度连续地或间断地检测与控制，将被控空间的湿度保持在一定范围内，实现对设备器材进行干燥存放的目的。对于布置在沿海地区站点的测控装备，由于高湿的恶劣环境会导致电子方舱内灌入大量的潮湿空气，如果单纯进行静态吸湿，很难达到效果，可用动态吸湿法，在较短的时间内去除空间内的大部分水分，从而为静态吸湿打好基础。

动态除湿具体分为三种方法：

1）制冷法。将要除湿的空气送经冷却器，当空气冷却时，它所含的水分因冷凝而变成水滴排出。运用制冷法除湿，仅适宜被干燥的空气温度下降不太低的情况。例如，在热带或亚热带气候或有加热设施的前提条件下。

2）加热法。运用加热法除湿，仅需在除湿空间提高空气温度即可。这种方法无需从空气中排除水分，就可使其相对湿度降低，通常需要相当高的温度，因此不常用.

3）控湿箱法。其主要优点是可以同时存储多个板卡和备品备件，其内部温度和湿度可根据需要进行智能调控，能够使其内部环境始终满足设备存储的技术要求，同时还具备固定、防震等功效。控湿箱如图 5 - 9 所示。

图 5 - 9 控湿箱

3. 除湿机法

除湿机可以直接吸收空气中的水分,从而达到降低空间湿度的目的。除湿机通常直接放置在需要除湿的空间内,使用方便,效果明显,并且除湿机体积较小,质量较轻,因此可随车辆携行,是野外站点测控装备通常采用的控湿方法。除湿机如图 5-10 所示。

图 5-10　除湿机

需要注意的是,使用除湿机时要及时检查除湿机储水箱的水量情况,防止储水箱中的水满,导致除湿机无法正常工作。一般除湿机上都会装有水量显示装置,当储水箱中的水满时,除湿机上的水量显示灯就会变红,这时就要倒出储水箱中的水,以保证除湿机继续工作。

5.4　防晒隔热维护

温度是影响野外测控装备性能变化的另一个重要环境因素,太阳辐射是地面的主要能量来源,也是地面热量平衡的重要因素,它对气候的形成和温度分布起着至关重要的作用。测控装备在野外工作的过程中,无论是其直接受到的热辐射,还是环境温度的升高,这些热量都来源于太阳辐射。太阳辐射是测控装备在野外工作的主要热源。

5.4.1　太阳辐射对装备作用效应

太阳辐射对装备的作用效应主要表现为光的热作用效应和化学作用效应。

1. 光的热作用效应

物体吸收太阳的辐射能后就会将其转化为热能,从而促使自身温度升高。在野战条件下,由于辐射的直接作用或是通过外界大气的热传导和热对流作用,装备的环境温度也会不断升高。测试表明,在未采取遮盖措施的情况下,当外界温度为 30℃时,密封的机箱温度可达 40℃以上。温度对装备的作用效应主要表现为以下几个方面:

(1)金属腐蚀

空气温度对金属腐蚀的影响,只有在相对湿度较高的情况下才比较明显,温度越高腐蚀速度也越快。当相对湿度一定时,温度对金属腐蚀速度的影响呈 1.054^t 倍增长,温度升高 10℃,则腐蚀速度增加 0.692 倍。这是因为当温度升高时,金属电化学腐蚀中的 OH^- 扩散速度加快,使电解液电阻下降,从而提高了电化学腐蚀速度。温度的变化对金属及其制品腐蚀影响较大,特别在夏季,昼夜温差较大,白天温度较高,夜间温度急剧下降,就很可能引起金属表面"出汗",即形成水淞,加速了金属制品的腐蚀。

（2）高分子材料老化

虽然大气环境中的温度并不高,但是在光、氧等因素的参与和配合下,热的因素对高分子材料的老化就起加速作用,温度越高,加速作用就越大。另外,一天当中大气的温度也是不断变化的,特别是野外的昼夜温差较大,这种冷热交替的作用对某些高分子材料的老化也会产生一定的影响。

（3）电子元器件失效

装备中的电子产品大多是由金属和有机物组成的,高温是降低电子及磁性元器件可靠性的一个因素。温度的上升,材料的化学、物理活性增大,导致产品的失效率增大。例如,在均匀受热的情况下,会引起老化、绝缘损坏、氧化、气体膨胀、润滑剂的黏度下降以及结构上的物理性断裂、电解质干枯等,这些都会导致产品性能退化,发生退化失效。

2. 光的化学作用效应

测控装备结构复杂,广泛应用塑料、橡胶、纤维、涂料以及黏合剂等有机材料。在光波的作用下,有机材料分子会吸收光子和其能量,引发材料内发生一系列反应。有机材料受光的照射,是否会引起分子链的断裂,取决于光能与键能的相对大小及高分子化学结构对光波的敏感程序。表5-3列出了各波段光的能量值和一些常见的化学键的键能。从表5-3所列数据可见,除了C＝C外,大多数组成有机材料的分子键能和200～4 200nm波长范围内的光波能量相当,特别是小于300nm紫外波段能量高于构成常见有机材料分子的键能。

表5-3　各波段光的能量值和键能值

波长/nm	200	254	300	380	420	470	530	580	620	700
能量/ $(kJ \cdot mol^{-1})$	595.5	471.0	396.9	314.8	283.6	253.5	224.8	205.3	192.1	170.2
化学键	O—H	C—F	C—H	N—H	C—O	C—C	C—Cl	C—N	C—S	C＝C
键量/ $(kJ \cdot mol^{-1})$	460.5	441.2	414.5	389.3	364.3	347.9	328.6	290.9	276.3	615.3

事实上,由于不同波长光的作用效果不同,将会造成不同的分子降解类型。常见的有机材料都会有一个或几个敏感波段。表5-4是几种常见有机材料的敏感波长。由表5-4可见,敏感波段大都位于400 nm以内。

表5-4　常见有机材料的敏感波长

材料	敏感波长/nm	材料	敏感波长/nm
聚碳酸酯 PC	280～350及330～360	聚甲基丙烯酸甲酯 PMMA	290～315
聚乙烯 PE	300	聚酯 PET	325
聚氯乙烯 PVC	320	ABS	300～310
聚苯乙烯 PS	318	聚氨酯 PU	350～415
聚丙烯 PP	300	尼龙 PA	290～315

发生化学反应的情况可由发生反应的有机材料分子和被吸收光子数的比值(称为量子产率)衡量,通常为 $10^{-2} \sim 10^{-5}$。光老化的结果是有机材料物理和力学性能劣化。但需要说明的是,有机材料的光老化不仅和分子键能有关,有机材料制品中的一些填料、助剂及改性剂等,也会受到光的作用。

5.4.2　常用的防热技术

常用的防热技术方法包括遮阳隔热技术、涂料隔热技术和通风散热技术。

1. 遮阳隔热技术

遮阳隔热是利用外围护结构的附加物遮挡太阳辐射,防止阳光过分照射外围护结构或通过门窗进入室内,减少外围护结构表面的热量及传入室内的太阳辐射热量,从而达到改善室内热环境的目的。遮阳设施的隔热作用主要体现在以下两个方面:一是通过遮蔽不透明或透明表面来限制太阳辐射进入室内;二是限制散射辐射和反射辐射进入室内。

遮阳按形式大体上可分为选择性透光遮阳和遮挡式遮阳。选择性透光遮阳是利用窗玻璃或粘贴在玻璃上的膜等对阳光具有选择性吸收、反射(折射)和透射特性的材料来控制太阳辐射的一种遮阳方式。常见的有热反射型镀膜玻璃、吸热型有色玻璃、低辐射玻璃和贴在窗玻璃上的热反射薄膜等。遮挡式遮阳是利用遮阳设施阻挡阳光进入室内,如利用外廊、阳台等结构来遮挡直射阳光、实现遮阳隔热。常见的形式有水平式、垂直式、挡板式、综合式遮阳和内外遮阳帘式 5 种。

2. 涂层隔热技术

隔热涂料是通过阻隔、反射、辐射等方式来降低被涂物内部的热量积累,从而达到改善工作环境或安全等目的的一种功能性涂料。一般将隔热涂料分为阻隔型、反射型和辐射型隔热涂料 3 类。

(1)阻隔型隔热涂料

阻隔型隔热涂料的隔热机理比较简单,通常以表观密度小、内部结构疏松、气孔率高、含水率小的材料作为轻骨料,利用黏结剂作用使其结合在一起,直接涂抹于装备或墙体表面,形成具有一定厚度的保温层,从而达到隔热保温的功效。常用的保温轻骨料通常有膨胀珍珠岩、膨胀蛭石、发泡聚苯乙烯、空心微珠和矿岩棉等。目前,使用最多的是玻璃或陶瓷空心微珠。对于掺入中空微珠的复合材料,一方面,中空微珠导热系数低,当热流遇到中空微球时将会出现分流,使空心微珠在成膜过程中进行多级组合排列,形成一层热缓冲层,阻隔热量传递,从而获得良好的隔热效果。

(2)反射型隔热涂料

反射型隔热涂料就是通过反射可见光及红外光来隔绝太阳光能量。通过选择合适的树脂、颜填料及生产工艺,便可制得高反射率的涂层来反射可见光及红外光,以达到隔热的目的。反射型隔热涂料中的颜料、填料对太阳光的作用主要以散射为主,而散射比 m 定义为颜料与树脂折光系数的比值,即 $m = n_p / n_r$,式中:n_p 为颜料折光系数,n_r 为树脂折光系数。因此,颜料和树脂折光系数的比值越大,涂料对太阳辐射的散射能力就越强,反射能力也越强。一般情况下,树脂的折光系数为 $1.45 \sim 1.5$,差别不大。所以要达到高散射比,必须选择折光系数高的颜料,几种常见颜填料的折光系数见表 5 - 5。从表 5 - 5 中可以看出,金红石型钛白粉折射率最高,对可见光有强烈的反射,因此隔热效果最好。

表 5 - 5　常见颜填料的折光系数

颜填料	折光系数	颜填料	折光系数
TiO_2（金红石型）	2.8	$BaSO_4$	1.64
TiO_2（锐钛型）	2.52	$MgSO_4$	1.58
ZnO	2.2	SiO_2	1.54
锌钡白	1.84	Al_2O_3	1.7
滑石粉	1.59	Fe_2O_3	2.3

(3)辐射型隔热涂料

通过辐射的形式把物体吸收的日照光线和热量以一定的波长发射到空气中,从而达到良好的隔热降温效果的涂料,称为辐射型隔热涂料。辐射隔热涂料是通过使抵达物体表面的热辐射转化为热反射电磁波辐射到大气中而达到隔热的目的,因此此类涂料的关键技术是制备具有高热发射率的涂料组分。

红外涂层的光谱发射率可表示为

$$\left.\begin{array}{l} \varepsilon_\lambda = (1-R_e) - \dfrac{(1-R_e)^2(1-F)}{(1-F)(1-R_e)+2n^2F} \\[3mm] F = \sqrt{\dfrac{A}{A+2S}} \end{array}\right\} \qquad (5-1)$$

式中：R_e 为涂层表面反射率；n 为折射率；A 为吸收系数；S 为散射系数。

通过对该公式求偏微分可知,要提高涂层的红外发射率,关键因素是降低散射系数 S,提高吸收系数 A。研究表明,通过合理选材、调整工艺,可以控制微晶的成核生长,使微晶粒呈细密分布,大幅降低散射系数 S;利用杂质效应,可以提高吸收系数 A。

3. 通风散热技术

采用通风的方法对物体进行散热主要是通过热压和风压两种作用来实现的,热压和风压通风原理如图 5 - 11 所示。

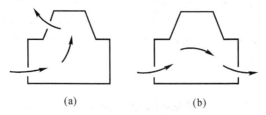

图 5 - 11　热压和风压通风原理
(a)热压作用；　(b)风压作用

(1)热压通风原理

当室内外空气存在密度差时,密度小的空气向上运动,密度大的空气向下运动而形成的自然通风,这一过程称为热压作用的自然通风。室内空气由于围护结构的传热、辐射或太阳的直接辐射而吸收大量的热,当其温度高于室外空气温度时,可以利用热压的抽吸作用或烟囱效应,将室内的热空气排出、室外的冷空气引入,以达到降温的目的。

根据空气膨胀系数 β 的定义,热压通风压力的计算公式可以表示为

$$\Delta p = \rho_0 gh\beta(T_n - T_0) \tag{5-2}$$

式中:ρ_0 为室外的空气密度(kg·m^{-3});h 为进出气流中心的高度(m);T_n,T_0 为室内外的平均气温(K)。

(2)风压通风原理

风压通风是利用建筑的迎风面和背风面之间的压力差实现空气的流通,达到降温效果的。当室外气流与建筑物相遇时,由于建筑物的阻挡,建筑物四周室外气流的压力分布将发生变化,迎风面气流受阻,动压降低,静压增高,形成正压区;在背风面及屋顶和两侧,静压减小,形成负压区。如果建筑物上开有窗孔,气流就从正压区流向室内,再从室内向外流至负压区,形成风压通风。

风压通风的压力主要取决于风速和由建筑各面尺寸及其与风向间的夹角所决定的风压系数,可表示为

$$\Delta p = \frac{1}{2}\rho(C_{p1}v_1^2 - C_{p2}v_2^2) \tag{5-3}$$

式中:Δp 为风压(Pa);ρ 为空气密度(kg·m^{-3});C_{p1},C_{p2} 分别为迎风面和背风面的风压系数;v_1,v_2 分别为迎风和背风风口的风速(m·s^{-1})。

4. 绿化隔热技术

绿化隔热是一种常见的防热手段,特别是在建筑物的环境降温中得到了广泛的应用。绿化之所以能起到降温作用,主要在于绿色植物能够遮挡并吸收太阳辐射能。一方面,植物冠盖、叶片通过散射和反射作用将部分太阳热传回大气中,减少了物体表面对太阳辐射热的吸收;另一方面,绿色植物通过自身的光合作用,将吸收的太阳辐射热转化为化学能,并通过蒸腾作用从周围环境中吸收大量的热量,从而改善热环境。

5.5　电磁干扰防护

在现代社会中,随着不同电子装置的广泛使用,各种形式的电磁干扰(Electromagnetic Interference,EMI)对无线电设备的影响日益严重,有时能直接影响系统的信号质量,降低信号的信噪比。无线电信号在传输过程中,需要一定的信号噪声比,简称"信噪比"。电磁干扰越大,将越会影响无线电信号的质量,从而使信噪比下降,导致无线电设备的有效性能和技术指标下降,进而会使无线电通信距离变短。如人们收看电视时,由于电磁干扰的影响,电视屏幕的图像抖动、扭曲、变形和出现雪花状;人们收听广播时,因电磁干扰的影响,收音机发出叽叽声,无法正常收听。

另外,无线电设备控制系统受到电磁干扰时,可能会出现失控、误控等现象,使控制系统的可靠性和有效性降低,并危及安全。因此,提高系统的抗干扰能力和加强无线电设备在实际应用中对电磁干扰的防范措施显得尤为重要。

1. 电磁干扰途径

任何电磁干扰问题均可分解为干扰源、干扰传导途径和干扰感受体三个方面,即所谓的干扰三要素。如图 5 - 12 所示。

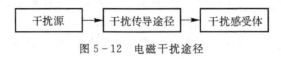

图 5 - 12　电磁干扰途径

(1)干扰源

在实际设备工作中,我们常见的干扰源大体有三种,第一种是在电子设备及控制系统外部产生的干扰源:如雷电、无线电雷达发射或接收天线所辐射的电磁能量、广播电视系统、导航系统、正弦波信号源和电磁脉冲等产生的干扰源;第二种是电子设备及控制系统内部产生的干扰源,如由于电压电流突变、配线阻抗、振荡电路互联、元件或电路的耦合等产生的干扰源;第三种是电缆或传导线相互间的串扰。

(2)干扰传导路径

电磁噪声从干扰源传输到被干扰的感受体有两种基本途径:辐射干扰和传导干扰。辐射干扰是指干扰源通过空间把其信号耦合(干扰)到另一个电网络的过程。传导干扰是指干扰源通过传导线把信号耦合(干扰)到另一个电网络的过程。

由上述三种干扰源在辐射干扰的传导途径中会将产生九种不同组合,即天线对天线、天线对机壳、天线对传导线、机壳对天线、机壳对机壳、机壳对传导线、传导线对天线、传导线对机壳以及传导线对传导线。这九种电磁干扰途径所产生的影响并不完全相同,其中只有三种途径所产生的干扰比较严重。一是如果设备含天线,且处理信号是以载波形式输送,则天线对天线的辐射路径为主要干扰路径;二是若干扰源含天线设备,而被干扰端或接收端并没有天线设备,则主要干扰途径为天线对传导线;三是若设备间的位置相当靠近,且导线间的间隔很小,则主要干扰路径为传导线对传导线。

另外,传导干扰也是有可能引起干扰的主要途径。大体可以分为两类:一类是干扰源直接经实际导线干扰附近电子设备。这一类电磁干扰经常借电力供应传输干扰其他的仪器设备,如开关式的电源供应器的高频噪声或电力线上的浪涌都常经电力线干扰其他的电子设备。另一类是电路或网络间的共用阻抗或许多仪器设备的接地位置不在同一点上,这也会产生电磁干扰。仪器越多,安装位置越复杂,则电磁干扰就越趋于严重,传导干扰中的共同阻抗传播干扰途径如图 5 - 13 所示。

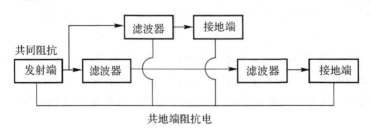

图 5 - 13　传导干扰中的共同阻抗传播干扰途径

(3)干扰感受体

感受体是指电磁干扰危害的对象。有了干扰,还必须要有干扰感受体(即被干扰的对象),才能造成干扰源的危害。如果没有感受体,也就不存在所谓的干扰影响、干扰危害。

因此,抑制防护电磁噪声对设备所造成的干扰问题时,要先针对上面所谈到的三个因素,即了解电磁干扰源是什么,传导路径有哪些,而哪些才算是电磁干扰的感受体。然后,将电磁干扰问题分段解决:

1)尽量把电磁干扰抑制在干扰源附近;

2)降低感受体对电磁干扰的反应;

3)减少传导路径对电磁的传输量。

2. 电磁干扰的防范措施

无线电设备及控制系统在进行电磁兼容性设计时,需要研究分析设备可能产生干扰的部位,可能传输干扰的路径和可能接受干扰的敏感元件,并有针对性地采取抑制电磁干扰的方法。抗电磁干扰的防范措施主要有三种:滤波、屏蔽、接地。

(1)滤波

因为设备或系统上的电缆是最有效的干扰接收和发射天线。许多设备单台做实验时没有问题,当两台或多台设备连接起来以后,就不满足电磁兼容的要求了,这就是电缆起了接收和发射天线的作用。唯一的措施就是加滤波器切断电磁干扰沿信号线或电源线传播的路径,即用滤波的方式抑制电磁的传导干扰。敏感电子设备通过电源线、电话线、控制线、信号线等传导电磁干扰信号。对于传导干扰常采用低通滤波器滤波,可以得到有效的抑制。但当进行电磁兼容设计时,必须考虑滤波的特性:频率特性、阻抗特性、额定电压及电压损耗、额定电流、漏电电流、绝缘电阻、温度、可靠性和外形尺寸等。

通常采用无源集中参数元件滤波器和同轴吸收滤波器作低通滤波器。无源集中参数元件滤波器则采用电感线圈和电容组成电容式、电感式、Ⅱ型、T 型、L 型以及 C 型滤波器,它可以有效地抑制低频、中频电磁干扰,其抑制的频率可达 300MHz。同轴吸收滤波器作低通滤波器,则在电源进出线所穿的钢管中填充吸收介质,如铁氧体材料,或在电源线上穿上磁铁、磁管等损耗型铁氧体,把瞬变能量转换成热能量消耗掉,从而达到抑制干扰的目的。

(2)屏蔽

屏蔽是用来减少电磁场向外或向内穿透的措施,一般常用于隔离和衰减辐射干扰。屏蔽按其原理分为静电屏蔽、电磁屏蔽和磁屏蔽 3 种。

1)静电屏蔽。静电屏蔽的作用是消除两个电路之间由于分布电容耦合产生的电磁干扰,屏蔽体采用低电阻的金属材料制成,屏蔽体必须接地。

2)电磁屏蔽。电磁屏蔽的作用是防止高频电磁场的干扰,屏蔽体采用低电阻的金属材料制成,利用屏蔽金属对电磁场进行吸收和反射,以达到屏蔽的目的。

3)磁屏蔽。磁屏蔽的作用是防止低频磁场的干扰,屏蔽体采用高导磁、高饱和的磁性材料来吸收或损耗电磁场,以达到屏蔽的目的。

电磁干扰的影响与距离的关系非常密切,距干扰源越近,干扰场强越大,影响越大。在无线电设备中,电子元件的布置常受体积限制,常采用低电阻金属材料或磁性材料制成封闭体,把防护间距不够的元件或部位隔离起来,以减少或防止静电或电磁的干扰。

(3)接地

在无线电设备或装置中,接地是为了使设备或装置本身产生的干扰电流经接地线流入大地,一般常用于对传导干扰的抑制。理想的接地是一个零电位、零阻抗的物理实体,作为各有关电路中所有信号电平的参考点,任何不需要的电流通过它都不产生电压降。这种理想的接地实体实际上是近似的。

另外,对于不同无线电设备,对其电磁兼容的要求有相应的标准,在进行设计的时候,对不同的干扰源,应采用相应的干扰抑制措施,使无线电设备在其电磁环境中能正常工作,同时又对周围的事物不造成电磁干扰。

5.6 软件使用维护

1. 软件维护与开发的区别

虽然维护可以被看作是新开发活动的继续,但是两种活动之间还是有本质上的差别。开发活动要在一定约束的条件下从头开始实施,而维护活动必须在现有的限定和约束条件下实施。为了便于理解重新开发和软件维护之间的差别,可以把在一个现有的系统中增加功能需求比作在一栋大楼中增加新的房间,增加新的房间时,建筑设计师和建筑工人必须小心,不能削弱现有结构。虽然新房间成本通常低于建造全新大楼的成本,但是单位面积成本可能会高很多,因为需要拆除现有的墙,重新铺设管路和电路,还要特别注意不能破坏现场。

2. 影响软件维护活动的因素

为了控制软件维护活动,提高维护工作的效率,需分析影响软件维护的因素:

1)软件规模。软件维护的工作量与软件规模成正比。通常,规模越大,所执行的功能越复杂,理解掌握起来越困难,因而需要更多的维护量。软件的规模可以由源程序的语句数量、模块数、输入输出文件数、数据库的规模以及输出的报表数等指标来衡量。

2)程序设计语言。软件维护工作量与软件使用的开发语言有直接关系,使用功能强的程序设计语言可以控制程序的规模。语言的功能越强,生成程序所需的程序指令就越少;语言功能越弱,实现同一功能所需的语句就越多,程序就越大。有许多软件是用较老的程序设计语言书写的,程序逻辑结构复杂且混乱,而且没有做到模块化和结构化,直接影响到程序的可读性。通常,高级语言编写的程序比低级语言编写的程序易于维护。

3)开发技术。软件开发时,若使用能使软件结构比较稳定的分析与设计技术(如面向对象技术、复用技术等),可提高软件的质量,减少工作量,减少维护费用。

4)软件年龄。软件年龄越大,修改的内容可能越多,不断地修改,会使软件的结构越来越乱。

5)文档质量。许多软件项目在开发过程中不断地修改需求和设计,但是文档没有进行同步修改,造成交付的文档与实际软件不一致,使人们今后参考文档对软件进行维护时,出现许多误解。

6)特殊软件。有些软件用于一些特殊的领域,涉及一些复杂的计算和模型,这类软件的维护不仅需要具备计算机软件知识,还要具备专门的业务知识,通常这类软件的维护成本更高。

7)软件结构。概要设计时,遵循高内聚、低耦合、信息隐藏等设计原则,使软件的设计具有优良的结构,能够为今后的维护带来方便。

8)编程习惯。软件维护时,通常要理解别人写的程序,如果开发人员按照编写规范编写程序,配有足够多的注解,并且程序结构清晰、简单,则这样的程序易于维护。

9)人员变动。由原开发人员参与软件维护是一个较好的策略,但是在软件的生命周期中,人员变动是不可避免的,有时候这也是一个软件彻底报废的原因之一。

此外,许多软件待开发时,对未来的修改考虑不足,这给软件的维护带来许多问题。

3. 软件维护的内容

软件维护并不仅是改正缺陷。按照软件维护的目标,软件维护可以分为如下几类。

(1)改正性维护(Corrective Maintenance)

软件在交付使用后,由于在开发时测试得不彻底、不完全,必然会有一部分错误隐藏在程序中。这些隐藏的错误在某些特定的使用环境中就会暴露出来。为了识别和纠正软件错误,改正软件性能上的缺陷,排除实施中的误使用,应当进行诊断和改正错误,这个过程就叫作改正性维护。例如,改正原来程序中未使开关复原的错误、解决开发时未能测试各种可能情况带来的问题、解决原来程序中遗漏处理文件中最后一个记录的问题等。

(2)适应性维护(Adaptive Maintenance)

随着计算机技术的飞速发展,外部环境(新的硬、软件配置)或数据环境(数据库、数据格式、数据输入/输出方式、数据存储介质)可能发生变化,为了使软件适应这种变化而修改软件的过程叫作适应性维护。例如,为了现有的某个应用问题构建一个数据库、对某个指定的事物编码进行修改、增加字符个数、调整两个程序使它们可以使用相同的记录结构、修改程序使其适用于另外一个终端等。

(3)完善性维护(Perfective Maintenance)

软件在使用过程中,用户常常会对软件提出新的功能和性能要求。为了满足这些要求,需要修改或再开发软件,以扩充软件功能、增强软件性能、提高软件工作效率和软件的可维护性,这种情况下的维护叫完善性维护。例如,缩短系统的响应时间,使其达到特定的要求;把现有程序的终端对话方式加以改进,使其具有方便用户使用的界面;改进图形输出;增加联机求助功能;为软件运行增加监控功能等。

(4)预防性维护(Preventive Maintenance)

除上述 3 类维护之外,还有 1 类维护活动,叫作预防性维护。这是为了提高软件的可维护性、可靠性等,为以后进一步改进软件打下良好基础。预防性维护是"把今天的方法用于昨天的系统以满足明天的需要"。也就是说,采用现在先进的软件工程方法对需要维护的软件或软件中的某一部分进行(重新)设计、编制和测试。

在整个软件维护阶段所花费的全部工作量中,预防性维护只占很小的比例,而完善性维护占了几乎一半的工作量,如图 5-14 所示。而且研究显示,软件维护活动所花费的工作量占整个软件生存工作量的 70% 以上,这是由于在漫长的软件运行过程中,需要不断对软件进行修改,以改正新发现的错误,适应新的环境和用户新的要求,这些修改需要花费很多精力和时间,而且有时修改不正确,还会出现新的错误。同时,软件维护技术不像开发技术那么成熟,也是工作量较大的原因之一。

4. 软件的可维护性

许多软件的维护十分困难,因为这些软件的文档和源程序难以理解,又难以修改。从原则上讲,软件的开发工作应当严格按照软件工程的要求,遵循特定的软件标准或规范进行,但实际上往往由于各种原因并不能真正做到。例如,文档不全、质量差、开发过程不注意采用结构化方法、忽视程序设计风格等。因此,软件维护工作量加大,成本上升,程序出错率升高。此外,许多维护要求并不是因为程序出错而提出的,而是为适应环境变化或需求变化而提出的。由于维护工作面广,维护难度大,稍有不慎,就会在修改中给软件带来新的问题或引入新的差错。所以,为了使得软件易于维护,必须使软件具有可维护性。

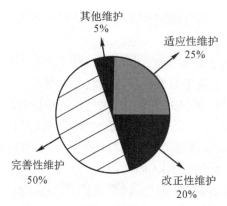

图 5-14　各类软件维护占总维护的比例

(1)可维护性的定义

软件可维护性是指纠正软件系统出现的错误和缺陷,以及为满足新的要求而进行的修改、扩充或压缩的容易程度。可维护性、可使用性、可靠性是衡量软件质量的几个主要特性,也是用户十分关心的几个方面。影响软件质量的这些主要因素,目前还没有对它们定量度量的普遍适用方法。但是就它们的概念和内涵来说,是很明确的。

软件的可维护性是软件开发阶段各个时期的关键目标。

目前广泛使用表 5-6 中的 7 个特性来衡量软件的可维护性。对于不同类型的维护,这 7 种特性的侧重点各不相同。表 5-6 显示了在各类维护中应侧重哪些特性。表中的"√"表示侧重的特性。

表 5-6　软件的可维护性及其在各类维护中的侧重点

特性	改正性维护	适应性维护	完善性维护
可理解性	√		
可测试性	√		
可修改性	√	√	
可靠性	√		
可移植性		√	
可使用性		√	√
效率			√

表 5-6 中所列举的这些质量特性通常体现在软件产品的许多方面,为使每个质量特性都

达到预定的要求,需要在软件开发的各个阶段采取相应的措施加以保证。也就是说,这些质量要求渗透到开发阶段的各个步骤当中。因此,软件的可维护性是产品投入运行以前各阶段,面向上述各质量特性要求进行开发的最终结果。

(2)提高可维护性的途径

软件的可维护性对于延长软件的生存期具有决定性的意义,因此必须考虑如何提高软件的可维护性。为了做到这一点,需要从下面 5 个方面着手。

1)建立明确的软件质量目标和优先级。

一个可维护的程序应是可理解的、可靠的、可测试的、可修改的、可移植的、效率高的以及可使用的。要实现所有的目标,需要付出非常大的代价,而且不一定可行。某些质量特性是相互促进的,例如,可理解性和可测试性,可理解性和可修改性。但另一些质量特性是相互抵触的,例如,效率和可移植性、效率和可修改性等。因此,尽管可维护性要求每一种质量特性都要得到满足,但它们的相对重要性应随着程序的用途及计算机环境的不同而不同。例如,对编译程序来说,可能强调效率;对管理信息系统来说,则可能强调可实用性和可修改性。所以,对程序的质量特性来说,在提出目标的同时还必须规定它们的优先级。这样有助于提高软件的质量,并对软件生存期的费用产生很大的影响。

2)使用提高软件质量的技术和工具。

A. 模块化。

模块化是软件开发过程中提高软件质量、降低成本的有效方法之一,也是提高可维护性的有效技术。其优点是:

优点一:如果需要改变某个模块的功能,则只改变这个模块,对其他模块影响很小。

优点二:如果需要增加程序的某些功能,则仅需要增加完成这些功能的新的模块或模块层。

优点三:程序的测试与重复测试比较容易。

优点四:程序错误易于定位和纠正。

优点五:容易提高程序效率。

B. 结构化程序设计。

结构化程序设计不仅使得模块结构标准化,而且将模块间的相互作用也标准化了,因而把模块化又向前推进了一步。采用结构化程序设计可以获得良好的程序结构。

C. 提高现有系统的可维护性。

一是采用备用件的方法。当要修改某一个模块时,用一个新的结构良好的模块替换掉整个模块。这种方法要求了解所替换模块的外部(接口)特性,以有利于减少新的错误,并提供一个用结构化模块逐步替换非结构化模块的机会。

二是采用程序再造技术。这种方法采用如代码评价程序、格式重定程序、结构化工具等自动软件工作,把非结构化代码转化为良好结构化代码。使用这种方法产生的结构化程序的执行过程与结构化以前的原程序是一样的。它们都对相同的数据执行相同的操作顺序,原程序中存在的逻辑错误也会被继承下来。程序再造的过程分为 4 步:①对程序编译以确保没有语法错误;②借助结构化工具,重新构造程序源代码;③利用重定格式程序进行缩进和分段;④利用优化编译器重新编译源代码,提高程序效率。

三是改进现有程序不完善的文档。改进和补充文档的目的是提高程序的可理解性,从而提高其可维护性。程序文档工具很多,例如,HIPO 图、数据流图、Wamier 图等。利用文档工具可以建立或补充系统说明书、设计文档、模块说明书,以及在源程序中插入必要的注释。

四是使用结构化程序设计方法实现新的子系统。

五是采用结构化程序设计的思想和结构文档工具。提高现有系统的可维护性的一个比较好的方法是使维护过程结构化,而不是使现有系统重新结构化。

在软件开发过程中建立主程序员小组,实现严格的组织化结构,强调规范、明确领导以及职能分工,以改善通信、提高程序生产率;检查程序质量时,采取有组织分工的结构普查,分工合作、各司其职,以有效地实施质量检查。

3)进行明确的质量保证审查。

质量保证审查对于获得和维持软件的质量是一项很有用的技术。除了保证软件具备良好的质量外,审查还可以用来检测在开发和维护阶段内发生的质量变化。一旦检测质量出现问题,就可以采取措施来纠正,以控制不断增长的软件维护成本,延长软件系统的有效生命期。

为了保证软件的可维护性,有以下 4 种类型的软件审查:

A. 在检查点进行复审。

保证软件质量的最佳方法是在软件开发的最初阶段就把质量要求考虑进去,并在开发过程每一阶段的终点设置检查点进行检查。检查的目的是查看已开发软件是否符合标准,是否满足规定的质量需求。

B. 验收检查。

验收检查是一项特殊的检查,是交付使用前的最后一次检查,是软件投入运行前保证可维护性的最后机会。它实际上是验收测试的一部分,只不过它是从维护的角度提出验收的条件和标准。

C. 周期性的维护审查。

检查点复查和验收检查可用来保证新软件系统的可维护性。对已有的软件系统,则应当进行周期性的维护检查。

D. 对软件包进行检查。

软件包是一种标准化的,可为不同单位、不同用户使用的软件。软件包开发者考虑到其专利权,一般不会向用户提供源代码和程序文档。因此,要采用一定的方法对软件包进行维护。

4)选择可维护性的程序设计语言。

程序设计语言的选择对程序的可维护性影响很大。低级语言,如机器语言和汇编语言,难以理解和掌握,因此很难维护。高级语言比低级语言容易理解,具有更好的可维护性。但同是高级语言,可理解的程度也不一样。例如,COBOL 语言比 FORTRAN 语言容易理解,因为它更接近于英语;PL/1 语言比 COBOL 语言容易理解,因为它有更丰富、更强的指令集。

从建立良好结构的程序来看,各个语言之间也有差别。例如,老 FORTRAN 语言版本中的逻辑 IF 语句不允许 IF 语句嵌套,在 COBOL 语言中不提供局部变量,也没有构造结构模块的能力。为了补偿语言中的这种缺陷,人们研制了预处理器。程序员使用一个程序设计语言的"结构化"版本编制程序,现在机器上用预处理器把它转换成相应的非结构化语句,再进行编译。

第四代语言,例如,查询语言、图像语言以及报表生成器等,有的是过程化的语言,有的是非过程化的语言。不论是哪种语言,编制出的程序都容易理解和修改,而且其产生的指令条数可能要比 COBOL 语言或用 PL/1 语言编制出的少一个数量级,开发速度快许多倍。有些非过程化的第四代语言,用户不需要指出现实的算法,仅需要向编译程序或解释程序提出自己的要求,由编译程序或解释程序自己作出现实用户要求的职能假设。例如,自动选择报表格式、选择字符类型和图形实现方式等。

　　总之,从维护角度来看,第四代语言比其他语言更容易维护。程序设计语言对可维护性的影响如图 5 - 15 所示。

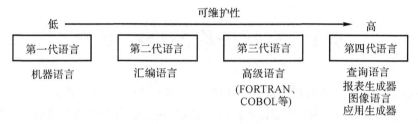

图 5 - 15　程序设计语言对可维护性的影响

5)改进程序的文档。

　　程序文档是对程序总目标、程序各组成部分之间的关系、程序设计策略以及程序实现过程的历史数据等的说明和补充。程序文档对提高程序的可理解性有着重要作用。

参 考 文 献

[1]　崔培枝,姚巨坤.再制造清洗工艺与技术[J].新技术新工艺,2009(3):25 - 28.

[2]　雷电的危害和预防[EB/OL].(2018 - 06 - 11)[2020 - 02 - 26].http://physt.cn/arti.

[3]　朱则刚.谈金属表面防腐涂料及其发展[J].涂料与应用,2008(3):26 - 32.

[4]　宣兆龙,易建政,杜仕国.金属防腐涂料的研究进展[J].现代化工,1999,4(6):26 -27.

[5]　常芹芹,陈祁敏.机械设备维护与保养实用技术[M].上海:化学工业出版社,2015:56 - 68.

[6]　于惠海.电磁干扰对无线电设备的影响及防范措施[J].科技视界,2014(21):84,177.

[7]　电子仪器仪表电磁干扰及抑制与防护[EB/OL].(2017 - 11 - 12)[2020 - 05 - 10].http://www.elecfans.

[8]　黄冬暖.对计算机软件维护的一点研究[J].电子世界,2014 (14):86.

[9]　王军.计算机软件可维护性方法研究[J].软件导刊,2010,9(7):12 - 13.

[10]　孙瑜.关于维护计算机软件相关问题的探讨[J].企业导报,2012(22):251.

[11]　李庆年.浅析计算机软件设计过程中的可维护性[J].现代教育科学:教学研究,2013(2):119.

[12]　杨兵.软件工程第十五讲[EB/OL].(2018 - 03 - 15)[2020 - 04 - 23].http://docin.com.

第6章　典型项目的维护保养

6.1　雷达天线的维护保养

测控装备雷达天线承担着靶场试验装备的测量、控制和通信等工作,责任重大,通过对雷达天线进行日常维护保养工作,保证设备的可靠稳定、达到防患于未然的目的,显得尤为重要。雷达天线一般由天馈系统、结构系统、驱动控制系统以及安全保护系统等组成,具有以下特点:

1)功能特点。雷达天线多为测控通信天线,一般具有收/发、跟踪功能,动态性能和精度高;

2)结构特点。雷达天线多采用方位-俯仰型天线座,反射面为抛物面反射器,结构紧凑,刚性好;

3)环境特点。雷达天线多处于高温度、多盐雾、湿气重等工作环境,三防要求高。

鉴于测控装备中雷达天线的结构特点和恶劣的作业环境,设备必须要定期检查与维护,以确保各项功能指标正常,从而顺利完成测控任务。根据雷达天线的特点,其维护与保养集中在结构表面、转动装置、安全保护系统和馈电系统等方面。

1. 结构表面的检查维护

雷达天线结构系统主要包括:天线主/副反射面及其附属结构、天线中心体以及天线座架。有的雷达天线还包括引导天线及其附属结构,备用发射小天线及其附属结构。

(1)表面防护失效检查维护

在设备检查维护过程中,由外及内,首先较直观地从外观上开始检查,检查天线表面涂覆层是否有变形、裂缝、破损、锈蚀以及油漆粉化情况。天线外漏部分长期受各种恶劣环境(如盐雾、潮气)的影响,很容易出现锈蚀,如果不及时进行处理或处理不细致,就会导致锈蚀扩大,影响设备的使用寿命。因此,发现锈蚀应及时维护,处理时必须将锈蚀部分彻底打磨干净,待表面干燥后再涂底漆和面漆。对锈蚀处理要耐心、仔细,如果草率处理会埋下故障隐患。

(2)紧固件及关键部位的密封检查

紧固件包括螺栓、螺母垫圈、销钉以及铆钉等。很多测控装备都是非固定式的机动装备,因此受装备转场颠簸振动和金属应力释放的影响,有些紧固件会出现松动的现象,所以要多注意观察,及时发现和处理。在观察紧固件有无松动的同时,检查天线馈源和中心体的密封情况。天线馈源和中心体的密封非常重要,如果因密封不好造成漏水,会损坏内部元器件,直接导致天线无法正常工作。因此,密封不容忽视,最好在紧固件和盖板接缝处涂保护胶,以起到二层保护的作用。须强调,连接天线馈源的电缆头是外漏,涂保护胶是必须的,同时也是外观检查的重点。

2. 运动系统检查维护

雷达天线运动部分包括:方位-俯仰大齿轮及其相关保护装置、减速箱、摩擦离合器、十字滑块联轴节以及驱动电机等设备。检查步骤如下:

1)整个传动链运转检查。

观察天线的运转情况,仔细聆听在运转过程中传动链有无异常声音(也可以通过观察输出电流大小来判断传动链运转是否正常)。若传动链声音出现异常,发生故障的设备往往是电机和减速箱,需要分别排查。

先测试电机单独工作是否正常,再检查电机与连接座是否同轴度发生偏差,接着检查摩擦离合器是否有松动。

减速箱的高速级直接连接垫底,减速箱长时间高速运转时,轴承润滑脂会乳化失效,容易造成高速级轴承损坏,对失效的润滑脂要及时进行清除及更换,确保减速箱中的高速级轴承运转正常。

方位减速箱是垂直装配的,在高速运转中,高速轴轴承里润滑脂乳化因密封不良会对摩擦离合器造成污染,往往会引起内外摩擦片打滑,要特别注意观察。

俯仰减速箱末级轴齿轮与俯仰大齿轮齿合,末级齿轮是减速箱的外露部分,密封不好也会造成轴承发生锈蚀损坏。另外,齿轮箱严格密封且受温度效应的影响,箱体中会产生一定量的冷凝水,也需要特别注意,定期观察维护。

2)检查电机、减速箱以及连接件长时间工作后温度有无异常。

3)检查齿轮、变速机构润滑情况,润滑脂受温度和氧化的影响,时间长之后,会乳化失效,要定期进行清洗和涂抹。

4)观察减速箱末级输出齿轮与大齿轮的齿合情况。

5)检查测量低频差动滑环、电机、测速及阻值是否正常。

电机与测速机长时间运转后,换向器与碳刷之间会产生积碳。这些积碳会使换向器与碳刷之间接触不良从而产生火花,造成碳刷和换向器损伤。因此若阻值过大,要及时对碳刷和换向器进行清洗。检查时还要观察弹簧压力是否正常,弹簧压力大则碳刷磨损大,弹簧压力太小则接触不良,因此弹簧压力要适当。

6)钢带及钢带保护套外观检查,检查其有无破损和积水现象。

3. 安全保护装置检查维护

安全保护装置包括锁定器(也称作插拔锁)、缓冲器、离合器以及限位开关等,具体检查维护步骤如下:

1)锁定器外观检查:锁定器是否有锈蚀、损坏、变形,润滑是否良好,做好除锈和润滑处理;锁定设备时,驱动控制开关是否相应断电。

2)强弱电接线箱及线缆、陀螺、方位与俯仰旋变的可靠性检查。

3)制动器通断的灵活性,摩擦离合器摩擦片的磨损情况检查。

4)缓冲器锈蚀情况检查:缓冲器导向筒外露,在其表面要涂抹润滑脂,防止锈蚀损坏。

5)限位开关检查:检查限位开关和导向块有无松动,限位功能是否正常,如有损坏应及时更换。

4. 馈源及馈线系统的检查维护

馈源包含:馈源外部保护薄膜、低噪声放大器(场放设备)、跟踪合成器、双工网络收发隔离器以及高频旋转关节,有的天线馈源还包含了收发滤波器、波导开关以及波导传输馈线,等等。馈源在工作过程中较易出现问题的部件是外部保护薄膜、低噪声放大器、功率负载和波导开关。

(1)外部保护薄膜的检查

对于外部保护薄膜,要定期检查其老化程度,观察表面是否清洁,是否有凹凸、变形的现象。由于保护薄膜破损点一般比较细小,在日常检查中经常容易被忽视,因此检查时要特别认真细致。如果外部保护薄膜破损,将会导致馈源渗水,积水进入馈源系统后会造成馈源电性能下降,使馈源无法正常工作。

(2)低噪声放大器的检查

低噪声放大器由于长时间使用,其对无线电信号的放大性能将会有所下降,并且低噪声放大器为有源设备(有＋12V馈电),检查时要同时兼顾其馈电和放大性能情况,如果低噪声放大器发生故障,将会直接影响天线馈源对无线电信号的接收质量。

(3)功率负载和波导开关的检查

功率负载主要用于吸收微波功率,大功率长时间工作,功率负载里的橡胶材料吸收体容易受热变形,严重的甚至会熔化产生油污,进而污染收发滤波器,导致波导开关无法正常切换。波导开关要通过电动或手动,检查切换是否到位。

5. 馈源传输线和旋转关节的检查维护

1)检查馈源传输线缆连接处的紧固情况,有无破损或是松动现象,检查要细致,有时需要结合指标测试一并进行。

2)对于有波导设备的,要通过观察充气机的充气次数,检查馈线是否连接完好,在单位时间内如果充气次数超过要求,说明馈线中有漏气点,需要仔细排查。

3)对有高功率发射的雷达装备,要通过观察发射机在高功率下,波导和旋转关节是否有温度偏高的现象,判断馈线连接处的牢固情况。如果温度偏高,则可能是波导连接处松动或接触不良而导致的微量放电。

6. 天线翻转机构的检查维护

由于靶场测控装备大多数是移动站装备,需要根据不同型号,转场到野外站点执行测控保障任务。因此,转场准备前,要利用翻转机构雷达天线放倒并收藏,以方便装备长途转场;转场至野外站点后,同样需要翻转机构再次将雷达天线竖起。天线翻转机构的升降功能,将会直接影响装备转场、展开及后续试验任务,因此,必须要加强天线翻转机构的日常检查维护工作,确保其始终处于良好的工作状态。

(1)检查维护标准

检查维护标准是:表面无锈蚀、脱漆,无异常机械磨损,齿轮上润滑脂涂抹均匀,行程开关工作正常,启动、运转正常。

(2)检查维护方法

1)用活动扳手卸下天线底座固定螺丝。

2)将天线中心体放倒,打开翻转机构箱(一般位于天线左下方)。

3）用抹布将导轨、丝杆擦拭干净，如果润滑脂过于老化，可用汽油清除干净后将导轨、丝杆擦拭干净。

4）戴上手套将黄油涂抹在导轨和丝杆上，涂抹时要均匀。注意不要碰到导轨前后两个接近开关，更不要将油滴在上面。

5）检查行程开关是否工作正常，如异常应予以排除故障或用备品更换。

6）拔下翻转拉杆两侧旋转轴上的橡皮堵头，用油壶加注机油后堵上堵头。

7）用砂纸除锈，并补刷油漆。

8）启动翻转电机，检查翻转机构有无异常响动，运行是否平稳。

天线结构检查和维护保养是一项细致和严格的工作，一旦天线出现故障，会严重影响各项任务的开展。为了保证任务的顺利完成，需要对设备精心地维护和保养，以保证设备能够始终处于良好的工作状态，进而保证靶场测控任务的圆满完成。

6.2　伺服电机的维护保养

伺服电机是指靠伺服驱动器发出的高频脉冲驱动的，可以实现定角度、定速度、定扭矩输出的电机。伺服电机又称执行电机，在自动控制系统中用作执行元件，把所收到的电信号转换成电动机轴上的角位移或角速度输出。其主要特点是：当信号电压为零时无自转现象，转速随着转矩的增加而匀速下降。伺服电机内部的转子是永磁铁，驱动器控制的 U/V/W 三相电形成电磁场，转子在此磁场的作用下转动，同时电机自带的编码器反馈信号给驱动器，驱动器根据反馈值，与目标值进行比较，调整转子转动角度。伺服电机的精度决定于编码器（线数）的精度。

常常有人把编码器和伺服电机搞混，这里说明一下带有编码器的电机才是伺服电机。一台完整的伺服电机分为两个部分：一是编码器电气部分，二是电机机械部分。它们是一个整体，维护保养时缺一不可。

随着伺服电机和伺服系统在靶场测控装备上的普遍应用，为了确保装配伺服电机的设备正常运转，伺服电机的维护保养是否到位，能否使其保持良好的工作状态，将直接关系到整个机械能否正常运转和伺服电机使用寿命的长短。因此，伺服电机的维护保养工作显得尤为重要，其具体维护过程可分为维护保养前检查和日常维护保养两部分。

1. 维护保养前检查

1）检查伺服电机外观，看有无灰尘、油污，确保外部没有致命的损伤；

2）检查伺服电机的固定部件，看是否有零部件错位，确保连接牢固；

3）检查伺服电机输出轴，确保旋转流畅；

4）检查伺服电机的编码器连接线以及伺服电机的进线接线头，确保其连接牢固；

5）检查伺服电机的散热风扇，确保其转动正常；

2. 日常维护保养

1）及时清理伺服电机上面的灰尘、油污，使用环境应经常保持干燥，电动机表面应保持清洁，进风口不应受尘土、纤维等阻碍，确保伺服电机处于正常工作状态。

2)当电动机的热保护装置连续发生动作时,应查明故障来自电动机还是超负荷,或保护装置整定值太低,消除故障后,方可投入运行。

3)应保证电动机在运行过程中润滑良好。一般的电动机运行 5 000h 左右即应补充或更换润滑脂,当运行中发现轴承过热或润滑脂变质时,也要及时更换润滑脂。更换润滑脂时,应清除旧的润滑油,并用汽油洗净轴承及轴承盖的油槽,然后将润滑脂(ZL-3锂基脂)填充于轴承内外圈之间空腔的 1/2(对 2 极)及 2/3(对 4、6、8 极)处。

4)当轴承的寿命终了时,电动机运行的振动和噪声将明显增大,检查发现轴承的径向游隙大于规定的范围时,应更换轴承。

5)拆卸电机时,从轴伸端或非轴伸端取出转子都可以。如果没有必要卸下风扇,从非轴伸端取出转子比较便利,注意从定子中抽出转子时,应防止损坏定子绕组或绝缘装置。

6)更换绕组时,必须记下原绕组的形式、尺寸、匝数及线规等,当丢失这些数据时,应向制造厂索取。随意更换原设计绕组,常常使电动机某项或几项性能恶化,甚至无法使用。

6.3　光学组件的维护保养

当前,光测设备已广泛应用于部队靶场测控领域,是靶场试验目标外弹道跟踪测量不可或缺的一部分。由于光测设备的使用场合和自身结构的特殊性,除了要正确使用光测设备,避免误操作和机械碰撞之外,还需要对其进行合理的维护保养,以保证光测设备的工作性能和跟踪精度,延长其使用期限。

电、机和光是构成光测设备的三个主要部分,其设备主要材料以金属和玻璃为主。因此,在维护保养时,要围绕金属部件和光学(玻璃)元件展开,其中金属器件以防锈为主,光学元件以防霉、防雾为主。

1. 金属部件的防锈维护

光测设备金属部分生锈的主要原因是周围工作环境的空气湿度和盐度偏高,金属自身的防锈等级以及金属表面涂加的防锈油漆的工艺不当,高湿、高温的空气会损坏金属表面的防锈层,从而加速金属部件的生锈。另外,设备周围环境中的空气粉尘、盐雾以及酸性成分较高的防锈油或者润滑物都会加速光测设备金属部件的生锈。

当防治金属部件的锈蚀时,可根据其锈蚀的诱因,采用以下维护保养措施。

1)在高湿、高温等恶劣的工作环境下,设备使用完后,应及时罩上防护罩,避免高温直射和尘埃杂物落入设备中,并且要控制防护罩内的空气湿度,尽量保持存放环境干燥,防止湿气侵蚀,造成金属部件生锈。

2)应定期检查光测设备的卫生状况,如发现金属部件有污渍,应用干净的脱脂棉蘸取航空汽油进行清洗,然后用洁净的抹布擦拭干净汽油痕迹。同时要注意擦拭物本身的清洁度,反复使用清洁度较低的擦拭物会带来适得其反的效果。

3)应定期检查光测设备的生锈状况,如发现金属部件表面有生锈痕迹,应当及时用砂纸或是打磨机去除锈斑,并清洗干燥后涂上防锈油漆等防锈物质。涂用防锈油漆或者防锈油时,要使用高质量的防锈油漆或防锈油,以免劣质产品加速光学仪器生锈。

4)合理选择和使用油脂,在光测设备上用的各种防尘脂、润滑油脂必须是挥发性极低和化学稳定性好的材料,在光学设备的金属零部件上涂油脂时,首先要把零件清洗干净,让汽油挥发完后再涂油脂,并且要均匀涂抹而不能过多。在距离光学件 10～15mm 的范围内,禁止涂润滑油脂和防尘脂,防止油脂扩散引起油性雾。

5)对于光测设备的传动机构及运动导轨,应定期上润滑油,使其运动顺畅,防止生锈影响设备的正常操作使用。

2. 光学元件的清洁维护

(1)清洁维护工具

清洁维护工具主要包括:聚乙烯实验室用手套、光学级的透镜清洁纸以及脱脂长绒棉,另外要根据环境按比例调配酒精(乙醇)、乙醚溶液,进行光学设备及零件表面清洁工作,其推荐比例如下。

A 室温:18～24℃时,乙醇:35%,乙醚:65%;

B 室温:12～18℃时,乙醇:25%,乙醚:75%。

(2)清洁维护内容

1)清洁维护的具体步骤。

A.用清洁空气吹掉表面浮尘,如果不能吹干净,取两张镜头纸裹在棉签上或将镜头纸折叠使之比要清洁的面积稍大,轻轻地蘸粘无法吹掉的浮尘。

B.擦拭光学零件表面时,应先用酒精或乙醚溶液将毛砂面和边框擦干净。

C.擦拭圆形零件时,棉花球应从中心向边缘作螺旋线移动,同时棉花球本身也应转动,并顺势将棉球从镜片表面移出,不要在镜片边缘停留,以免留下印迹。如果利用回转器擦拭,则擦拭时,棉球应由中心向边缘作直线移动,同时棉球自身转动(棉球的自转量以略小于一周为宜)。

D.擦拭棱镜时,可将棉球横放于被擦拭的表面,以直线形式进行擦拭。

E.应在相对清洁的房间内擦拭,脱脂长绒棉球上所含的清洗液不宜过多,擦拭时应在分划板刻线的交叉方向移动擦拭,以免将刻线内的填料层擦掉。

F.在擦拭胶合光学零件时,棉球蘸混合液不应过多,以免溶剂侵入胶合层引起脱胶。

G.镀铝加保护膜的反射零件,如果保护膜比较牢,可用蘸少许混合液的棉球或脱脂的砂布进行擦拭。

H.棉球应卷好,卷棉球的竹棍头部不应外露,以免划伤零件。棉球的大小和形状应根据零件的大小和种类有所不同,一般是圆形零件用圆柱形棉球,平面零件用偏平形棉球,除镀膜表面(特别是反射镁)用松软的棉球外,其余情况下应把棉球卷紧。

I.蘸混合剂的棉球侵入溶剂内时,不要超过 1/3 的棉球长度。

2)清洁时需要注意的地方。

A.擦拭前,操作人员应用洗涤液仔细清洗双手,并用脱脂过的毛巾擦干。

B.操作人员应将室内的一切用具清洁干净,与光学零件接触的有关工具、夹具,应进行脱脂。

C.一个棉球只能用来擦拭一遍,用过的棉球,不要蘸溶剂重复使用。

D.清洁光学器件之前,去掉手上的戒指及其他饰物,仔细清洗手部并戴上手套,防止刮坏光学仪器或设备。

E.在维护工作中,如手出汗或接触油脂后,需按照要求重新清洗双手。

F.擦拭光学零件时,如果需要用手拿光学零件的抛光面,则必须对戴着的手套进行脱脂处理。

G.擦拭带框的光学零件时,应注意不要使污垢附着在框的周围或使框上挂有纤维,对于不带框的光学零件,不要使污垢附着在毛砂面上。

6.4　工控机的维护保养

工控机(工业控制计算机)是在特殊、恶劣环境下工作的一种工业式计算机,特别是测控装备中使用的工控机,还要适应机动装备转场时的强烈震动,并且伴有灰尘多、电磁干扰强等特点。由于日常训练、试验任务以及装备调试等特殊需求,测控装备上的工控机往往会长时间处于工作状态,因此工控机的电源、机箱、主板都是为了能够适应长时间不间断运行而设计的。为了更好地使用工控机,让其始终保持良好的工作性能,在日常使用中必须对它进行必要、合理的维护保养。

需要明确的是,要给工控机提供一个平稳的工作环境。如当机器对磁盘或硬盘进行读写操作时出现震动,驱动器会严重磨损,进而导致硬盘损坏。如果要靠墙放置,应距离墙壁的间隙,以保证散热良好,否则会导致元器件加速老化。具体要做好以下几点:

1. 机箱维护保养

机箱主要由工控电源、无源底板以及风扇等部分组成。

1)工控电源是为长时间不间断开机服务的,所以它的性能较好。主要须注意的是尽量减少灰尘的进入,防止灰尘影响风扇的运行。要防止瞬时断电,瞬时断电又突然来电,往往会产生一个瞬时极高的电压,很可能"烧"坏工控机,电压的波动(过低或过高)也会对工控机造成损坏,另外还应防止静电、雷击,因此应尽量配备稳压电源,并且做好屏蔽和机箱接地处理。

(2)无源底板是为工控机箱内的各种板卡(包括显卡、声卡、网卡等)提供电源的,它的日常维护要注意三点:一是不能在底板带电的情况下插拔板卡,插拔板卡时不可用力过猛、过大,用酒精等清洗底板时,要注意防止工具划伤底板;二是插槽内不能积灰尘,否则会导致板卡接触不良,甚至短路;三是插槽内的金属脚应对齐,无弯曲现象,否则会影响板卡在系统中的运行,导致开机不显示、板卡找不到以及死机等故障。

(3)风扇是专门为工控机设计的,用于向机箱内部吹风,降低机箱温度。维护时需要注意的是,风扇电源应接到插头上,风扇外部的过滤网要定时清洗(一般每月一次),以防止过多的灰尘进入机箱,另外要禁止尖锐物品损坏风扇叶片。

2. 主板(卡)维护保养

工控机主板是专为在高、低温特殊环境中长时间运行而设计的。它在运行中要注意的是,不能带电插拔(内存条、板卡后面的鼠标、键盘等),带电插拔会导致插孔损坏,不能使用,严重的甚至会使主板损坏。主板上的跳线不能随便跳接,要查看说明书或使用手册,按照规定进行跳接,否则会由于不同型号主板的电压设置不同而导致损坏。主板的灰尘应定时清洗,不能使用酒精或水,应用干毛刷、吸尘器或皮老虎等工具把灰尘吸完或吹掉。保持主板上内存条插槽干净,且无短脚、歪脚。主板下插入无源底板中的插槽要干净(不同型号的工控机箱,其板卡插槽标准也不相同,老式机箱一般为 ISA 结构,新式机箱多使用 CPCI 结构),并且主板要插紧、插到位。

3. 试验专用板卡维护保养

(1)维护保养标准

备用板卡无浮尘,插脚及器件无损坏,加电工作正常。

(2)维护保养方法

1)清除备用板卡上的浮尘,主要把握"扫、擦、吹"三字原则。

扫:用质地柔软的小刷子对硬件表面的浮尘进行清除。

擦:用橡皮擦对拔下来的硬件的金手指进行小心擦拭。去除硬件金手指上面的氧化层,使硬件可以更好地接触插槽。

吹:用电吹风机的自然风,清理硬件的夹缝处以及其他毛刷无法清除的地方。如散热器缝隙,各种插槽内部等位置。

2)检查板卡插脚是否完好无损,板卡上的器件是否损坏,对老化严重的器件进行及时更换。

3)检查板卡时,板卡要垂直插入,不能歪斜,并且要切忌板卡带电插拔。

4. 硬盘、光驱的维护保养

1)硬盘。不要随意拆卸硬盘,避免振动、挤压。尽量不要在硬盘运行时关闭计算机电源,这样突然关机会导致硬盘磁道损坏,数据丢失。不要随意触动硬盘上的跳线装置。搬运时一定要用抗静电塑料包装或用海绵等防震压材料固定好,经常检查病毒,以防受病毒侵蚀。操作系统中如有节能功能时,要尽量合理使用,以延长硬盘使用寿命。

2)光驱。在使用中不要随意打开光驱,不能使用有损伤或带有病毒的光碟,防止灰尘进入光驱内,光驱在使用过程中不要振动、歪曲、拍打。光驱数据线要连接通畅,保证光驱读盘顺利。

另外需要注意的是,电磁波的干扰也会影响主机和显示器的寿命和性能,因此尽量避免工控机受到来自诸如手机或其他无线电设备的电磁干扰。

对工控机软件方面的维护,需要指出的是,做好数据备份是很有必要的。尽管磁盘的误删数据可以恢复,但是数据恢复是具备条件的。软件维护具体可分为操作系统维护和应用软件维护两部分。

5. 操作系统维护

计算机操作系统的维护主要包括系统的更新和杀毒。对于操作系统的更新,可以进行更新设置,如 Windows 的更新设置可以在 Windows update 中进行,Windows update 可以在控制面板中找到。杀毒软件并不是说安装得越多越好,因为不同杀毒软件之间也会存在冲突,最重要的是做好杀毒软件病毒库的及时更新。需要指出的是,对于各种驱动程序,需要做好备份,防止驱动程序出现故障时找不到可用的驱动。另外建议定时进行磁盘碎片清理及系统垃圾的清理工作,以提高系统的运行速度。其处理方位:点击—程序—附件—系统工具—磁盘清理程序和磁盘碎片整理程序。

6. 应用软件维护

应用软件其实大可不必安装在系统盘上,这样可以节约系统盘的使用空间,同时也便于应

用软件的管理,尤其是在系统盘空间不大的情况下。总体来说对计算机软件的维护主要有以下几点:

1)对所有的系统软件做好备份。当遇到异常情况或某种偶然原因,可能会破坏系统软件时,就需要重新安装软件系统,如果没有备份的系统软件,将使计算机难以恢复正常工作。

2)对重要的应用程序或数据也应做好备份工作。

3)经常清理磁盘上的无用文件,以有效地利用磁盘空间。

4)避免进行非法的软件复制。

5)经常检测,防止计算机传染上病毒,导致系统无法正常运行。

6)为了保证计算机正常工作,在必要的时候利用软件工具对系统进行保护,并定期检查系统软件的运行情况,确保软件运行正常。

总之,计算机的使用与维护是分不开的,既要注意硬件的维护,又要注意软件的维护,两者缺一不可。

6.5　仪器仪表的维护保养

仪器仪表种类众多,靶场测控装备使用的仪器仪表以频谱仪、示波器、功率计以及万用表为主,有时也会用到频率计、兆欧表以及地阻测量仪等仪器仪表。正因为其在靶场测控领域有着广泛的应用,并且在长期的使用过程中会伴随着各种故障问题的出现,因此,平时需要加强对仪器仪表的维护和保养工作,确保仪器仪表的性能要求和工作状态,延长其使用寿命。测控装备上的仪器仪表的维护保养是一项长期且不可缺少的工作,它对确保仪器仪表的使用安全,满足测量准确度等诸多方面的技术要求和消除故障萌芽都起到至关重要的作用。

仪器仪表的维护保养工作可分为日常维护、按期保养、故障检修3种工作模式。

1. 日常维护

日常维护一般由设备使用人员完成,它是一项经常性的工作。应该规制化,其维护内容应该写进装备操纵规程或战位留意事项当中;测控战位应遴选1名懂得一定仪器仪表知识,且责任心强的专业骨干人员担任专职或兼职仪管员。仪器仪表的日常维护工作,需要注意以下几个方面。

(1)保持清洁干净

电子仪器均应配置防尘罩,仪器使用完毕需等设备降温后,再加上防尘罩,以防止防尘罩阻碍仪器温度散发,使其处于较高的温度之中,导致对仪器造成不必要的损害。对仪器外表进行擦拭时,应使用毛刷、干布或沾绝缘油的抹布。不应使用沾水湿布,以免机壳生锈或潮气内侵。

(2)保持干燥通风

电子仪器应放置在比较干燥的地方,并且要求通风良好。禁止将仪器长期搁置在水泥地或靠墙的地板上;禁止在仪器上放置杂物等。电子仪器的存放温度以 20~25℃ 为最佳,如果超出 40℃ 则应采取通风排热措施,但禁止洒水或放置冰块降温,以免水汽侵湿仪器。

(3)进行防震处理

靶场测控装备多数是移动战位,需要根据不同类型任务需求进行转场步站。因此在装备转场过程中,仪器仪表设备可能会受到不同程度的颠簸和震动,所以在转场准备前,仪器仪表能上架(机柜)固定的要上架固定好,不能上架固定的要放置在平稳的地方,四周用防震物品(如泡沫、海绵等)包裹好。另外,搬运或使用时,也要轻拿轻放,以免发生剧烈震动或碰撞,造成仪器仪表损坏。

(4)加强漏电保护

保持电气仪器的良好接地状态,定期检查地线是否可靠,对于采用二芯电源插头的电子仪器,更应注意检查漏电情况,消除隐患。

(5)正确操作使用

使用人员要不断地学习和熟悉仪器的正确操作使用方法,按照仪器的正确规范操作仪器,对仪器的开关旋钮要轻按、轻旋,如有错误要及时纠正。在加载之前,要根据所测信号功率强度,调好量程范围,确保准确无误后再加负载,以免烧坏仪器。

(6)多留意多观察

在操作使用前,利用仪器自检程序检测仪器各部分的状态,正式使用时,要留意仪器是否有异常气息和声音,图像质量是否正常,如果发现仪器有异常声音或是闻到有烧焦烧糊的味道,应立即关机,并切断电源,以免加重仪器故障,并及时报维修人员处理,尽快排除故障。

2. 按期保养

按期保养一般由专业技术人员来完成,它是一项不断循环进行的有组织、有计划的维修措施,有利于把握仪器的运行规律和开展故障后的查找和修复;按期保养的内容和时间,不同仪器有不同的做法。一般可以分为 3 个等级,我们通常称其为一保、二保、三保。

一保,一般是 1 个月~1 个季度进行 1 次。主要内容除了日常维护工作外,还包括拆开机壳,清除各种积尘、污垢、异物,紧固螺丝,添加润滑剂;检查元器件有无磨损、变形、烧蚀、击穿、松动、受潮、老化以及接地不良等情况;检查各组电源电压及纹波,检查高压部件运行和接触情况等。

二保,一般是半年~1 年进行 1 次,主要内容除了做好一保外,还包括对整机控制台上的各个仪表及操纵控制系统的敏捷度、精度进行测试校正和计量检定,更换高压发生器绝缘栅等到期的损耗品,对电路中各测试点的电压、波形进行系统检测和拉偏试验。

三保,一般每 2~4 年进行 1 次。主要内容除了做好二保外,必要时可以将整机进行全部拆卸予以清洗检查,对于超过使用期的元器件,应尽量更换或修复,应对仪器进行较为全面彻底的调试,恢复其工作精度和机能。

3. 故障检修

仪器仪表在使用过程中,由于操作不当或是使用寿命等,难免会出现各种故障问题,因此平时就要多注意对仪器仪表进行检测和维修,可以有效地提高仪器仪表的性能,并能够延长其使用寿命。下面简单介绍仪器仪表检修时的注意事项。

1)使用逻辑笔、示波器检测信号时,要注意不使探针同时接触两个测量引脚,因为这种情况的实质是在加电的情况下形成短路。检测电源中的滤波电容时,应先将电解电容器的正负极短路一下,而且短路时不要用表笔线来代替导线对电容器进行放电操作,因为这样做容易烧断表笔芯线。可以取一只带灯头引线的 220V,60~100W 的灯,接于电容器的两端,在放电瞬间灯泡会发亮。

2)在潮湿环境下检修仪器仪表时,对印刷线路用万用表测其通畅性是很有必要的,因为这种情况下的主要故障是由铜箔腐蚀产生的。

3)检修仪器仪表内部电路时,如果在安装元件的接点和电路板上涂了绝缘漆,测量各点参数时可将普通手缝针焊接在万用表的表笔头上,以便刺穿漆层直接测量各点,而不用大面积剥离漆层,不要带电插拔各种控制板和插头。因为在加电情况下,插拔控制板会产生较强的感应电动势,使得瞬间反击电压很高,很容易损坏相应的控制板和插头。

4)检修仪器仪表时,不要盲目敲碰,以免扩大故障,越修越坏。

5)拆卸、调整仪器仪表时,应记录原来的位置,以便复原。

6)修理精密仪器仪表时,如不慎将小零件弹飞,应首先判断可能飞落的地方,切勿东找西翻,可采取视线扫描或是磁铁扫描的方式进行寻找。

7)在仪器仪表维修工作中,首先应弄懂仪器仪表的基本原理,并掌握有关电子方面的知识和技能,而且应备好所有仪器仪表的说明书、图纸等技术资料,另外应养成良好的工作习惯,从而在仪器仪表维修工作中提高效率,减少失误。

6.6　不间断电源的维护保养

不间断电源(Uninterruptible Power Supply,UPS)是一种含有储能装置,以逆变器为主要组成部分的恒压恒频的不间断的电源。主要用于给单台计算机、计算机网络系统或其他电力电子设备提供不间断的电力供应。当市电输入正常时,UPS 将市电稳压后供应给负载使用,此时的 UPS 就是一台交流市电稳压器,同时它还向机内电池组充电;当市电中断(事故停电)时,UPS 立即将机内电池的电能,通过逆变转换的方法向负载继续供应 220V 交流电,使负载维持正常工作并保护负载软、硬件不受损坏。UPS 设备通常对电压过大和电压太低的情况都提供保护。

UPS 这种对系统设备的供电保护作用,使它在靶场测控装备上被大量采纳使用。加强UPS 的维护保养,提高其供电的可靠性,是装备维护保养的一个重要环节。UPS 的维护保养通常可以分为日常维护保养和使用维护保养两大类。

1. UPS 电源的日常维护

(1)保持适宜的存放环境

UPS 放置位置必须要平稳,并且要远离热源和腐蚀源,避免阳光直射,其上方或附近不要放置盛有各类液体的容器,以免溢洒造成 UPS 内部设备短路。定期清理 UPS 内部积尘,以防止灰尘及金属颗粒落入机器内部,造成板卡、期间短路故障。清理周期视测控装备方舱环境而定,环境较差的装备方舱,建议半年左右进行一次清理。

需要注意的是:影响蓄电池寿命的重要因素是环境温度,一般电池生产厂家要求的最佳环境温度是 20~25℃(10~30℃之间)之间。虽然温度的升高对电池放电功能有所提高,但付出的代价是使电池的寿命大大缩短。试验测定,环境温度一旦超过 25℃,每升高 10℃,电池寿命就要缩短一半。达不到规定的环境要求,其寿命长短就有很大的差异。另外,环境温度的升高,会导致电池内部化学活性增强,从而产生大量的热能,又会反过来促使周围环境温度升高,这种恶性循环,会加速缩短电池寿命。因此需要保持适宜的环境温度,在有 UPS 的装备上,应安装空调设备,以确保机器工作在最佳环境中。并且 UPS 机箱各面距离墙面必须保持足够的通风距离,以达到良好的散热效果。

(2)定期充放电

UPS 中的浮充电压和放电电压出厂时均已调试到额定值,而放电电流是随着负载的增加而增加的,使用中应合理调节负载,比如控制微机等电子设备的使用台数。就测控装备而言,其使用负载是一定的,那么就要根据装备负载值,选择合适的 UPS 电源,一般情况下,为了延长 UPS 的使用寿命,UPS 不宜长期处于满载状态下运行。后备式 UPS 负载不宜超过 UPS 额定负载的 70%,在线式 UPS 负载不宜超过 UPS 额定负载的 80%,在这个范围内,电池的放电电流就不会出现过度放电。UPS 因长期与市电连接,在供电质量高、很少发生市电停电的使用环境中,蓄电池会长期处于浮充电状态,长期就会导致电池化学能与电能相互转换的活性降低,加速老化而缩短使用寿命。因此,一般每隔 3~6 个月应完全放电一次,放电时间可根据蓄电池的容量和负载大小确定。一次全负荷放电完毕后,按规定再充电 8h 以上。另外 UPS 也不宜长期处于过度轻载状态下运行,对于新购置的 UPS(或长期存放的 UPS)应当每隔 3~6 个月对其开机使用和充电,否则 UPS 主机和电池都会损坏。

在充放电过程中尽量减少深度放电,一般 UPS 对电池放电有保护措施,但放电至保护关机后,电池又可以恢复到一定的电压,但这时不允许重新开机,否则会造成电池过度放电。UPS 必须重新充电后才能投入正常使用。电池的使用寿命与它被放电的深度密切相关。UPS 所带的负载越轻,市电供电中断时,蓄电池可供使用容量与其额定容量的比值越大,在此情况下,当 UPS 电源因电池电压过低而自动关机时,电池被放电的深度就越大。

在实际过程中,减少电池深度放电的方法有:当 UPS 处于市电供电中断,改由蓄电池向逆变器供电状态时,绝大多数 UPS 电源都会间隔 4s 左右,进行周期性报警,通知用户现在是由电池组提供能量。当报警声变急促时,说明电源已处于深度放电状态,应立即进行应急处理,关闭 UPS。除非迫不得已,一般不要让 UPS 一直工作到因电池电压过低而自动关机。

(3)及时更换废/坏电池

大、中型 UPS 配备的蓄电池数量,从 3~80 只不等,甚至更多。这些单个的电池通过电路连接构成电池组,以满足 UPS 直流供电的需要。在 UPS 连续不断的运行使用中,因性能和质量上的差别,个别电池性能下降、储电容量达不到要求而损坏是难免的。当电池组中某个或某些电池出现损坏时,维护人员应当对每只电池进行检查测试,排除损坏的电池。更换新电池时,应该购买同厂家同型号的电池,禁止防酸电池、密封电池以及不同规格的电池混合使用。

(4)做好防感应雷害工作

雷击是所有电器的天敌,一定要注意保证 UPS 的有效屏蔽和接地保护。雷害主要是雷云对地放电或对空放电所引起的一系列反应造成的。当云层放电时,站点上的测控装备电源线或其他外接线路,因电磁感应现象,会产生感应高电位脉冲。这些高电位脉冲沿着电源线或通信线等外接线路进入 UPS,而 UPS 中采用了大量的 CMOS 集成电路模块和控制用的 CPU 等微电子器件,它们对雷电的电磁脉冲非常敏感,因此很容易被击坏。在 UPS 具备有效屏蔽和良好保护接地的前提下,一定要做好电源线和通信线(例如远端监控信号线)等外接线缆的防雷过压保护。如遇雷电天气,必要时可将电源线和其他外接线缆拆除,进行物理隔离,以防止发生雷击事故。

2. UPS 的使用维护

（1）正确操作使用

一是使用 UPS 时，应务必遵守产品说明书或使用手册中有关规定，保证所接的火线、零线、地线符合要求，用户不得随意改变其相互顺序。二是严格按照正确的开机、关机顺序进行操作。严禁频繁地关闭和开启 UPS。一般要求在关闭 UPS 后，至少等待 6s 才能重新启动 UPS。否则，UPS 可能进入"启动失败"状态，即 UPS 进入既无市电输出，也无逆变输出的状态。三是禁止超负载使用。UPS 的最大启动负载最好控制在 80％以内，如果超载使用 UPS，在逆变状态下，时常会击穿逆变管。实践证明，对于绝大多数 UPS 而言，将其负载控制在 30％～60％额定输出功率范围内是最佳工作方式。因此严禁在 UPS 插座上接与系统无关的电气设备，特别是功率较大的电动工具等，否则有可能引起 UPS 转旁路，严重时会因 UPS 的电压输出波动过大，而使 UPS 无法正常工作。四是尽量避免 UPS 输出端短路，否则，轻则会造成 UPS 输出断电、负载掉电，严重时可能导致 UPS 或负载故障。

（2）利用通信功能

当前大多数大、中型 UPS 都具备与微机通信和程序控制等可操作性能。在微机上安装相应的软件，通过串/并口连接 UPS，运行该程序，就可以利用微机与 UPS 进行通信。一般具有信息查询、参数设置、定时设定、自动关机和报警等功能。通过信息查询，可以获取市电输入电压、UPS 输出电压、负载利用率、电池容量利用率、机内温度和市电频率等信息；通过参数设置，可以设定 UPS 基本特性、电池可维持时间和电池用完告警等。通过这些智能化的操作，大大方便了 UPS 及其蓄电池的使用管理及维护。

6.7　设备空调的维护保养

测控装备在执行任务的过程中，经常会处于炎热的夏季或是寒冷的冬季，为了减少季节和气候变化对装备和人员的影响，空调的使用频率是非常高的。使用空调时，如果没有做好保养工作，就会出现各种各样的问题，同时空调里的积尘也会对人体健康产生非常大的影响，所以空调的维护保养工作非常重要，空调的维护保养通常分为一般性维护保养和特殊时段维护保养两类。

1. 一般性维护保养

空调的一般性维护保养的维护次数由环境状况、气候条件、开机时数、周围灰尘以及装备内部清洁度等诸多因素决定。若环境状况欠佳、天气炎热、空调机陈旧、空调开机时数长，那么空调的维护次数就要增多，通常是一个半月左右维护一次；若环境状况好、空调机比较新、空气中灰尘较少、空调开机时数不长，则可以适当延长维护周期，从空调开用到停用一个使用周期内维护 1～2 次即可。维护时应认真、仔细、不留死角，其具体操作方法如下所述。

（1）擦拭机壳表面灰尘

擦拭机壳灰尘时，一是要切断空调电源，防止带电操作；二是要用干净的湿抹布擦拭机壳，这里需要注意的是抹布上的水量不宜过多，防止其渗入空调内部，造成内部电子器件短路等故障；三是在擦拭的过程中不要用力过大，由于空调面板的材质不同，用力过大，容易压碎机壳面板。

(2)清除通风口的杂物

保养空调时,通风口的杂物一定要清楚干净,这样才能保证通风口的工作效果。另外,还需要观察室外机架有无松动现象,室外通风网罩里面有没有异物。保持通风口的畅通无阻对空调的正常使用非常重要。

(3)室内外换热器清洗

在空调的维护保养过程中,对空调室内和室外的换热器进行清洗也是非常重要的,这样才能让空调的使用效率变得更高。清洗室内换热器时,应小心拿下面板,用干净、柔软的抹布轻轻地擦洗,也可以使用一些小的毛刷配合清洗工作,以此减少灰尘对人体的伤害。但是需要注意,散热片是很薄的铝制材料,受力后容易变形,因此要小心刷洗。

(4)清洗过滤网上积尘

空调的过滤网很容易积尘,所以应该定期清洗。清洗过滤网时,首先要切断电源,然后打开进风栅,取出过滤网,用吸尘器或者清水进行清洗,水温不要超过 40℃,待清洗完毕后用干布擦净,切忌不能用杀虫剂或其他化学洗涤剂清洗过滤网。

(5)清洗排水部分的污垢和聚集物。

空调由于长期使用,其排水部分容易沉积污垢,必须定期进行彻底清洗和消毒,保证排水通畅,防止排水堵塞和细菌繁殖。

(6)检查其他项目

保养空调除了需要注意以上保养方式外,还需要对供电线路、插头插板、电源开关等部分进行检查。若发现在空调运行时电源插头引出线过热,很可能是因为电线太细或插头与插座接触不良,应及时采取补救措施,以防发生用电事故。另外,对容易损坏的部件(如光触媒、杀菌除湿、导风转板等)也应该进行详细的检查保养,确保空调运行状况良好。

2. 特殊时段维护保养

在 3～5 月或 9～11 月温度适中的季节里,人们一般让空调处于非工作状态。在不使用空调的季节里,应断掉空调电源,但最好保证一个月一次的使用量,以防止长时间不使用导致机内润滑油凝结,进而将压缩机卡死,最终造成空调无法正常使用。同时为了保证空调长期高速运转及延长使用寿命,当暂停使用和开始使用空调的时候,还得注意对空调进行适当维护保养。

(1)暂停使用的维护保养

使用季节结束后,在空调暂停使用之前,在晴天里将空调设为送风状态,开机运转半天左右,使空调内部完全干透;同时还应对过滤网、室内机、室外机做一次全面仔细的检查。保养、维护、清洗要一环扣一环,不能脱节,特别是易漏环节更应该严格检查。

完成上述环节后,套好空调机罩,防止灰尘污染、空调机滴水和进水,保持空调清洁,准备下次启用,从而确保清洁、节能,延长空调设备的使用寿命。

(2)开始使用的维护保养

使用季节开始前,应当对空调进行一次全面的检查维护,确保空调能够正常工作,其维护步骤主要分为以下几点:

一是检查室内和室外机组的进风口、出风口有无障碍物,以免降低空调的工作效率;

二是清洗并安装好过滤网,避免因灰尘进入空调内部而损坏机器或引发故障;

三是查看空调冷凝器、蒸发器以及散热片是否积尘过多,清洗时不可随意用水冲洗,否则会使水进入压缩机,影响空调的正常使用;

四是要用干布清洗遥控器,不要用玻璃清洗剂或含有化学物质的布料,清洁后要装入两节型号相同的新电池;

五是空调清洗维护完毕后,对其加电进行试运行操作,观测空调制冷、制热速度和效果是否符合技术要求。

参 考 文 献

[1] 李定川.工控机的技术原理及其在工厂中的应用[J].电子报,2016(8):45-46.

[2] 王宏新.工控机的日常使用维护[J].电脑知识与技术,2000(S3):23-23.

[3] 工控机的日常维护[EB/OL].(2016-02-14)[2020-01-14].http://www.360doc.co.

[4] 显微镜的清洁方法[EB/OL].(2019-09-12)[2020-03-16].http://wenku.baidu.c.

[5] 刘国庆.电动机常见故障分析与维护[J].科技创新导报,2008(32):77.

[6] UPS不间断电源[EB/OL].(2017-08-29)[2020-03-15].http://wenku.baidu.c.

[7] 秦双华.广电机房UPS蓄电池的使用与维护[J].视听界:广播电视技术,2012(1):53-54.

[8] 朱力勇.设备维护保养的方法[J].科技与企业,2013(16):32-33.

第7章　测控装备维护计划及实施方案

为了使测控装备在规定的使用期限内始终保持完好的工作状态,能够随时用于执行部队靶场试验任务,真正发挥其应有的作用。需要根据测控装备的复杂程度、技术要求、使用需求和环境影响等具体情况,制订详细的维护保养计划,并予以实施。测控装备的维护保养一般分为定期维护保养和不定期维护保养两类,其中定期维护保养又分为日常维护保养、月维护保养、换季维护保养、试验期间维护保养和特殊环境下的维护保养;不定期维护保养主要是根据上级安排,并结合装备实际情况所进行的维护保养活动,其内容与定期维护保养基本相同,因此在这里不加赘述。

按照计划对测控装备实施维护保养之前,必须要遵循以下几项维护原则。

1. 组织分工明确

测控装备的维护保养是一项有组织性的严密工作,维护保养实施前必须获得装备主管部门和单位领导的同意和支持。如果不能获得装备主管部门和单位领导的支持,那么维护保养工作将如无根之水,无以为继。同时维护保养时要分工明确、责任到人,一级抓一级,按制度落实。根据不同的维护保养计划,指定相应的责任人,做好维护保养工作,其具体分工情况如下。

1)日常维护保养:由战位长(一型装备负责人)负责组织实施,战位操管人员(战士)按照职责分工,负责对装备具体项目进行维护保养,分站长(连长)对分站所管装备维护情况进行检查和总结讲评。

2)月维护保养:由站长(营长)组织实施和检查总结,分站长和战位长按照职责分工,负责对所属装备进行维护保养。

3)换季维护保养:由总站(团级单位)装备管理部门组织实施和检查总结,站、分站、战位按照职责分工,负责对所属装备进行维护保养,相关专业技术人员参加并进行技术指导。

4)试验期间和特殊环境下的维护保养:由总站(团级单位)装备管理部门组织实施和检查总结,战位长和战位操管人员参加,并具体实施本装备在野外站点的维护保养工作,相关专业技术人员参加并进行技术指导。

2. 培养专业维护人才

测控装备维护保养是一项专业性非常强的工作,必须要培养专业的维护人员来予以实施。专业维护人员除具有扎实的理论知识外,还应当具备丰富的实践经验,能够及时、准确地发现设备的毛病,并且能够及时作出有效的处理,使装备维护保养工作顺利进行。具体来说,专业维护人员必须要做到"四会":

一是会操作使用设备,熟悉设备结构,掌握设备技术性能和操作方法,不超负荷使用设备。

二是会维护保养,了解所属装备的运行状况,掌握维护保养基本知识和维护技能,熟练使用维护保养工具。努力做到使设备内外无灰尘、无杂物、无锈蚀、无损坏,不漏油、不漏水、不漏电、不漏气,始终使装备处于良好的工作状态。

三是会检查,熟悉并掌握设备检查的具体项目、注意事项、基本知识以及技术指标,能熟练使用检测仪器和检查工具,并对检查出的问题进行整改指导。

四是会排查故障,能鉴别设备的异常声响和异常情况,及时分析、判断设备异常部位和导致原因,并能够排除一般性质的故障。对不能及时排除的故障,做好应急处置,防止事态扩大,及时向主管部门报告情况。

3. 坚持常抓不懈原则

必须将装备维护保养作为一项长期工作来做,不能急功近利。从短期来看,并不能为使用效益的提高带来明显的推动作用,但是从长远来看,装备维护保养是保持装备正常性能、延长使用寿命和减少问题故障不可缺少的一项重要工作,因此要根据装备的实际情况,按照维护计划坚持常抓不懈。

4. 促进军地协作融合

测控装备的维护保养是一项专业性很强的技术工作,维护保养的质量,将会直接影响测控装备的性能指标和使用寿命。进行设备维护保养时,必须充分加强与生产厂家的交流合作,了解掌握特定设备的维护保养知识,切忌凭感观或经验盲目实施。在实际工作中,装备操管人员对所属装备的性能指标、操作使用和故障问题是最了解的,因此对如何做好装备维护保养也是最有发言权的。若不能将两者进行协作融合,那么预防保养计划及工作的推行和实施将会受到不同程度上的阻碍,不便于装备维护保养工作的有效进行。

5. 做好维护记录工作

在测控装备维护保养过程中,定期的检修测试是必要的。此时,完整的维护保养工作记录可作为分析、发现设备运行状况的依据,同时也可以通过记录,总结各类设备维护保养的规律,为后续装备的维护保养做好准备。

7.1　日常维护保养

日常维护保养包括日维护保养或周维护保养,这是一项细致的工作,是装备功能性的系统通电检查、系统自身静态联试检查以及电子方舱体、天线拖车车体和辅助检测、标校装备的维护保养工作。周维护保养每周进行一次,单次维护保养时间为 3~4h,其中系统加电时间应不少于 2h。

1. 日常维护保养的具体内容

日常维护保养工作主要由战位长组织实施,并指定专人负责维护工具、消耗品的申领,加电前准备及具体维护工作。战位长针对本装备维护保养过程中出现的问题进行检查讲评。其维护内容主要包括装备静态冷维护保养、通电热维护保养两项,按照先冷维护保养,再通电热维护保养的顺序进行。具体包括以下内容:

1)检查工具,清点整理消耗品。

2)工作场所清理。

3)检查机械部分有无明显损坏。

4)装备外壳、拖车、支架等清洁、除锈。

5)检查各部分是否有腐蚀、变形。

6)电子方舱、机械部分内部除湿、除尘。

7)检查各导电部分是否清洁。

8)试运转检查。电子部分通电检查,进行分系统自检,确认各方系统正常启动、工作,确保机械转动部分运转正常。

9)检查指示灯、声音、温度等有无异常情况。

10)记录本次维护保养过程中各装备、部件、仪器仪表的工作状态以及具体维护保养内容。

2. 日常维护保养的实施办法

(1)目视检查

1)由战位长统一指挥,进入各自工作岗位。

2)各操作手根据自己的岗位,进行冷维护保养。

3)由战位长统一指挥检查分管装备有无缺陷、磕碰等问题;接线有无松动、脱落现象;分管装备是否存在开机隐患。

4)各操作手向战位长报告检查情况。

(2)开机检查

1)由战位长统一指挥,各岗位依据指令依次开机。

2)一号操作手检查供电情况(电压、相序等),并报告。

3)开启空调及除湿机,调整舱内温度、湿度,温度在 $15 \sim 25 \, ℃$ 范围内,湿度在 $45\% \sim 75\%$ 范围内,方可进入下一步工作。

4)开启 UPS,给机箱供电。

5)频标、时码插箱开机,并预热(不少于 10min)。

6)各操作手按照操作规程对分管装备进行开机检查。

3. 日常维护保养的评定标准

1)天线车车体、方舱、机柜表面、标校望远镜表面、轴向电视表面、工控机表面、温湿度控制机表面、波导充气机表面、各组合表面无灰尘、锈蚀和脱漆现象,达到测控装备无丢失、无损坏、无锈蚀、无霉烂变质的"四无"标准。

2)天线机械部分、方舱、机柜机械部分、标校设备机械部分无异常损坏,磨损、锈蚀,黄油或机油涂抹无遗漏。

3)拖车车轮胎压正常,拖车各物品箱、瓜瓣箱内的工具和物品摆放整齐。

4)随车文档资料齐备。备品和备件无丢失、损坏、霉变现象。

5)系统启动、运行正常;系统自检,各分机工作正常;机械活动部分运转正常。

7.2　月维护保养

在做好基本的日常维护工作后,月维护只需对雷达全机进行细致全面的检查,通常需要进行系统性的通电检查、静态系统联试检查,并对复杂或重要部件进行重点维护和保养。月维护保养每月进行一次,结合每月最后一周的日常维护保养进行,其包括日常维护保养的所有内容,单次维护保养时间为6～8h。系统加电时间不应少于4h。

1.月维护保养的具体内容

月维护保养工作由站长组织实施,分站长、战位长按其分工进行,站长对维护保养过程中出现的问题进行检查讲评。月维护保养同样分为装备静态冷维护保养、通电热维护保养两项,采用先冷维护保养,后热维护保养的步骤。月维护保养结合日常维护保养进行,因此除需要完成日常维护保养的内容外,还包括以下内容:

1)检查维护各种电源线、信号线、接头以及信号盘。

2)检查各活动部分是否灵活,是否需要加油。

3)检查电机是否需要加油(一般情况下每1 000h加一次)。

4)检查电路板插头、插座有无松动,接触是否紧密。

5)检查天线、波导、馈源是否有积水、漏水。

6)检查高压部分的绝缘能力。

7)车载空调维护保养。

8)天线、方舱升降机构的维护保养。

9)天线车机械部分维护:涂抹防锈漆、加注润滑油、紧固天线面板螺丝。

10)备品、备件加电检查维护。

11)时频终端维护保养。

12)功放部分维护保养。

13)雷达静态部分指标测试。

2.月维护保养的实施办法

月维护保养的实施办法在日常维护保养实施办法的目视检查、开机检查的基础上,增加了装备静态功能、指标测试。

3.月维护保养的评定标准

1)天线车车体、方舱、机柜表面、标校望远镜表面、轴向电视表面、工控机表面、温湿度控制机表面、各组合表面无灰尘、锈蚀和脱漆现象,达到测控装备无丢失、无损坏、无锈蚀、无霉烂变质的"四无"标准。

2)天线机械部分、方舱、机柜机械部分、标校设备机械部分无异常损坏,无磨损、锈蚀,黄油或机油涂抹无遗漏;天线升降机构工作正常。

3)拖车车轮胎压正常,拖车各物品箱内的工具和物品摆放整齐。

4)随车文档资料齐备。备品备件无丢失、损坏、霉变现象。

5)线缆无损坏,接头无松动、无锈蚀。

6)天线、波导、馈源无积水、漏水。

7)备品备件齐全,加电检查工作正常。

8)全系统启动、运行正常;系统自检、各分机工作正常。

9)功放功率发射正常。

10)各分系统功能正常,静态指标符合要求。

7.3 换季维护保养

换季维护保养是为使靶场测控装备适应季节变换、保持系统性能而进行的系统性、综合性的维护保养工作。换季维护保养在每年夏初、秋末,结合月维护保养同步进行。换季维护保养是提高装备对季节变换过程中温度、湿度变换的适应能力,保持测控装备系统综合技、战术性能的重要维护保养工作。换季维护保养一般应安排 5～7 天时间。换季维护保养是测控装备自身的系统性、联动性维护,装备需要停放在场坪,应满足一定的标校条件。

1. 换季维护保养的具体内容

换季维护保养工作由总站组织实施,站、分站长、战位按其职责分工做好相应的维护保养工作,相关专业人员参加。换季维护保养的主要内容包括:月维护保养的所有内容;天线驱动系统、天线车传动和翻转机构的维护保养;各分机插箱、工控机的维护保养等。相关人员主要负责系统主要技术指标的测试,提供专用测试装备、测试方法;进行软件维护保养。具体内容如下:

1)天线翻转机构维护保养。

2)驱动电机、变速箱维护保养。

3)信号接收机、发射机维护保养。

4)工控计算机维护保养。

5)各分机插箱维护保养。

6)软件维护。

7)光学系统、标校设备维护保养。

8)波导及波导充气机维护保养。

9)各类应答机维护保养。

10)系统功能检查。

11)主要技术指标测试。

2. 换季维护保养的实施办法

参照月维护保养的实施办法进行。

3. 换季维护保养的评定标准

1)天线车车体、方舱、机柜表面、标校望远镜表面、轴向电视表面、工控机表面、温湿度控制机表面以及各组合表面无灰尘、锈蚀和脱漆现象,达到测控装备无丢失、无损坏、无锈蚀、无霉烂变质的"四无"标准。

2)天线机械部分、方舱、机柜机械部分、标校设备机械部分无异常损坏,无磨损、锈蚀,黄油或机油涂抹无遗漏;天线升降机构工作正常。

3)拖车车轮胎压正常,拖车各物品箱内的工具和物品摆放整齐。

4)随车文档资料齐备。备品备件无丢失、损坏、霉变现象。

5)光学设备、标校设备密闭性良好。

6)对塔标校功能正常。跟踪接收机交叉耦合满足指标要求,并保持稳定。

7)跟踪角度随机误差应满足指标要求。

8)波导及波导充气机密闭性良好。

9)各类应答机工作正常;距离零值变化满足指标要求。

10)自检数据质量良好,时间无跳码,数据无连续丢帧现象。

11)系统各项功能及技术指标满足要求。

12)全系统启动、运行正常,软件运行正常。

7.4　试验期间维护保养

试验期间的维护保养是在执行试验任务期间进行的装备系统动、静态性能维护保养工作,用于确定装备系统性能指标,保证装备系统以最佳状态参加试验任务。对于试验期间的维护保养,若无特殊情况(如遇雷、雨天气),应每日进行一次,单次维护保养时间为3～4h。

1.试验期间维护保养的具体内容

试验期间的维护保养由总站负责组织实施,战位长和战位操控人员参加并具体实施,专业技术人员负责装备功能检查和技术指标测试的指导工作,维护时要做到分工明确、责任到人。试验期间维护保养工作主要包括试验转场前的维护保养和试验期间的维护保养两大部分。

试验前的转场维护保养是在测控装备参试前进行的系统性维护保养工作。根据试验任务进度,在测控装备转场前后进行。维护保养一般安排5～7天时间。具体维护保养内容与要求等,依据换季维护保养内容进行。如果维护保养与换季维护保养同步,则可以以换季维护保养代替试验前的转场维护保养。同时转场前总站要负责完成测控战位接地电阻(避雷地阻≤10Ω,信号地电阻≤4Ω)的复测工作。

针对试验转场和内场维护的部分不同之处,战位人员还要在转场前后彻底清点备品备件、工具物品、图纸资料和仪器仪表的保管情况及数量和质量情况;在转场前务必对装备所有部件进行加固处理,采取防震、防颠处理措施;在转场后要彻底对车容和车貌进行清洗、擦拭;检查装备经过长途转场后有无硬件损坏或损伤、松动及脱落等情况;对装备整机及分机进行通电检查,检查装备技术状态和备品备件工作情况。

试验期间维护保养包括冷维护保养、热维护保养。冷维护保养可参照日常维护保养内容选择进行,热维护保养作为试验期间维护保养的主要内容。试验期间维护保养工作主要包括:日常维护保养的部分内容;连接线缆的维护保养;接地电阻复测;系统自身静态测试(自检、有线、无线测试);接收机捕获灵敏度、发射机功率、实时数据检测等系统性技术指标测试和系统软件维护。该项维护内容可根据具体情况选择;测控装备系统动态联试;根据任务需要参加全系统动态合练,完成相关检测项目。

维护保养的具体内容如下:

1)连接电缆的维护保养。

2)接地维护。

3)天线驱动电机热维护保养。

4)角度标校。

5)引导接收机、跟踪接收机测试。

6）系统功能检查。

7）系统指标测试。

8）系统动态合练。

2. 试验期间维护保养的评定标准

1）天线车车体、方舱、机柜表面、标校望远镜表面、轴向电视表面、工控机表面、温湿度控制机表面、各组合表面无灰尘、锈蚀和脱漆现象，达到测控装备无丢失、无损坏、无锈蚀、无霉烂变质的"四无"标准。

2）天线机械部分、方舱、机柜机械部分、标校设备机械部分无异常损坏，磨损、锈蚀，黄油或机油涂抹无遗漏，天线升降机构工作正常。

3）系统角度标校正常，多次标校结果符合试验要求。

4）随车文档资料齐备。备品备件无丢失、损坏、霉变现象。

5）系统自身静态联试各分机工作正常，无异常情况。

6）对塔标校功能正常。跟踪接收机交叉耦合满足指标要求，并保持稳定。

7）跟踪角度随机误差应满足指标要求。

8）自检及合练过程中数据质量良好，时间无跳码，数据无连续丢帧现象。

9）系统各项技术指标满足要求。

10）大系统合练无异常情况发生。

7.5　特殊环境下的维护保养

1. 防潮、防盐雾腐蚀维护保养

防潮、防盐雾腐蚀维护结合日常维护保养一并进行，每日对电子方舱和天线车表面进行检查，发现表面有锈蚀、油漆爆裂情况时，应及时进行打磨除锈，预防盐雾侵蚀。在条件允许的情况下，方舱内电子设备每天必须加电至少一次，加电开机前，电子方舱内的温度、湿度必须满足要求后，方可加电开机，每天加电时间不少于 2h，在加电过程中认真检查设备工作状态，发现问题及时上报或解决，确保设备状态始终处于良好状态。

每 2～3 天对方舱车、天线车体、关键部位用干抹布擦拭，清除盐分颗粒，以防盐雾在潮湿气体作用下在装备表面形成结晶盐颗粒。

（1）防潮、防盐雾腐蚀维护保养的内容

1）天线车裸露在外的固定螺丝需涂抹黄油。

2）天线旋转齿轮、翻转机构、天线车及方舱车支撑腿加注润滑油，并进行密封防尘处理，用保鲜膜包裹装备支撑腿丝杠。

3）检查维护各种电源线、信号线、接头以及信号盘。

4）电子方舱摆放高度合适，枕木放置合理。

5）电子方舱内保持干燥。

（2）防潮、防盐雾腐蚀维护保养的实施办法

防潮、防盐雾腐蚀维护保养参照日常维护保养的实施办法执行。

（3）防潮、防盐雾腐蚀维护保养的评定标准

1）天线车车体、方舱、机柜表面、标校望远镜表面、轴向电视表面、工控机表面、温湿度控制机表面、各组合表面无灰尘、锈蚀和脱漆现象，达到测控装备无丢失、无损坏、无锈蚀、无霉烂变质的"四无"标准。

2）天线机械部分、方舱、机柜机械部分、标校设备机械部分无异常损坏，无磨损、锈蚀，黄油或机油涂抹无遗漏，天线升降机构工作正常。

3）线缆接头无氧化物，连接固定良好，防水绝缘胶带密封良好，热缩套管密封处理良好。

4）电子方舱摆放时，将枕木增高至20cm，确保方舱底部通风流水，枕木放置2～4根。将方舱四个支撑腿升高固定，在裸露部分涂抹黄油后，可用保鲜膜进行密封处理，防尘、防盐雾。

5）在电子方舱内放置干燥剂和除湿机。定期更换干燥剂，确保干燥剂除湿性能良好。在条件允许的情况下，除湿机每天必须加电进行除湿工作，保证方舱内部干燥。

2. 防台、防风维护保养

摆放天线车、电子方舱后，应确保能安装防风拉索，不能安装防风拉索的，要想办法进行相应固定处理，以避免因风大损坏装备。根据不同风级及不同装备采取相应处理措施，不同装备的抗风能力是有差别的，具体装备要具体对待。

（1）防台、防风维护保养的内容

1）载车。

A.注意收看天气预报，当风力达到4～7级时，正常放置，应将测控装备雷达天线方位、俯仰锁定销锁死；关好电子方舱和经纬仪载车门窗，并用插销锁死；每日检查装备防风设施情况，发现问题及时整改。

B.当风力达到7～12级时，测控装备将天线放倒，紧固装备防风拉索；光学装备载车天文罩搭扣扣死。

C.大于等于12级风时，提前拆除线缆，再将雷达天线放倒，并转移至避风位置。

2）方舱。

A.当风力小于7级时，正常放置，每日检查方舱防风设施情况，发现问题及时整改。

B.当风力7～12级时，必须检查方舱防风拉索，发现松动及时加固防风拉索，检查并确认方舱和载车轮胎用三角木固定。

C.大于等于12级风时，必须检查方舱防风拉索，若发现松动，应及时加固防风拉索。方舱外接电缆必须撤除，置于安全位置。方舱转移至避风位置。

（2）防台、防风维护保养的评定标准

1）方舱和载车活动部位紧固，无遗漏。

2）方舱和载车防风拉索紧固。

3）外接电缆处置得当，置于安全位置。

4）光学装备载车天线罩搭扣扣死。

5）方舱和载车轮胎用三角木固定。

3. 防雷、防雨维护保养

提前确认装备停放场坪是否有避雷设施、场坪接地是否符合要求，装备停放时要置于避雷设施保护范围内。每日装备关机后，不管是否有雷雨天气，必须严格按照防雷要求做好防雷准

备,确保万无一失。

(1)防雷、防雨维护保养的内容

1)严禁在有雷天气开机。

2)坚持经常性地测量接地电阻,检查避雷器工作状态,确认避雷接地良好。

3)检查电子方舱的门、窗、方舱顶、信号转接板密封条状态。

4)检查信号转接箱和翻转机构控制箱的防雨情况。

5)注意收看天气预报,提前做好防雷工作。

6)雷雨天气务必断开与其他装备的物理连接。

(2)防雷、防雨维护保养的实施办法

1)雷雨季节每周测量接地电阻,检查避雷器工作状态。

2)每周定期检查电子方舱的门、窗、方舱顶、信号转接板密封条状态,发现破损或可能引起漏雨的情况,及时采取措施防止漏雨情况发生。

3)每周定期检查信号转接箱和翻转机构控制箱的防雨情况,发现箱体破损,可能引起漏雨的情况,应及时采取措施防止漏雨情况发生。

4)待天气转晴后,立即对设备进行通风、除湿和晾晒,并在合适条件下开机检查,确认设备技术状态。

5)如发现装备某处有漏雨现象,立即用干抹布或海绵堵住渗水口,防止渗水口扩大,待天气晴朗后,先对渗水处进行通风晾晒,待干燥后及时对裂痕处用腻子补修。

(3)防雷、防雨维护保养的评定标准

1)避雷器工作正常,接地电阻符合防雷要求。

2)电子方舱的门、窗、方舱顶、信号转接板密封条状态良好。

3)信号转接箱和翻转机构控制箱无破损,防雨情况良好。

4)在雷雨天气,提前断开与其他装备的物理连接,断开装备天线与电子方舱之间的线缆连接。

参 考 文 献

[1]　朱力勇.设备维护保养的方法[J].科技与企业,2013(16):32-33.

第8章 雷达性能参数测量概述

8.1 雷达性能参数测量的意义和特点

8.1.1 雷达性能参数测量的意义

雷达性能参数测量工作贯穿于雷达装备全寿命周期的各个阶段,它是雷达整机验收、技术等级鉴定、维护检修等活动中的一项基础性技术工作,是检验雷达性能指标是否满足设计要求和评价其质量优劣的重要途径。

雷达性能参数测量,不仅在研制生产阶段,对于确保雷达装备设计合理、节约生产调试成本具有极其重要的作用,而且在使用阶段,对于提高雷达装备的可用度,确保雷达装备始终处于良好的工作状态,充分发挥雷达装备的战斗力具有极为重要的意义。通过参数测量工作,不仅能够了解雷达装备的技术状态,对其战术性能作出正确评估,为雷达指挥员的作战使用以及操纵员搜索、监视、跟踪空中目标提供依据,还能进行故障定位,提高装备维修质量和效率,减少元器件消耗。因此,无论是雷达装备的研制人员,还是验收、使用和维修人员,都离不开性能参数测量工作。可以说,熟悉参数测量的内容、掌握正确的测量方法,是雷达装备测量人员必须具备的基本技能。

在雷达出厂前开展军检验收工作时,虽然对整机及各分系统的性能指标都进行了测试标定,但在雷达使用阶段,各项性能指标是会变化的,单项指标的下降会影响雷达战术、技术性能,甚至导致雷达故障。因此,必须定期测量雷达的关键性能参数,及时掌握雷达的技术状态,如果发现某项指标下降,应采取相应措施,尽快排除故障,使雷达装备恢复到良好的工作状态。由此可见,在雷达装备使用阶段,开展性能参数测量工作的目的之一就是检验雷达性能。另外,当雷达装备的性能下降时,也需要通过参数测量来进一步查明原因。雷达探测能力下降就是典型的故障实例,雷达探测能力下降,可能的原因有发射功率下降、馈线损耗增大、接收机增益下降。必须通过参数测量来查明故障原因,进一步定位故障部位。由此可见,在雷达装备使用阶段,开展参数测量工作的另一个目的就是判明故障原因、定位故障部位。

8.1.2 雷达性能参数测量的特点

1)参数种类多。用以描述雷达性能的参数,除了无线电测量技术中常用的电压、电流、功率以及频率等基本量外,还有很多属于雷达本身特有的性能参数,如改善因子、杂波中可见度以及系统线性动态范围等。另外,雷达技术的不断进步以及各种新材料、新器件和新工艺的出现和广泛采用,必然使得雷达的性能指标日趋复杂,必将增加很多新的测量内容。

2)频率范围宽。雷达种类繁多,功能各异,工作频率范围可从几十兆赫兹到几万兆赫兹。即使在同一部雷达内,也存在着射频、中频、视频、工频以至直流电等各种不同频率的电信号。对不同的频率范围,参数的含义往往会有所不同,所采用的测量技术和测量仪器也各不相同。

3)动态范围大,精度要求高。雷达参数的量值范围差别很大,例如,测量雷达接收机灵敏度时,信号电压为微伏级,而测量雷达发射机高压时则达到千伏级,量值相差 9 个数量级。又如测量信号功率时,本振输出信号的功率为毫瓦级,而发射机输出的脉冲功率则达到几百千瓦,甚至数兆瓦,相差 8 个以上数量级。因此,雷达性能参数测量活动中,对于同一种量的测量,在不同量级测量时,其测量手段也是不相同的。

此外,在雷达性能参数测量活动中,某些参数的测量精度要求很高(例如,某型雷达铷原子钟的瞬时频率稳定度为 10^{-12} 量级),这无疑对测量手段提出了更高要求。

4)影响测量的因素多。雷达的工作频率较高,对来自雷达系统内部和外部的各种影响测量的因素都比较敏感,而且各种影响因素的特性也较复杂,例如,引线电感、分布电容会产生不需要的耦合,各种外部噪声干扰、电磁干扰、电源起伏、环境条件变化等因素也都会对测量产生影响。另外,测量仪器、仪表的工作特性(如检波特性、频率特性)也会影响测量结果。因此,在测量时应根据具体情况采取措施,减少不利影响,以保证获得精确的测量结果。

5)测量手段复杂。雷达性能参数测量的上述特点,决定了测量中所使用的仪器、仪表和设备种类多、结构复杂、价格昂贵,对测量人员的技术要求较高。而且对于特定的雷达性能参数,必须使用相应的仪器、仪表和测量设备才能进行测量。同时要求测量人员必须熟练掌握各种测量仪器的操作使用方法。

6)测量技术发展较快。随着超大规模数字集成电路技术、计算机技术和通信技术的高速发展以及相关技术在电子测量中的广泛应用,雷达性能参数测量发生了革命性变化。雷达性能参数测量技术正朝着自动化、智能化和一体化方向发展。例如,由于现代网络分析仪能够很容易地测量出被测电路网络的幅频特性和相频特性,因此,网络分析仪不仅广泛用于雷达天馈分系统的反射系数、驻波比、损耗以及馈线电气长度的测量,还用于接收机的增益、带宽、平坦度和带外抑制度等参数的测量,而且具有使用简便、测量精度高、测量速度快等优点。另外,随着测量技术的发展,新型雷达的机内测试设备可在雷达正常工作状态下完成分系统主要性能参数的测量,逐渐实现了状态监测、性能测试和故障诊断等功能的一体化。

8.2　雷达性能参数测量的基本内容

目前,对于军用雷达性能指标的分类方式有两种:一种是将雷达性能指标分为战术指标和技术指标,另一种则是将雷达的性能指标分为整机指标和分系统性能指标。讲述雷达性能参数测量时,通常按照第二种方式来划分雷达的性能指标。先讲述雷达整机性能参数的测量,如整机功耗、雷达工作频率范围、光电轴匹配、方位角标定等;然后分别讲述天馈、发射、接收、信号处理、终端、天控、配电等分系统的性能参数测量。在具体讨论雷达整机及各分系统的主要技术参数测量时,主要以测控雷达为对象进行分析研究。

8.2.1 整机性能参数

雷达整机性能参数反映的是雷达总体的战术、技术性能,主要包括工作频率、发射功率、整机功耗、整机改善因子、整机杂波可见度、整机噪声系数、探测范围、探测精度、探测分辨力、抗干扰能力、反侦察能力和抗摧毁能力等。

8.2.2 分系统性能参数

分系统性能参数反映的是雷达各分系统的具体性能。根据系统的组成,大体上可将雷达系统划分为天馈、发射、接收、信号处理、终端、天控以及配电等分系统。雷达各分系统的主要性能参数测量内容见表 8-1。

1)对于天馈分系统的性能测试,除表 8-1 中所列举的参数外,通常还包括发射状态下接收端的功率、馈线气密性以及馈线的绝缘电阻等。

2)对于发射分系统的性能测试,除表 8-1 中所列举的参数外,通常还有工作频率稳定度。由于现代雷达发射机的工作频率稳定度主要取决于频率源的频率稳定度,而现代雷达的频率源模块一般位于接收分系统,因此其性能测试问题将在接收机性能参数测量中专门讨论。

3)对于接收机的性能测试,除表 8-1 中所列举的参数外,在雷达研制阶段对接收机进行性能评价时,还需要对接收机的保真度、抗干扰能力、恢复时间和工作稳定性等指标进行测试。另外,对现代相控阵雷达接收机而言,通常还需要测量接收机的"多通道性能",其具体测量内容包括多路接收机噪声系数、多路接收机增益、多路接收机动态范围、多路接收机镜像抑制度、多路接收机幅相一致性、多路接收机幅相稳定性以及多路接收机隔离度等。

4)对于信号处理分系统的性能测试,除表 8-1 中所列举的参数外,通常还包括线性调频信号参数、脉冲压缩信号参数、杂波图动态控制功能和恒虚警性能等测量内容。

5)对于终端分系统的性能测试,除表 8-1 中所列举的参数外,通常还包括数据处理能力、录取方式、基本时序和显示能力等测量内容。

6)对于天控分系统的性能测试,除表 8-1 中所列举的参数外,通常还有天线同步稳定度和幅频特性等。

表 8-1 雷达各分系统主要性能参数

序号	系统名称	测量项目	参数说明
1	天馈分系统	天线方向图	天线方向图是表征天线的辐射特性的图形,根据方向图可确定天线的波瓣宽度、副瓣电平和方向系数
		天线增益	天线增益是表征天线的方向性的指标
		驻波比	用来描述馈线分系统的反射特性,如果馈线驻波比过大,说明馈线与发射机之间的阻抗不匹配
		馈线损耗	用来描述馈线分系统的传输特性,如果馈线损耗过大,说明馈线分系统对射频信号的衰减过大

续表

序号	系统名称	测量项目	参数说明
2	发射分系统	输出功率	发射机输出功率的大小直接影响雷达探测距离的远近
		发射机效率	反映发射机的工作效率
		工作频率	雷达工作频率是指雷达发射信号的载频
		重复频率	雷达发射机每秒钟产生的射频脉冲次数
		发射脉冲波形参数	包括脉冲宽度、脉冲上升沿时间、脉冲下降沿时间、脉冲重复频率和脉冲顶降等参数。这些指标直接影响雷达的距离分辨力、整机改善因子和杂波可见度等整机性能
		脉冲频谱	射频脉冲信号的频谱分布
3	接收分系统	中心频率	接收机工作的中心频率点
		带宽	反映接收机对信号的选通特性
		增益	反映接收机对回波信号的放大能力
		灵敏度	反映雷达接收机能够分辨的最小信号功率
		噪声系数	反映接收机内部噪声的大小,直接影响接收微弱信号的能力
		动态范围	反映接收机同时检测小信号和大信号的能力
		镜像抑制度	反映接收机对镜像频率信号的抑制能力
		频率源性能	主要测量频率源的频率、输出信号强度、杂波抑制度以及稳定度
		发射激励信号性能	发射激励信号性能的测试包括频域测试和时域测试。其中,频域测试主要测量激励信号源信噪比和改善因子。时域测试主要是测量发射激励脉冲信号的幅度、脉宽、上升沿时间、下降沿时间以及顶降等波形参数
		矩形系数	又称选频系数,它是表征接收机选择性的重要参数
4	信号处理分系统	改善因子	反映信号处理分系统对信杂比的改善倍数
		MTI 滤波器性能	反映信号处理分系统对运动目标检测的能力
		MTD 滤波器性能	反映信号处理分系统对运动目标检测的能力
5	天控分系统	转速	天线稳定旋转时每分钟所转的圈数
		转速稳定度	反映雷达天线在旋转过程中抗负载扰动的调节能力

8.3 雷达性能参数测量的基本步骤和要求

8.3.1 雷达性能参数测量的基本步骤

雷达性能参数测量工作的基本步骤分为三步:①测量前的准备工作;②实施测量;③撰写测量报告。

1. 测量前的准备工作

性能参数测量前的准备工作主要包括:

1)明确参数的含义。开展雷达性能参数测量的测量人员必须在熟悉所测雷达工作原理的基础上,明确被测参数的含义以及各分系统性能参数之间的联系和相互影响。需要注意的是,对于同一参数而言,如果其定义不同,则相应的测量方法和测量结果也不相同。

2)确定测量方法,选择仪器、仪表和测量设备。根据参数的含义以及对测量精度的要求确定测量方法,并选择相应的测量仪表和测量设备。要求所确定的测量方法在理论上是正确的、严密的,并必须确保所选择的仪表、设备条件是可行的,而且各种测量仪器必须附有适用的配套附件(有时可能还需要一些自制件)。为了逐步实现雷达参数测量的规范化,部队在开展测量工作时,应尽量使用统一配发的仪表,如精度较高的仪表,也可以进行对比校核。使用仪表的精度应比待测参数技术指标要求高出一个数量级。应对仪表进行定期检定、校准,以保持其精度。在开展测量工作前,测量人员必须熟悉仪表的正确使用方法,以保证获得准确的测量结果,确保人员和设备的安全。

3)确定是原位测试还是离位测试。通常对于雷达整机的性能参数,必须采用原位测试,而对于各分机的性能参数,可以采用原位测试,也可以采用移位测试。在雷达的研制和生产阶段,雷达生产工厂进行分机性能参数测试时,通常使用测试台来模拟整机工作条件,在测试台中安装专用的测试电路和显示装置,从而使测量过程简化。部队开展雷达性能参数测量工作时,部队限于仪表、设备和环境等条件,通常均采用原位测试,以整机作测试台,在雷达正常工作条件下开展参数测量工作。需要注意的是,拉出分机进行测试时,有时须考虑修理电缆长度对高频参数和灯丝电压的影响。

4)确定测试点。首先应根据参数的定义来确定参数的测试点。例如,测量接收机的噪声系数时,噪声信号从接收机的信号输入插座输入,而测量整机噪声系数时,噪声信号则经天线转换器输入。这说明测试点不同,所表示的参数含义是不同的。其次,在测试点的选择方面,应确保不影响被测电路的正常工作。

5)选择合适的测量环境。雷达参数测量工作都是在有一定要求的环境条件下进行的,而部队使用雷达时的环境条件往往较差,因此,对测量时必须具备的环境条件(如气候、外界电磁干扰、电源等)应预先考虑和做准备,尽量在合适的环境条件下开展性能参数测量工作,将环境条件对测量结果的影响降低到最小程度。

6)准备好被测装置。开展雷达性能参数测量工作通常有以下两种情况。一是在雷达无故障情况下进行测量,比如在雷达年维护工作中所进行的例行测量,或对雷达进行技术等级评定时所进行的测量,此时,测量前应将雷达整机调整正常,使其处于良好的工作状态。另一种情况则是在雷达装备故障修理期间进行测量,其目的是通过测量来确定故障部位。

2. 实施测量

雷达性能参数测量的具体实施步骤如下:

1)连接测量线路。根据确定的测量方法和选择的仪表和测量设备来连接测量线路。连接测量线路时应注意以下几点:①仪表、设备和被测装置应良好接地;②各连接电缆的型号、长度、走向以及接插件的配合应满足测量要求;③仪表、设备、被测装置及有关部分的开关、旋钮的位置应正确无误;④测量大功率、高电压时的安全措施应当落实到位。

2)接通仪表、设备、被测装置及有关部分的电源,按规定预热。进行此步骤时应注意仪表输出信号的幅度不要过大,以免损坏被测装置;同时还要注意防止被测装置的高压进入仪表,以免损坏仪表和测量设备。

3)按规定步骤校验仪表,如表头指针校零、刻度标志的检查等。

4)按规定步骤调谐仪表、设备和被测装置,读出仪表的刻度指示并记录。进行此步骤时要注意测量人员的位置,尽量避免和减少读数时的视角误差。

5)关机,拆除测量线路,并将被测装置恢复到原来的工作状态。

需要说明的是:如果是在雷达装备故障修理期间进行测量,其目的是通过测量来确定故障的部位,并对确定的故障部位开展修理工作,完成修理后,测量人员必须进行重复测量,直至相应性能参数满足技术要求,并做好故障修理记录。

3. 撰写测量报告

1)对测试数据进行处理,包括按照修正曲线对读数进行修正、按照给定的公式计算出最后结果以及将测量结果绘成图形等。

2)对测试结果进行分析判断,作出合格(满足技术要求)或不合格(不满足技术要求)的结论。

3)按规定格式填写《参数测量记录表》,出示本次参数测量结果报告。

8.3.2　雷达性能参数测量基本要求

1. 熟悉雷达结构

雷达种类繁多、结构复杂,在开展性能参数测量前,测量人员必须熟悉各参数相对应的分机位置、测试插孔、转接头、测试电缆型号和所需测量仪器等,以便预先准备好测量仪器、设备,正确连接测量线路。

2. 熟悉被测雷达参数的技术指标

在有条件的情况下,测量人员必须熟悉参数测量的军品标准,其中明确规定了测试环境条件、仪表精度、操作方法和适用范围,验收产品时,它具有权威性,可信度高。此外,在雷达的技术说明书中,通常也给出了雷达各分系统性能参数的技术指标要求。

需要指出的是,随着雷达技术的发展,所需要测试的技术指标越来越多,对雷达性能参数的测试也变得越来越复杂,因此必须按照分机测试、分系统测试和整机测试的先后顺序来进行分阶段性能测试,特别是在雷达研制和生产阶段,分阶段性能测试是确保整机技术指标达到设计要求的重要保证。

3. 了解测量误差

测量雷达性能参数时,测量方法、测量仪器、环境条件以及人员操作都可能引起测量误差,测量误差是不可避免的,然而测量人员可以通过对测量误差的认识,采取相应措施来减少测量误差。因此,了解测量误差对于性能参数测量工作来说是必不可少的。例如,当使用某个仪表进行测量时,只有知道了该仪表的额定允许误差,才能估计使用该仪表进行测量时产生误差的大小程度。通常,仪表的额定允许误差在使用说明书中都有明确规定,如 $\pm 0.5\%$、$\pm 1\%$ 等。搞清仪表的额定允许误差等概念的含义,才能得出测量数据与真实数值之间的实际误差,从而才能正确判定雷达性能是否合格,所测数据是否可用。

测量误差通常可以用绝对误差和相对误差两种表示方法进行描述。下面对测量误差的这两种表示形式的定义和特点进行说明。

(1)绝对误差

1)定义。绝对误差是被测量的测得值 x 与其真值 A_0 的差值,即

$$\Delta x = x - A_0 \qquad (8-1)$$

式中:Δx 为绝对误差;x 为测得值,包括测量值、标称值、示值、计算的近似值等,习惯上统称为示值;由于真值 A_0 实际上是不知道的,式(8-1)只有理论上或计量上的意义,一般无法求得,故常用实际值 A 代替真值 A_0,则

$$\Delta x = x - A \qquad (8-2)$$

实际值是满足规定准确度要求,用来代替真值的量值。在实际测量中,通常把用高一个等级的标准仪器所测得的量值作为被测量的实际值,也可以把经过修正的多次测量得到的算术平均值作为实际值,并用来代替真值。

2)特点。绝对误差具有以下特点:

A. 有单位量纲,其数值大小与所取单位有关;

B. 能反映出误差的大小与方向;

C. 不能更确切地反映出测量结果的精确程度;

D. 是一种常用的误差表示方法,较广泛地应用于各种测量中。

3)应用举例。例如,用甲波长表测量 100kHz 的标准频率,波长表测得数值为 101kHz,则绝对误差为 $\Delta x = 101 - 100 = 1$kHz。又如,用乙波长表测量 1MHz 标准频率,测得数值为 1.001MHz,则绝对误差为 $\Delta x = 1.001 - 1 = 0.001$MHz $= 1$kHz。

上述两个波长表的绝对误差虽然相同,但显然乙波长表测量精确度高,因其测量 1MHz 时才差 1kHz,而甲波长表测 100kHz 时就差 1kHz。由于绝对误差不能确切地反映测量结果的精确程度,所以除了用绝对误差以外,通常还使用相对误差来表示。

(2)相对误差

为说明测量精确度的高低,经常采用相对误差的形式来描述测量误差,它反映的是测量的准确程度。

1)定义。相对误差定义为绝对误差与约定值的比值,常用百分数来表示,也可用分贝(dB)形式来表示。约定值可以是实际值、示值或仪器量程的满度值。由于约定值的不同,相对误差有不同的名称。常用的相对误差表示方法有以下三种。

A. 实际相对误差。实际相对误差是绝对误差 Δx 与被测量实际值 A 的百分比值,即

$$\gamma_A = \frac{\Delta x}{A} \times 100\% \qquad (8-3)$$

式中：γ_A 为实际相对误差；Δx 为绝对误差；A 为被测量的实际值。

B. 示值相对误差。示值相对误差是绝对误差 Δx 与仪器的示值 x 的百分比值，即

$$\gamma_x = \frac{\Delta x}{x} \times 100\% \qquad (8-4)$$

式中：γ_x 为示值相对误差；Δx 为绝对误差；x 为被测量的读数值。由于示值可以直接通过仪表的读数装置获得，所以它是应用较多的一种方法。

C. 满度相对误差。满度相对误差是绝对误差 Δx 与仪器当前测量量程的满度值 x_m 的百分比值，即

$$\gamma_m = \frac{\Delta x}{x_m} \times 100\% \qquad (8-5)$$

式中：γ_m 为满度相对误差；Δx 为绝对误差；x_m 为被测量所在量程的满刻度值。

2）特点。相对误差具有以下特点：

A. 相对误差是一个比值，其数据与被测量所取的单位无关；

B. 能反映出误差的大小与方向；

C. 能更确切地反映出测量结果的精确程度。

γ_A 与 γ_x 多用于无线电仪器中，当相对误差较小时，两者相差甚微，一般仪表说明书中不具体指明是实际相对误差或示值相对误差。当相对误差较大时，若说明书中仍未指明，则可理解为示值相对误差。γ_m 通常用于电磁测量中的电表，也常用于以电表为读数机构的热工仪表及无线电仪表，后者如真空管电压表、微波小功率计等。电表的表头部分由于摩擦等，指针偏转的角度产生一定的误差，这个误差的大小与不同的被测值（即测量时指针偏转角度）的大小关系较小，而与测量上限（即与表头满刻度值量程）关系较大，故采用满度相对误差 γ_m 来表示。

3）应用举例。

例 1-1　如在绝对误差的应用举例中所述，两波长表的绝对误差都是 1kHz，相对误差却差别很大。两者的实际相对误差分别如下：

甲波长表的实际相对误差为

$$\gamma_{A甲} = \frac{\Delta x}{A_0} \times 100\% = \frac{1}{100} \times 100\% = 1\%$$

乙波长表的实际相对误差为

$$\gamma_{A乙} = \frac{\Delta x}{A_0} \times 100\% = \frac{0.001}{1} \times 100\% = 0.1\%$$

由此可见，后者的测量精度要比前者高一个数量级。

例 1-2　对某信号源的输出功率进行测定，当其刻度盘的读数为 100 μW，用标准功率计测量得到其输出功率为 90 μW 时，已知其允许误差为 $\pm 10\%$，请问该信号源是否合格？

解：$\Delta x = 90 - 100 = -10 \mu$W

如果采用示值相对误差表示，则有 $\gamma_x = (-10/100) \times 100\% = -10\%$，此时可判定该信号源合格；但是如果采用实际相对误差来表示，则有 $\gamma_A = (-10/90) \times 100\% = -11.1\%$，此时得到的判定结论为信号源不合格。由此可见，当相对误差较大时，γ_A 与 γ_x 相差较大，应慎重考虑选用哪种相对误差作为判定依据。

参 考 文 献

［1］ 邓斌.雷达性能参数测量技术［M］.北京:国防工业出版社.2010:112－146.

［2］ 陈涛.雷达测试系统的测试方法及其实现［D］.西安:西安电子科技大学,2014.

［3］ 刘嘉明.MIMO雷达接收机中STC增益控制技术的研究与设计［D］.西安:西安电子科技大学,2012.

［4］ 邹鹏良.太阳射电频谱仪模拟接收机研制［D］.苏州:苏州大学.2014.

第9章　整机性能参数测量

整机性能参数反映的是雷达的总体战术、技术性能,可具体细分为整机技术性能参数和战术性能参数。雷达整机技术性能参数主要包括整机功耗、整机改善因子、整机杂波中可见度和整机噪声系数等。雷达整机战术性能参数主要包括雷达工作频率范围、雷达探测范围、测量精度、分辨力、改善因子、杂波中可见度、抗干扰能力、反侦察能力和抗摧毁能力等。其中,探测范围包括最大探测距离(又称发现距离)、最小探测距离、方位覆盖范围、仰角覆盖范围(包括最大仰角和最小仰角)、速度测量范围和最大探测高度等;探测精度包括距离精度、方位精度、高度精度和速度探测精度;分辨力包括距离分辨力、方位分辨力、高度分辨力和速度分辨力;改善因子包括地杂波改善因子和动杂波改善因子;杂波中可见度包括地杂波中目标可见度和动杂波中目标可见度。

9.1　整机技术性能参数测量

9.1.1　整机系统功能检查

1. 技术要求

主要功能正常。对于存在的部分功能问题,通过采取简便措施可以保证设备正常工作。

2. 测试方法

以视检方式完成,系统功能检查记录见表9-1。

表9-1　系统功能检查记录

序号	项目	检测内容	指标要求	检测结果
1	时频终端	铷钟	锁定正常	
		晶振环路	锁定正常	
		整机功能	通信、控制正常	
2	高频接收机	整机功能	加电、通信、控制、恒温正常	
3	综合基带	频率源锁定	锁定正常	
		整机功能(软、硬件)	加电、通信、控制正常	
4	伺服分系统	整机功能(软、硬件)	加电、通信、控制正常 角度编码、时码无跳码	
5	系统监控	整机功能(软、硬件)	加电、通信、控制正常	

续表

序号	项目	检测内容	指标要求	检测结果
6	中功放	整机功能(软、硬件)	加电、通信、控制正常	
		波导气密性	单次充气维持时间大于 30min	
		充气机干燥剂	红色部分小于 2/3	
7	信标	整机功能	加电、信号幅度正常	
8	对塔标校	自跟踪	跟踪正常	
		自引导	跟踪正常	
		自跟踪/自引导切换	功能正常	
		动态标跟踪	跟踪正常	

9.1.2 整机功耗

整机功耗(又称全机功耗)是指雷达整机正常工作时所消耗的最大功率。由于雷达的供电方式有单相供电和三相供电之分,下面分别讨论这两种供电方式下的雷达整机功耗测量。

1. 单相电供电的雷达全机功耗测量

在整机电源进线处用钳形电流表夹住电源相线。开启整机电源,通过操作面板上的按键,使天线转动,并加发射高压,然后读取钳形电流表指示的电流值 I,同时从交流稳压源的电压表上读出电源电压值 U,根据下式计算出全机功耗,即

$$P = UI \tag{9-1}$$

2. 三相电供电的雷达全机功耗测量

对于三相电供电的雷达而言,其全机功耗的测量方法如下:首先,在油机车配电盘的三相输出线上,用电压表分别测量输入交流电源的三相电压(V_a、V_b、V_c)值并记录。然后,用钳形交流电流表分别测量输入交流电源的三相电流(I_a、I_b、I_c)值并记录。最后按下式计算雷达全机功耗,即

$$P = V_a I_a + V_b I_b + V_c I_c \tag{9-2}$$

9.1.3 整机改善因子

雷达所面临的杂波环境比较复杂,有地物杂波和动杂波,其中,动杂波是指海浪杂波、云雨杂波和敌方可能施放的箔条杂波。要在复杂的杂波环境中实现对运动目标回波的检测,其抗杂波能力至关重要,现代雷达通常采用动目标显示(Moving Target Indicator,MTI)或动目标检测(Moving Targets Detection,MTD)技术来提高抗杂波能力。改善因子则是评价 MTI 雷达(或 MTD 雷达)抗杂波性能的主要性能指标。MTD 改善因子和 MTI 改善因子的测量方法完全相同,本节以 MTI 改善因子测量为例加以说明。

1. 基本定义

整机改善因子又称系统改善因子。改善因子的具体定义是：雷达信号处理系统输出的信号杂波功率比$(r_o = P_{so}/P_{co})$和输入信号杂波功率比$(r_i = P_{si}/P_{ci})$之比值，即

$$I = r_o/r_i = \frac{P_{so}/P_{co}}{P_{si}/P_{ci}} = \frac{P_{so}}{P_{si}} \frac{P_{ci}}{P_{co}} = \bar{G} \frac{P_{ci}}{P_{co}} \tag{9-3}$$

式中：$\bar{G}$为系统对目标信号的平均功率增益；P_{ci}/P_{co}为杂波经信号处理后的衰减。

在实际应用中，改善因子通常用 dB 表示，其表达式如下：

$$I_{[dB]} = 10\lg\left(\frac{P_{so}/P_{co}}{P_{si}/P_{ci}}\right) = \bar{G}_{[dB]} + 10\lg\left(\frac{P_{ci}}{P_{co}}\right) = \bar{G}_{[dB]} + CA_{[dB]} \tag{9-4}$$

式中：$\bar{G}_{[dB]}$为系统对目标信号的平均功率增益（dB）；$CA_{[dB]}$为杂波经信号处理后的衰减（dB）。之所以要取平均功率增益，是因为系统对不同的多普勒频率响应不同，而目标的多普勒频率在很大范围内分布。

实际上雷达信号处理滤波器输出的杂波剩余是由多种因素引起的，它可以写为

$$P_{co} = P_{co1} + P_{co2} + P_{co3} + P_{co4} + \cdots \tag{9-5}$$

所以，系统总的改善因子 I 也是由各种因素共同决定的，即

$$\frac{1}{I} = \frac{1}{I_{o1}} + \frac{1}{I_{o2}} + \frac{1}{I_{o3}} + \frac{1}{I_{o4}} + \cdots \tag{9-6}$$

对改善因子造成影响的主要因素有天线扫描、杂波内部运动、雷达系统各主要部件工作不稳定和信号处理的模数变换器量化噪声等。因此，要使雷达对杂波具有良好的改善因子，必须合理分配各种因素的改善因子，降低各种因素对系统总改善因子的影响，特别要提高信号处理分系统对杂波内部起伏的改善因子。

雷达整机改善因子分为地杂波改善因子和动杂波改善因子，其基本测试方法如下：

(1)地杂波改善因子测试

1)通过射频信号源或雷达目标模拟器来模拟产生一个动目标信号，并将其注入待测雷达的接收机前端。

2)开启雷达发射机后，转动雷达天线，在 50km 之外寻找强度满足要求的地物回波信号。

3)在示波器上同时观察动目标信号和地物回波信号，并通过改变延迟，将这两个信号移近，调整动目标信号的幅度，让它与地物回波信号的幅度相等。

4)启动雷达的对消功能，观察对消输出后这两个信号的幅度差，这个差值就是被测雷达的地杂波改善因子。

(2)动杂波改善因子测试

1)利用射频信号源或雷达目标模拟器来同时模拟产生一个动杂波信号和一个动目标信号。

2)把这两个信号同时送入待测雷达接收机。

3)启动待测雷达的动杂波分析功能，在雷达的终端设备($P_{显}$)上观察并计算出动杂波改善因子。

2.传统测量方法

在实际测量中,严格的雷达系统改善因子测量比较复杂,测量时需要真实的运动目标和杂波背景,在很大程度上受外界环境和试验成本的制约。因此,传统测量方法通常只进行雷达MTI对消比测量、静态改善因子测量和分系统改善因子测量。

(1)MTI对消比法

MTI对消比法是一种通过测量雷达MTI对消比来计算得到雷达系统改善因子的方法。该方法适用于测试现场没有雷达目标模拟器的情况。

雷达MTI对消比(CA)是指信号处理分系统的输入、输出杂波强度之比,它反映了MTI滤波器对杂波的抑制程度。

MTI对消比常用分贝表示,其表达式如下:

$$CA_{[dB]} = 10 \lg \frac{P_{ci}}{P_{co}} \tag{9-7}$$

由于雷达MTI改善因子可以分解成系统目标信号平均功率增益$\bar{G}_{[dB]}$和雷达MTI对消比$CA_{[dB]}$,即$I_{[dB]} = \bar{G}_{[dB]} + CA_{[dB]}$。因此,实际测量中在没有目标模拟器的情况下,通过测量雷达MTI对消比$CA_{[dB]}$,然后加上系统目标信号平均功率增益$\bar{G}_{[dB]}$,即可计算得到雷达MTI改善因子。

MTI对消比法的基本测试步骤如下:

1)雷达正常开机,转动天线进行扫描,在雷达终端屏幕上搜索并选择满足要求的孤立的强地物回波(对于地面情报雷达通常要求地物杂波距离雷达站50km,强度大于45dB),然后,将雷达天线方位固定于该地物所对应的方向。

2)在信号处理机输出端口分别用示波器测量雷达MTI工作状态前后的杂波强度(如果信号处理机输出的不是模拟视频信号而是数字视频信号,则需要采用逻辑分析仪来观测)。将非MTI工作状态下的信号处理机杂波输出强度认定为对消前的杂波输入强度。根据对消前后两次测量值,可获得雷达MTI对消比$CA_{[dB]}$。

3)根据表达式$I_{[dB]} = \bar{G}_{[dB]} + CA_{[dB]}$,可计算得到被测雷达系统的改善因子$I_{[dB]}$。其中,$\bar{G}_{[dB]}$为系统对目标信号的平均功率增益。

4)改变雷达工作频率,重复第2)3)步可得到各个工作频点上的MTI改善因子,将各个工作频点上的改善因子值求算术平均值,便可得到被测雷达的MTI改善因子。

(2)静态改善因子测量法

静态改善因子测量法又称目标模拟法,这种测量方法要求在被测雷达接收机中频部分产生一模拟假目标信号,并与雷达接收到的杂波进行信号合成,产生用于雷达MTI改善因子测量所需的目标和杂波信号。在实际应用中,通常采用目标模拟器或信号源来模拟运动目标回波,并将运动目标信号注入雷达信号通道中;然后,将模拟假目标信号的相位调节到所需的多普勒频率,将强度调节到与固定地物杂波强度一致,即保持输入信杂比为0dB;这时,只要测量出信号处理机输出端的信杂比,即可得到被测雷达的静态改善因子。该方法与雷达MTI对消比测量方法基本相同,其具体步骤如下:

1)按图9-1所示连接测试设备,然后,在雷达正常工作情况下,从A/R显示器上选择一个符合要求的孤立的强地物回波(对于地面情报雷达,通常要求地物杂波距离雷达站 50km,强度大于 45dB)。

2)设置信号源为外同步工作状态,将雷达全机同步脉冲信号作为信号源的同步信号,调整信号源输出信号的频率、延时、衰减,使 A/R 显示器上运动目标回波与地物回波位置邻近、幅度相等(这时的输入信杂比为 0dB)。同时,注意调整接收机增益,使信号不致于饱和,并记录下信号源的衰减值 A_1。

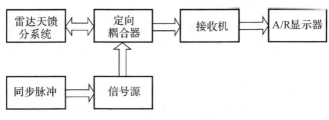

图 9-1 目标模拟法测量连接

3)启动 MTI 动目标显示对消电路,在 A/R 显示器上将观察到地物回波信号被对消,而运动目标回波没有被对消。

4)将接收机增益调置最大,同时增加信号源衰减,在 A/R 显示器上观察,使运动目标回波与对消后的地物回波剩余幅度相等,此时记录下信号源衰减值 A_2。

5)根据下式可计算得到被测雷达的改善因子 $I_{[dB]}$:

$$I_{[dB]} = |A_2 - A_1| \tag{9-8}$$

(3)分系统改善因子测量法

该方法是将测量得到的信号处理分系统改善因子当作雷达整机改善因子。其基本步骤如下:首先,根据理论公式产生符合测试要求的目标和杂波信号,并将其直接加到雷达信号处理分系统的输入端;然后,测量 MTI 工作状态前后的信号处理分系统输出端的信杂比,并且将非MTI 工作状态下的信号处理输出端的信杂比认定为对消前的信杂比;最后,根据测量得到的对消前后信杂比来计算得到信号处理分系统改善因子,并将其当作雷达整机改善因子。

(4)传统测量方法的缺点

传统测量方法存在以下几个方面的不足。

1)测量误差大。

A. MTI 对消比测量方法中的信号平均功率增益通常由理论计算得到,并非实际测量结果,因此最终得到的改善因子存在较大误差。

B. MTI 对消比测量和静态改善因子测量两种方法都是相对于固定、孤立的物杂波进行测量的,都属于静态测量,忽略了天线扫描调制对杂波谱的展宽特性,由此获得的改善因子存在着一定误差。

C. "分系统改善因子测量"方法中的测试信号是直接从信号处理分系统的输入端加入的,而并非通过天馈、接收等通道进入信号处理分系统,因此测量得到的改善因子只能反映信号处理分系统的性能,不能完全反映被测雷达整机通道的特性。

2)无法测量动态改善因子。与地物杂波相比,海浪、云雨杂波的时空性变化较大,无法稳定获取杂波的强度。因此,传统测量方法一般只对固定地物杂波下的改善因子进行定量测量,对海浪、云雨杂波只能作定性评价。另外,对于双模或多模杂波的 MTI 改善能力,以及载体运动所引起的杂波谱变化情况下的 MTI 改善能力,采用传统测量方法无法进行考核。

3. 改善因子动态测量方法

由于传统测量方法存在一定局限性,受时间、地域、被试雷达体制及配套测量设备等因素的影响较大,为此,雷达行业各主要研究机构一直在探寻动态测量 MTI 雷达改善因子的方法,以实现真正意义上的雷达抗杂波性能评估。下面是一种初步解决方案的构想。

(1)改善因子动态测量系统组成

要全面评价雷达整机改善因子,需要为雷达提供真实的动目标和杂波环境。如果动目标的速度可连续变化、杂波环境可灵活改变,就可采用相参采集设备对雷达进行全面的 MTI 性能测试,得到雷达在不同杂波背景下的改善因子。

最理想的状态是在真实的目标和杂波环境下动态测量雷达整机改善因子,但在实际测量中要建立完全真实的目标和杂波环境,无论是从经费上还是可行性上都是不太可能的。因此,在实际测量中都是采用系统仿真设备来模拟测量所需的目标和杂波环境。

该系统由相参目标生成设备、杂波无损回放设备和高速实时采集设备三部分组成。

1)相参目标生成设备。相参目标生成设备是一台射频信号转发装置,它与被试雷达是完全相参的。设备接收频率范围为 $1 \sim 8\ GHz$,通过对接收回波的相位旋转和增益控制,能够产生相对于雷达站径向速度为 $0 \sim 1\ 000\ m/s$、相对于接收机灵敏度强度为 $0 \sim 80\ dB$、在任意指定位置的目标信号,并通过空中辐射进入被试雷达的信号通道,作为 MTI 改善因子测量所需的目标信号。

2)杂波无损回放设备。无源杂波包括地物杂波、海浪杂波、云雨杂波以及箔条杂波等。这些杂波的特性都随着地域、气象等条件的不同而有较大的变化。虽然某些杂波符合特定的分布规律,但是根据数学模型产生的杂波与真实的杂波之间仍然存在较大的差异。为能灵活提供真实的杂波背景,该设备能够将雷达工作在各种杂波环境下的杂波背景录制下来,当需要测量时再将其无损回放,从而实现真实杂波背景的再现。杂波无损回放设备由杂波采集、杂波存储和杂波回放三个部分组成。

3)高速实时采集设备。高速实时采集设备的主要任务是完成对雷达 MTI 改善因子的动态测量。设备可灵活选择目标和杂波区域进行高速采集、存储,完成原始数据处理,并实时计算出被测雷达的 MTI 改善因子。设备采样位数为 12b,采样频率可达 200MHz。

(2)改善因子动态测量系统工作原理

进行雷达改善因子测量时,改善因子动态测量系统需要自建测量条件。相参目标生成设备产生射频目标回波,杂波无损回放设备回放中频杂波背景;调节相参目标生成设备的参数,使目标回波信号置身于杂波背景中;同时,在一定速度范围内对目标回波信号进行多普勒频率调节。高速实时采集设备分别对信号处理前后的目标和杂波强度进行区域采集,计算目标回波信号在零速至雷达盲速区间内各点的 MTI 改善因子,并绘制成"目标速度-改善因子"变化曲线,得出雷达在当前杂波背景下的 MTI 平均改善因子;然后,改变雷达状态或杂波背景,再进行改善因子测量,可测量得到雷达在不同杂波背景下的 MTI 改善因子。

1)杂波背景选取。为了满足试验需求,确保系统能够测量出被试雷达改善因子,必须保证杂波具有足够的强度。在实际杂波环境较复杂的情况下,可直接用真实的杂波作为系统测量的杂波背景。在一般情况下或目标回波不能置身于杂波中的情况下,可以采用杂波实时回放的方法,在中频将杂波信号注入信号通道中,与动目标回波一起进入雷达信号处理分系统。在雷达日常工作中,当遇到典型的杂波背景时,可随时将杂波背景采集并保存,以供测量时使用。

2)动目标回波产生。相参目标生成设备架设于距雷达 200m 左右的地点,方位为所选取的杂波背景方向(若采用回放的背景,则可在任意方向架设)。采用被试雷达的时钟信号作为相参目标,生成设备的同步信号,以保证系统的相参性。当设备接收到被试雷达信号时,接收信号通过频率合成器进行下变频,经高速 A/D 转换、相位旋转、延时后再经高速 D/A 转换,通过频率合成器进行上变频,然后经功率放大并向空中辐射;调整信号延时,使目标的距离位置处于杂波环境之中。调整信号增益时,使目标强度高于杂波强度,便于在杂波中发现目标。目标的多普勒频率可通过控制相位旋转量进行调节。由于相参目标生成设备为转发式信号源,且所模拟的目标距雷达站 10km 以外,因此,设定目标的有效回波数不大于被试雷达两倍波束宽度内的回波数。

3)信号采集。高速相参实时采集设备采用被试雷达时钟信号,以保证系统相参性。根据被试雷达伺服系统提供的方位信号、定时分系统提供的时钟信号和雷达终端提供的目标指示信号,通过区域控制模块来控制 A/D 采集区域,确保采集到目标和杂波。被试雷达信号处理分系统信号输入端和视频输出端分别与 A/D 采集卡双通道输入端相连。

4)数据分析。在系统测量中,被试雷达正常工作,信号处理分系统工作于 MTI 状态,天线按正常的转速运转。采样的数据实时保存,同时进行改善因子的计算统计,得出实时测量结果。在采集区域内,系统在每个雷达周期内进行一次采集。由于采样频率较高,一个距离单元将获得 J 个信号样本值。这样,对于目标来讲,每个周期就有 $S_{t_1} \sim S_{t_2}$ 个信号输入值,对于杂波来讲,有 $C_{t_{K1}} \sim C_{t_{KJ}}$ 个信号输入值,其中 K 为距离单元数;对输入目标和杂波样本值进行适当选取,保证每个雷达周期获得唯一一个 MTI 改善因子值 I_i;若雷达天线周期内有多个目标回波,则将 m 个改善因子值进行平均,从而得到一次测量值:

$$I = \sum_{i=0}^{m-1} I_i / m \qquad (9-9)$$

将每一次雷达天线周期的改善因子测量值记录下来,同时也可将若干个测量值在时间轴上绘制成曲线,以观察被试雷达 MTI 改善因子的变化情况。

根据改善因子测量要求,目标的多普勒频率范围对应于雷达站径向速度范围为 0~1 000 m/s,即

$$f_d = \frac{2\,v_r}{\lambda} = \frac{2\,v_r}{c} f_x \qquad (9-10)$$

目标生成设备所能接收的频率范围 f_x 为 1~8GHz,则根据被试雷达的工作频段(L、S、C),f_d 的最大调节范围应为 6~60kHz。将 $f_{d\max}$ 区间内分成 n 个点,控制全相参目标生成设备在连续的天线周期内分别发送 n 点含不同多普勒频率的目标信号,这样就可以获得被试雷达在相同杂波背景中,对于径向速度不同的目标信号的 MTI 改善性能,如果将这些获得的改善因子测量值进行平均,即可得到被试雷达的平均改善因子:

$$I = \sum_{i=0}^{m-1} I_i / n \qquad (9-11)$$

另外,如果单纯采集目标信号,还可以获得被试雷达 MTI 滤波器的幅频特性。

9.2 整机战术性能参数测量

9.2.1 雷达工作频率范围

测量雷达工作频率范围时,通常需要测量雷达工作频率和工作带宽。雷达工作频率是指雷达发射信号的载波频率。工作带宽是指雷达信号载波频率的可变化范围,通常在某一频带范围内选取若干频率点,作为雷达的工作频率点。雷达工作频率范围的测量方法在发射分系统测量中已作介绍,这里不再赘述。

9.2.2 探测距离

在雷达整机战术性能参数中,用来描述探测威力(又称探测范围)的主要指标有最大探测距离(又称发现距离)、最小探测距离、方位覆盖范围、仰角覆盖范围(包括最大仰角和最小仰角)、速度测量范围和最大探测高度等,对于跟踪雷达而言,还包括最大跟踪距离、最小跟踪距离。在这些指标中,最大探测距离是表征雷达探测威力最为重要的指标,下面介绍几种检验雷达最大探测距离的常用方法。

1. 检飞试验法

这是一种通过检飞试验来检验雷达探测威力的方法。在实际工作中,每部新型号雷达在设计定型后,必须通过检飞试验来检验雷达的战术性能。也就是在规定的发现概率、虚警概率、目标截面积以及天线转数等条件下,通过检飞试验来检验待测雷达的探测威力、探测精度和分辨力等战术性能。有关检飞试验的具体实施方法请参考雷达检飞大纲。

2. 技术指标分析折算法

这是一种通过技术指标测试和计算,分析雷达的最大作用距离的方法。按照雷达方程,脉冲雷达自由空间作用距离计算方程如下:

$$R_{\max} = 239.3 \left[\frac{P_t \times \tau \times G_t \times G_r \times \sigma \times F_t(\theta) \times F_r(\theta)}{f^2 \times T_s \times D_0 \times C_B \times L_\Sigma} \right]^{1/4} \qquad (9-12)$$

其中,P_t 为发射机峰值功率,kW;τ 为脉冲密度,usec;G_t 为发射 天线增益;G_r 为接收天线增益;δ 为目标的雷达反射截面积,m^2;$F_t(\theta)$ 为发射路径的方向图传播因子;$F_r(\theta)$ 为接收路径的方向图传播因子;f 为雷达工作频率,MHz;T_s 为等效噪声温度,K;D_0 为检测因子;C_B 为带宽修正因子;L_Σ 为系统各种损耗之和。

将测试数据、查表结果和部分经验值代入式(9-12)中,即可估算出目标截面积为 $\sigma(m^2)$ 的最大发现距离。其他类型的雷达也可按照其威力计算公式进行核算。

3. 民航飞机验证法

这是一种通过选择性地观测民航飞机,并通过统计分析来估算雷达最大作用距离的方法。雷达截面积(Radar Gross Section,RCS)最小,并在一定的角度范围内保持稳定。小型战斗机的迎头方向 RCS 为 1～2 m²，而大中型喷气式飞机迎头方向 RCS 为 20～40 m²。因此，可采用民航飞机模拟的方法来测试雷达系统的能力，具体步骤如下：

1）雷达开机正常工作，技术指标合格，并标定好相应的虚警概率。

2）观察各方向的民航飞机，重点是径向飞行的各班次民航飞机（要求飞行航线偏离径向方向小于±15°），找到最大距离超过规定威力的航线。

3）按照威力指标规定的目标截面积 σ_1，计算民航机截面积 σ_2 需要折算的得益 $10\lg(\sigma_2/\sigma_1)$。比如，对于歼 7 类飞机（1～2m²），民航机（20～40m²）相对要高 13～16dB 的 RCS。

4）通过人工调节式雷达作用距离方程中的有关参数来抵消民航机带来的得益，具体可以通过降低集中式全固态发射机的输出功率、减少发射机脉冲宽度、增加收发通道损耗、提高检测门限等简便、可行的方法来抵消民航机带来的得益。比如，可以通过将检测门限提高 13～16dB，来抵消民航机带来的得益。

5）通过大量统计，设定航线上民航飞机的检测情况便可得到被测雷达的最大探测距离、最小探测距离等指标。

9.2.3　探测精度

雷达探测精度一般包括距离探测精度和方位探测精度，有的还包括仰角探测精度、高度探测精度和速度探测精度。对于无源雷达而言，还包括测频精度和圆概率误差（Circular Error Probable，CEP）定位精度，对于用来测量导弹弹道轨迹的精密跟踪雷达而言，还包括发点、落点 CEP 定位精度。检验雷达距离探测精度、方位探测精度的方法通常有两种：一种是转发模拟信号的方法；另一种是民航机搭载 GPS 的方法。

1. 转发模拟信号的方法

该方法的测试连接如图 9-2 所示。其基本测量方法步骤如下：

1）按图 9-2 所示进行测量连接。

2）人工标定信号源发射信号的方位。

3）雷达天线转动，开启发射机，在雷达终端显示画面设定距离位置出现模拟目标。

4）半自动记录目标，终端数据处理记录模拟目标的坐标数据信息。

5）分析数据，估算出雷达对目标方位、距离的测量均方根误差，即测量精度。

图 9-2　雷达测量精度测试框图

2. 采用民航机搭载 GPS 的方法

该方法的基本测量方法步骤如下：

1）测试时，相关人员携带 GPS 乘坐指定民航飞机。

2）GPS 开机，自动记录所乘航次民航机经过的地理坐标信息和高度信息。

3）测试雷达开机，自动记录所观测民航机的跟踪信息。

4）对同时段、同批次的 GPS 记录的民航飞行数据与雷达记录的目标跟踪数据进行比较。

5）计算出雷达对目标的方位、距离和高度测量均方根误差，即精度。

9.2.4　分辨力

探测分辨力是雷达装备探测性能的另一个重要指标，具体包括距离分辨力、方位分辨力、高度分辨力和速度分辨力等。下面讨论雷达距离分辨力和方位分辨力的测试方法。

1. 测量连接

雷达探测分辨力的测量连接如图 9-3 所示，在距离雷达适当位置放置两个模拟信号源及其收发天线，其中，信号源 1 与待测雷达之间的距离为 R_1，信号源 2 与待测雷达之间的距离为 R_2，R_1、R_2 数值大小均满足远场测试的要求，$\Delta R = R_2 - R_1$。待测雷达与两个信号源之间在方位角度上相差 $\Delta\theta$。

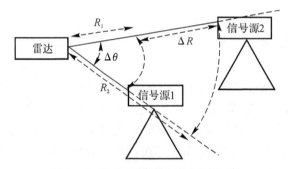

图 9-3　雷达探测分辨力的测量连接

2. 测量方法步骤

1）信号源发射信号延迟在 $100\sim200$km 之间，信号源 1 比信号源 2 延迟 $\frac{\Delta R}{150}(\mu s)$ 发射信号，发射信号参数与雷达相同。

2）雷达天线转动，雷达终端显示画面同一距离放置，放大后出现两个模拟目标，方位相距 $\Delta\theta$，即为雷达方位分辨力。

3）信号源发射信号延迟在 $100\sim200$km 之间，信号源 1 与信号源 2 同时发射信号，发射信号参数与雷达相同。

4）雷达天线转动，雷达终端显示画面同一方位放大后，出现两个模拟信号，距离相距 ΔR（m），即为雷达距离分辨力。

需要指出的是，对于跟踪测量雷达而言，除了可以通过上述方法来测量雷达的探测威力、精度和分辨力之外，还可通过跟踪标准球的方法来进行测量，基本测量步骤如下：首先，在气球下悬挂一个雷达反射截面积已知的标准球并放飞气球；然后，用雷达跟踪气球下的标准球，系统实时采集记录测量数据信息（包括方位、俯仰角、距离和信噪比等）直到目标丢失，此时，可将该雷达的最大跟踪距离（目标丢失前跟踪点的距离）作为雷达的最大作用距离。这种方法的优点是试验条件很好满足，测试试验方便，费用低。缺点是标准球的高度比较低（取决于气球的飞行高度），远区雷达的俯仰角会很低，使得多路径效应对雷达探测威力的影响增大，测量误差较大。另外气球的飞行路线随气流变化,影响雷达对目标的稳定跟踪。

9.2.5　抗干扰能力

1. 抗有源干扰的技术措施

根据干扰信号的能量来源,通常可将雷达干扰分为有源干扰和无源干扰,雷达抗干扰能力可细分为抗有源干扰能力和抗无源干扰能力。

抗有源干扰的技术手段主要是充分利用雷达信号和干扰之间在空、时、频等的差异性来实现抗干扰。雷达抗无源干扰的技术主要包括 MTI 技术、脉冲多普勒(Pulse Doppler,PD)技术和动目标检测(Moving Targets Detection,MTD)技术。它们都是基于多普勒效应原理实现在杂波背景下检测运动目标,从而提高雷达抗无源干扰的能力,其目的就是将目标与无源干扰物区分开来。

多普勒效应是指当发射源和接收者之间有相对径向运动时,接收到的信号频率将发生变化。当目标对雷达作径向运动时,径向速度最大,则接收信号频率变化量最大;当目标对雷达仅有切向速度时,不产生多普勒频移;当目标对雷达作相向运动时(向站飞行),接收信号频率升高;当目标对雷达作相背运动时(背站飞行),接收信号频率降低。

不管是有源干扰还是无源干扰,归结起来,现代雷达主要采用的抗干扰技术主要有以下几种。

(1)频率对抗技术

频率对抗技术是指雷达占用较宽的频段,迫使干扰机也占用宽频段,从而降低了干扰功率的密度,减轻了干扰威胁的各种技术措施。频率对抗是一种应用广泛而且很有效的反干扰措施。频率对抗的具体技术措施包括固定跳频技术、频率捷变技术和频率分集技术。

1)固定跳频技术。固定跳频是指雷达工作频率可以在不同频率上或同一频段的不同频率上进行离散跳频,通常可采用机械跳频和电子跳频两种方式。由于前者的连续变化速度太慢,因此,大多数采用电子跳频技术来有效地对抗瞄准式干扰。

2)频率捷变技术。频率捷变技术即脉间跳频技术,是发射脉冲信号的载频作脉间变化或脉组变化的技术。频率捷变的方式可以按一定的规律变化,亦可随机跃变,还可以针对干扰频谱的空隙或弱区,进行自适应频率捷变。频率捷变技术的突出优点是反干扰能力强。由于脉冲间跳频能使雷达频率在两脉冲之间随机地跳过较宽的范围,从而使瞄准式干扰机来不及追随而失效,阻塞式干扰机虽然可以干扰,但也很难以足够的功率覆盖整个雷达的跳频带宽。在雷达发射机平均功率不变的条件下,应用宽带频率捷变雷达是目前抗杂波干扰的较好方法。

3)频率分集技术。和频率捷变技术一样,它的目的也是迫使干扰机宽带内分散其干扰功率从而削弱其干扰作用。所不同的是,频率捷变是在一极短的时间内依次或无规律地占有一个频带,而频率分集是同时或交替地占有一个较宽的频带。雷达采用频率分集技术后,可增加雷达总的发射功率,提高信噪比,降低目标起伏对测角精度的影响。频率分集体制还增强了雷达抗积极干扰的能力。频率分集雷达由于具有几个工作频率,当遭到敌方瞄准式干扰时,只能使其一路或两路失效,其他的仍能照常工作。它还能迫使阻塞式干扰机的干扰频带加宽,从而降低其干扰功率密度。

(2)"宽—限—窄"电路

这是一种用来抑制噪声干扰,可提高信噪比的技术,它通常由宽带中频放大器、限幅器和窄带中频放大器串联而成。宽带中频放大器的作用是将连续噪声调频波变为离散的随机窄脉冲,它要求宽带中放的通频带大于信号带宽,但比噪声调频波的干扰带宽窄。限幅器的作用是对噪声随机窄脉冲序列进行限幅,把干扰脉冲幅度大于有用信号的那部分切割掉,该电路的限幅电平应等于信号电平。窄带中放通常为原接收机的信号中放电路,它的作用是将干扰窄脉冲展宽,从而减小干扰幅度,而对有用的回波信号却不失真地放大,从而能从干扰中发现有用的信号。

(3)MTI 技术

MTI 技术是一种利用运动目标与固定目标回波之间多普勒频率存在的差别,来实现固定目标回波和慢动目标回波对消的同时显示运动目标的技术。它的特征是根据动目标和无源杂波(固定杂波和慢动杂波)信号的多普勒频移不同,设置相应的对消滤波器来抑制杂波。采用 MTI 技术可消除(或减轻)箔条干扰和地物回波。

(4)PD 技术

PD 技术是一种利用多普勒匹配滤波检测动目标信息的技术。它与 MTI 技术的主要区别在于前者的信号处理中使用了多普勒匹配滤波器,提高了信噪比,因而具有更好的动目标检测性能。

(5)副瓣匿影(Side Lode Blanking,SLB)

副瓣匿影又称副瓣消隐,采用副瓣匿影技术的雷达设计了辅助天线和辅助接收通道。通常信号是从主瓣进来的,由于辅助接收天线的增益通常略高于主波束的第一副瓣(远低于主瓣增益),因此对于正常目标回波信号而言,主通道会大于辅助通道。如果辅助通道的接收信号大于主通道,则说明该信号是从旁瓣进入接收机的,此时信号处理分系统将闭锁主通道,从而避免副瓣干扰。副瓣匿影是对付旁瓣干扰的有效手段,但它存在一个显著的缺点,就是过度匿影会影响正常目标回波信号的检测。

(6)杂波图和剩余杂波图

杂波图和剩余杂波图处理的基本工作原理是:首先,将雷达的作用范围按距离和方位划分成许多小的单元;然后,利用统计的方法计算出各杂波图单元内的平均背景(电平),并以此作为检测的门限;雷达工作时,较长时间出现的杂波(干扰)将会使杂波背景相应抬高,最终使剩余杂波不再超过门限从而受到抑制,而由于飞机目标的运动速度快,对杂波背景的估算影响小,因此能够被检测出来。需要说明的是:虽然采用杂波图和剩余杂波图可以部分消除杂波,减少噪声干扰,但对目标信号会造成一定的损失。

(7)恒虚警率处理

恒虚警率处理(Constant False Alarm Rate,CFAR)技术是指保持雷达虚警概率恒定的同时,使目标信号检测概率最大的检测技术。恒虚警率处理具体包括噪声恒虚警(慢门限)和杂波恒虚警(快门限)。通过采用恒虚警率处理技术,可以部分消除噪声干扰、同步距离假目标干扰和异步距离假目标干扰。

(8)扇区寂静

扇区寂静技术是指当一定区域内主瓣的干扰过强或者无法消除时,采用发射屏蔽技术以牺牲一定区域内的空情保障来提高其他区域的空情保障能力的技术。该技术主要是针对强有源干扰,其代价是牺牲部分扇区的探测能力。

（9）极化对抗

极化对抗又称为极化滤波,它是利用干扰与目标回波信号在极化特性上存在的差异以及人为制造或扩大的差异,采取的抑制干扰保留信号的技术对抗措施。极化对抗技术在实践中取得成功主要决定于两个因素:①对干扰极化方式的快速测量;②要有快速改变极化方式而且极化方式能任意变化的天线馈电系统。

（10）复合型反干扰技术

在实际工作中,为了适应不同的战场环境,现代雷达设计了多种工作方式并存的反干扰技术。不同的方位扇区可以根据作战要求来选择不同的工作方式,使雷达在不同的环境下减少杂波影响和各种干扰的影响。如某型对空情报雷达,设计有 4 种工作方式。

1）引导工作方式:探测量程为 300km,此时雷达具有较强的探测能力。

2）气象工作方式:探测量程为 190km,此时信号处理的门限被抬高,主要应用于受严重气象/箔条干扰的情况。

3）集能工作方式:探测量程为 300km,将雷达探测波束集中在一个波束上,主要应用于探测重要目标或微弱目标的情况。

4）中低空工作方式。探测量程为 190km,主要采用 MTD 技术来抑制杂波干扰,提高发现运动目标的概率。

由于干扰种类较多,特别是由常见干扰类型组合的复合干扰样式更多,因此必须依据干扰类型和强度采取综合的反干扰措施和手段。如某型对空情报雷达可根据干扰情况来灵活配置,各种配置实际上是上述两种或多种反干扰措施的组合。

2. 抗有源干扰能力测试

雷达的抗有源干扰能力主要体现在变频能力、反副瓣干扰能力和副瓣对消能力上。另外,有的雷达还具有各种抗干扰电路,如采用宽带限幅器来反噪声调频波干扰,在实际考察中需要通过逐项操作来检验各种抗干扰电路。

变频能力考察的主要内容有人工变频能力和自适应频率捷变,反副瓣干扰能力考察的主要内容有天线水平副瓣电平和副瓣匿影功能。在实际工作中,主要是通过测量雷达变频的高频相对带宽和频带内的变频点数来确定雷达的人工变频能力;天线水平副瓣电平可通过测量天线方向图得到,相关测量方法请参考矢馈分系统测量。下面重点讲述自适应变频能力、副瓣匿影和副瓣对消等功能的测试方法。

（1）自适应变频能力测试

对于各种现代情报雷达而言,自适应变频能力的测试方法大致相同,通常是将由模拟器产生的干扰信号输入到待测雷达的接收通道或干扰侦察接收机,然后观察雷达是否能够自动检测到干扰频率点,并自动跳频到最小干扰点上(具体观察雷达工作频率的变化情况,以及雷达 P 显上的干扰情况),由此来判断待测雷达是否具有自适应变频能力。具体测量步骤如下:

1）将被测雷达设置为人工变频工作模式,天线正常转动,干扰模拟器(置于距雷达天线 50～100m 处)的输出经喇叭从空中向待测雷达辐射,干扰模拟器置于点频状态时,工作频率与雷达一致,使雷达受到干扰,从显示器上观察受干扰情况。

2）将被测雷达设置为自适应变频工作模式,在显示器画面上可看到自适应跳频效果;将干扰模拟器置于扫频状态时,扫频设置中去掉相邻的两个雷达工作频率点,扫描输出如图 9 - 4 所示,使雷达受干扰,从显示器上观察受干扰情况。

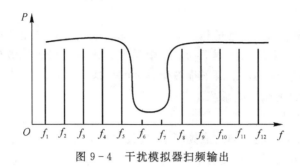

图 9-4 干扰模拟器扫频输出

3)采用自适应变频方式,在显示器画面上观察自适应跳频效果,看雷达工作频率是否落在干扰模拟器没有扫描的频率点中。

需要指出的是:

A.雷达的自适应变频有自适应脉间变频、自适应脉组变频和随机捷变频等模式,进行自适应变频能力测试时,可通过监控分机的信号处理控制界面选取相应的变频模式。

B.测试雷达的自适应变频能力时,除了使用干扰模拟器,通过空间辐射的方式完成测试,还可以使用干扰信号源,经衰减器从雷达接收机前端将干扰信号注入接收通道中来完成测试。

(2)副瓣匿影功能测试

副瓣匿影又称副瓣消隐,在有的参考书中也称旁瓣匿影,或称旁瓣匿隐。在具体工程应用中,副瓣匿影的测试又分为静态测试和动态测试(即外场测试)。

1)静态测试。副瓣匿影静态测试的主要评价指标有响应时间与恢复时间。

A.副瓣匿影响应时间测试。副瓣匿影响应时间测试原理如图9-5所示。

图9-5中,雷达在只接收不发射状态下工作。射频信号发生器从主天线输出端注入射频信号,射频脉冲触发器从辅助天线输出端注入射频触发脉冲。射频信号与射频触发脉冲频率相同,且都在雷达工作频段范围内,射频触发脉冲幅度大于射频信号幅度。当然,图9-5中的射频脉冲触发器可以和射频信号发生器合并,此时只需要在信号输入主路接收机前加一个衰减器即可(保证主路接收信号小于副路接收信号)。示波器一路接射频脉冲触发器输出,另一路接选通器输出,在示波器上可读出副瓣匿影的响应时间。在雷达作用频段范围内,按一定步长改变射频信号发生器和射频脉冲触发器输出信号的频率,再测量副瓣匿影的响应时间。通过多次测量,可得出副瓣匿影响应时间的最大值和平均值。

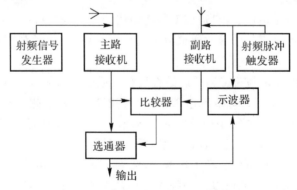

图 9-5 副瓣匿影响应时间测试原理

B.副瓣匿影恢复时间测试。由于副瓣匿影恢复时间的测试原理和方法与副瓣匿影响应时间相同,因此不再赘述。

2)外场测试。副瓣匿影外场测试主要是检验雷达对旁瓣强信号是否具备匿影功能,基本测量步骤如下:首先,被测雷达系统开机,并确保其处于正常工作状态;然后,在待测雷达一定距离的位置设置一辐射源(可用微波信号源来实现,产生与雷达工作频率相同的射频脉冲信号),并将辐射源天线对准待测雷达副瓣定向辐射;最后,雷达天线以正常转速旋转,当匿影控制关闭时,雷达 P 显画面上将出现环形目标,如果待测雷达的副瓣匿影功能正常,则开启副瓣匿影功能后,显示画面上只在天线主瓣对准干扰天线时有目标,其他方向无目标。

3)副瓣对消(Sidelobe Cancelling,SLC)功能测试

副瓣对消也称旁瓣对消,雷达旁瓣对消性能是衡量雷达整体性能的一个重要指标,旁瓣对消技术是雷达抗有源干扰的一种重要手段,在现代雷达中发挥着重要的作用,其应用已十分普遍。旁瓣对消系统的目的是,抑制通过雷达副瓣进入的具有高占空比和类似噪声的干扰。它和旁瓣匿影一样,主要是对付副瓣干扰,但副瓣对消克服了副瓣过度匿影的缺点,在对付噪声压制干扰方面具有明显优势。

在工程应用中评价旁瓣对消/自适应旁瓣对消性能的技术指标主要有两个:一个是通道的均衡性,也就是主通道与辅助通道之间的均衡性,它是影响对消效果的一个重要因素,该指标可以用静态测试方法进行测试,也可以通过外场进行动态试验来测量;另一个是旁瓣对消比,旁瓣对消比通常需要通过外场动态试验来检测。

1)通道均衡性测试。通道均衡性测试通常包括幅度和相位两个参数,这两个参数包含了测试通道的幅相不一致和频带的幅度不一致等信息,通常情况下相位不一致的影响要远大于幅度不一致的影响,这也是进行外场动态测试时对信号源严格要求的原因。

通道均衡性的两种测试方法是有差别的,静态测试通常只能测试接收机前端(射频信号接入点)至中放之后的均衡性,而外场的动态测试则可以测试天线至中放的均衡性,所以外场动态测试的准确性要好于静态测试,但外场动态测试对设置的信号源是有要求的,通常需要满足远场信号,主要是为了保证各接收通道在接收信号时不存在相位差(或确知相位差),而这一点在实际应用中通常很难办到,所以通道均衡性的测试通常采用静态测试的方法,下面我们就以静态测试为例进行说明。

振幅法是测量旁瓣对消通道幅度参数的常用测量方法,其测量原理如图 9-6 所示。

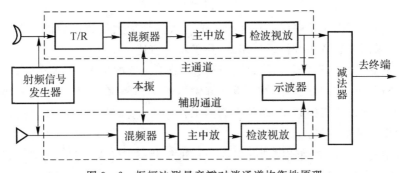

图 9-6　振幅法测量旁瓣对消通道均衡性原理

在图 9-6 中,在主通道和辅助通道输入端(天线输出端)接入一射频信号发生器,而在它

们的输出端接入一双踪示波器。射频信号发生器产生两路完全相同的射频信号(当然,射频信号的频率需在该雷达的工作频段内),分别注入主通道和辅助通道。用示波器观测主通道与辅助通道的输出信号幅度,以判断其通道均衡特性。如果主通道与辅助通道输出的信号幅度重合性较好,则表示其通道均衡性较好;否则,其通道均衡性较差。根据主通道输出波形与辅助通道输出波形在幅度上的相对差值,可以计算出其通道均衡性的具体值。当存在多个辅助通道时,就需要采用上述的方法进行重复测试,假设存在三个辅助通道,则通过三次测量就可以得到主通道的三个辅助通道的幅度值,第一次测试主通道和第一辅助通道,第二次测试主通道和第二辅助通道,第三次测试主通道和第三辅助通道。在实际测试中,也可以应用工分器,一次性实现四个通道的测量,具体实现如下:在射频信号发生器输出端接一个一分四的工分器,工分器的四个输出分别接入主通道和三个辅助通道,通过示波器分别测量出各通道的输出信号幅度,就可以计算出各通道的均衡性。

除振幅法之外,还可以采用中频相干法来测量旁瓣对消通道的均衡性,其测量原理与振幅法基本相同,所不同的是振幅法旁瓣对消的通道均衡性只能表示其幅度的均衡性,而中频相干法旁瓣对消的通道均衡性包括幅度均衡性和相位均衡性。在中频相干法中,根据主通道输出波形与辅助通道输出波形在幅度上的相对差值,可计算出其幅度均衡性的具体值,而根据主通道输出波形与辅助通道输出波形在相位上的相对差值,可计算出其相位均衡性的具体值。

另外,除上述方法之外,也可以直接通过数值方法计算得到,现在的大多数雷达在中频之后均转化成数字信号进行传输,所以此时直接读出中频之后 I 和 Q 通道的数字信号,就可以直接计算得到幅度和相位值。假设主通道和辅助通道得到的数据分别为

$$\left.\begin{array}{l} x(t) = x_r + j \cdot x_i \\ y(t) = y_r + j \cdot y_i \end{array}\right\} \tag{9-13}$$

式中:x_r 和 y_r 为数据的实部;x_i 和 y_i 为数据的虚部,则计算可得不一致系数,即

$$\alpha = \frac{x(t)}{y(t)} = \frac{x_r + j \cdot x_i}{y_r + j \cdot y_i} = \frac{(x_r y_r + x_i y_i) + j \cdot (x_i y_r - x_r y_i)}{y_r^2 + y_i^2} = \beta_r + j \beta_i \tag{9-14}$$

由此可得幅度和相位不一致系数分别为

$$\left.\begin{array}{l} \beta_r = \dfrac{x_r y_r + x_i y_i}{y_r^2 + y_i^2} \\ \beta_i = \dfrac{x_i y_r - x_r y_i}{y_r^2 + y_i^2} \end{array}\right\} \tag{9-15}$$

通过多次测量,可得出其幅度一致性和相位一致性的最大值和平均值。当存在多个辅助通道时,就需要采用上述方法进行重复测试,这里不再赘述。

需要注意的是,由于通道不一致系数也反映频带不一致的情况,所以在测试时,不同的频率点均需要进行测量,其测试过程如下:设置好雷达的工作频率,按照上述的方法进行幅度和相位不一致测量,记录测得的数据,调整雷达的工作频率,重复测量幅度和相位,记录参数,一直到所有的频率点测试完毕。

2)旁瓣对消比。旁瓣对消比需要通过在外场进行动态试验来检测。通常在进行旁瓣对消之前,需要用测量得到的幅度和相位值对所有的通道进行补偿,补偿的过程就是通道均衡的过程,对于旁瓣相消系统而言,通常只需补偿主通道的相位和辅助通道的相位,而不需要补偿幅度。原因主要有两点:

A. 主通道和辅助通道的增益本来就是不一致的,即幅度值应该不一样,而辅助通道之间的幅度值则应该一样。

B. 对于理想的窄带系统而言,由于权值的计算是通过自适应得到的,所以不补偿也能自动进行均衡,但由于实际的系统总会存在一定的带宽,所以此时相位不一致的影响会远大于幅度。自适应旁瓣相消算法的原理如图 9 - 7 所示。

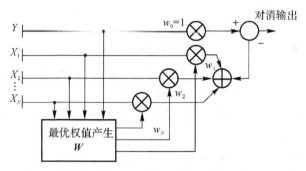

图 9 - 7　自适应旁瓣相消算法原理

在图 9 - 7 中,Y 表示雷达主天线,X_1,X_2,$\cdots$,X_N 表示 N 个辅助天线(本系统中,$N=2$),它有个基本要求:①必须是全方向性天线;②天线增益应略高于主天线的第一旁瓣增益。在这样的设计条件下,空时自适应抗干扰工作过程大体为:当空中没有干扰时,辅助通道接收不到目标回波信号,输出权值为零,主通道信号直通输出,供后继 MTI 或 MTD 处理;当空中存在有源干扰时,主天线旁瓣接收到的干扰信号和辅助天线接收到的干扰信号同时送入空时自适应抗干扰处理器,根据相应的算法计算出最优权值,经过相乘对消后,输出抑制了干扰的回波信号。

设 $y(t)$ 表示在 t 时刻主天线上的采样电压标量。而 $N\times1$ 维矢量

$$\boldsymbol{X}(t)=\begin{bmatrix} x_1(t) & x_2(t) & \cdots & x_N(t) \end{bmatrix}^{\mathrm{T}} \tag{9-16}$$

表示 t 时刻辅助通道上采样电压矢量,下标 N 表示辅助天线数,上标 T 表示转置操作。另外,$N\times1$ 维权矢量

$$\boldsymbol{W}(t)=\begin{bmatrix} \omega_1 & \omega_2 & \cdots & \omega_N \end{bmatrix}^{\mathrm{T}} \tag{9-17}$$

表示由自适应抗干扰相应算法得出的最优权值矢量。

定义矢量 $\boldsymbol{W}$ 和 $\boldsymbol{X}$ 的内积为

$$(\boldsymbol{W},\boldsymbol{X})=\sum_{m=1}^{N}\omega_m^* x_m = \boldsymbol{W}^{\mathrm{H}}\boldsymbol{X} \tag{9-18}$$

式中:上标 H 表示共轭转置操作;$*$ 表示复共轭操作。

则采用特定权值和主天线对消之后的输出为

$$r(t)=y(t)-\boldsymbol{W}^{\mathrm{H}}\boldsymbol{X} \tag{9-19}$$

式(9 - 19)表明,对消剩余是由主天线信号减去权值矢量和辅助天线信号的内积得到的,目的是使对消剩余功率最小,按照最小均方准则,最终可得到自适应抗干扰最优权值 $\boldsymbol{W}$ 的矩阵表示式为

$$\boldsymbol{R}\boldsymbol{W}_{\mathrm{opt}}=\boldsymbol{R}_0 \tag{9-20}$$

式中:$\boldsymbol{R}=E[\boldsymbol{X}\boldsymbol{X}^{\mathrm{H}}]$ 为辅助通道数据矢量形成的自协方差矩阵,$E[\cdot]$ 表示求均值,$\boldsymbol{R}_0=E[\boldsymbol{X}y^{\mathrm{H}}]$

为主通道与通道之间的互协方差。当协方差阵 $\boldsymbol{R}$ 非奇异时,就可以得到最优权矢量,即

$$\boldsymbol{W}_{\text{opt}} = \boldsymbol{R}^{-1}\boldsymbol{R}_0 \qquad (9-21)$$

从式(9-21)中可以看出,表达式由辅助通道协方差逆矩阵和主辅通道互相关矢量两部分组成,第一部分相当于进行预白化处理,后一部分则相当于对信号进行匹配滤波,因此这实际上是维纳最优匹配滤波器。

得出对消输出剩余功率为

$$P_0 = E\left[\,|\,y(t)\,|^2\,\right] - \boldsymbol{R}_0^{\text{H}}\boldsymbol{R}^{-1}\boldsymbol{R}_0 = P_y - \boldsymbol{R}_0^{\text{H}}\boldsymbol{W}_{\text{opt}} \qquad (9-22)$$

式中:P_0 为对消后的剩余功率;P_y 为主通道的输入功率。

旁瓣对消比通常就是测量无对消时的输入功率与对消输出后的剩余功率之比。旁瓣对消比测试的示意图如图 9-8 所示,其基本测试步骤如下:

A. 雷达系统和干扰机处于整机协同工作状态,确定雷达的工作频率,通电预热并选择设置系统的旁瓣对消功能;

B. 关闭系统的旁瓣对消功能,CFAR 门限设置为 0;

C. 干扰机发射全程噪声干扰,信号源发射雷达典型工作参数信号;

D. 记录天线扫描 3 周过程中,信号处理机输出的固定距离单元的目标点迹数据 Data1 和方位信息;

E. 打开系统的旁瓣对消功能;

F. 记录天线扫描 3 周过程中,信号处理机输出的相同距离单元的目标数据 Data2 和方位信息;

G. 分别计算数据 Data1 和 Data2 中相同方位目标强度之比的均值,并计算有、无旁瓣对消功能时,相应方位目标强度数据的比值及比值的均值,此均值即为待测系统的旁瓣对消比,不同的方位均需计算;

H. 改变雷达的工作频率,重复 C、D、E、F、G 等步骤,得到不同频率点的旁瓣对消比。

图 9-8　旁瓣对消测试示意图

3. 抗无源干扰能力测试

现代雷达装备抗无源干扰能力主要体现在两个方面:①抗云雨、箔条等消极干扰的能力;②抗地杂波干扰的能力。其中,抗云雨、箔条等消极干扰能力主要是在雷达装备设计定型时通过检飞试验来检验。由于雷达的地杂波改善因子和地杂波可见度反映的是雷达抗地杂波干扰的能力,因此通常用地杂波改善因子或地杂波可见度来描述雷达抗地杂波干扰能力。现代雷达的地杂波可见度(Sub-Clutter Visibility,SCV)一般大于 35dB。

9.3　雷达标定与校准

雷达标定与校准主要是针对整机而言的,有关各分系统的参数标定在相关章节中已经进行了阐述,在这里不再赘述,本节只介绍雷达的方位标定、光电轴匹配、高低角校准和距离零位校准等内容。对于对空情报雷达而言,通常在雷达调整好水平之后,只需要进行雷达的方位角标定,然而,对于测量雷达、炮瞄雷达等对跟踪精度要求较高的雷达,除了需要进行方位角标定外,还需要进行光电轴匹配、高低角校准和距离零位校准等。

9.3.1　光电轴匹配

雷达光轴是指雷达校准镜十字中心呈现的远方目标点与校准镜物镜中心的假想连线。雷达电轴是指当雷达自动跟踪目标,误差信号为零时,目标点与雷达天线的馈源中心点(天线波瓣轴)之间的假想连线。对于圆锥扫描体制的炮瞄雷达而言,电轴就是当波束旋转时等强信号的中心。

雷达光电轴匹配,就是使雷达的光轴与电轴互相平行,且使电轴与雷达高低角旋转轴相垂直。雷达光轴和电轴的不平行度称为光电轴匹配的精度。具体地说,就是当雷达自动跟踪空中目标时,目标在校准镜中呈现的位置与校准镜十字刻线中心点的偏差角的统计平均值,即为雷达光电轴匹配的精度。

由于跟踪测量雷达方位角与高低角的标定是用光轴瞄准进行的,而雷达跟踪和测量目标时,是电轴对准目标,显然,必须要求雷达的光轴与电轴一致,否则将产生误差。因此,在对跟踪测量雷达方位角与高低角进行标定前,必须对光电轴匹配进行检查调整,因为光轴和电轴之间还有一定的距离,因此雷达的光轴和电轴之间的平行只能是近似的,光电轴匹配几何示意图如图 9-9 所示,当目标处于无穷远时,可以认为电轴与光轴是平行的。但必须保证雷达的电轴垂直于高低角旋转轴,实际上雷达的光轴与高低角旋转轴不严格垂直,而是有一个小小的偏角 α,α 角通常称为光轴与高低角旋转轴的不垂直角。从几何关系中很容易求得

$$\tan\alpha = \frac{L}{D} \tag{9-23}$$

式中:L 为雷达光轴与电轴之间的距离;D 为雷达站到目标 P 的直线距离。

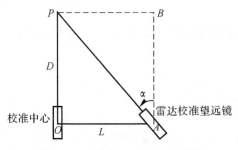

图 9-9　光电轴匹配几何示意图

当 α 很小时，$\alpha \approx L/D$。如某雷达光轴与电轴之间距离 L 为 0.31m，设 D 为 1 200m，则有 $\alpha = 0.31/1\ 200\text{rad} \approx 0.25\text{mil}$。

一般，设计雷达时，对于 α 角都有一定的指标要求，如某跟踪雷达不垂直 α 角要求不超过 0.3mil，因此计算所得的 α 为 0.25mil 满足雷达设计要求。

通常跟踪雷达的校准望远镜已校好，如果要重新校光轴，则须借助工厂的专门调校工具。在光轴校好的情况下，即可进行光轴和电轴匹配的调整。一般调整利用空中目标进行。

空中目标可以是飞机，也可以是气球悬挂的角反射体，一般选用气球悬挂角反射体作为空中目标，因为气球可以固定在离待测雷达一定距离的上空，这样可以使高低角具有一定的高度，同时也使它具有一定的距离，使之能稳定跟踪。具体标校步骤如下：

1）选择无风、无降水的天气，外界电磁干扰应小于允许的测量误差，调整待测雷达，保持水平。

2）带角反射器的气球在离雷达通视的方向升空，使雷达跟踪时高低角大于 400mil，斜率大于 1.2km，或按产品标准规定的要求来确定。

3）雷达开机，天控分系统的"增益"和"反馈"旋钮应放在测试闭环幅频特性时的位置上，自动跟踪目标，观察雷达跟踪情况。雷达应跟踪平稳，避免抖动、摇摆和滞后的现象。为了便于观察，可以人为升降气球。

4）从雷达校准望远镜上观察目标，并记录目标在校准望远镜中的位置，分析调整雷达天线方向。

5）使雷达跟踪目标，如发现有严重的跟踪滞后、摇摆或兜圈等现象，须查明原因，进一步调整，但不得改变天控分系统的"增益"和"反馈"。如跟踪正常，分别从望远镜中读出目标方位偏差数据和高低偏差数据，要求录取点数不小于 50。

6）按下式分别求出方位、高低角偏差的代数平均值，即为光电轴匹配精度：

$$\Delta\beta = \sum_{i=1}^{n} \frac{\Delta\beta_i}{n} (\text{mil}) \qquad (9-24)$$

$$\Delta\varepsilon = \sum_{i=1}^{n} \frac{\Delta\varepsilon_i}{n} (\text{mil}) \qquad (9-25)$$

式（9-24）和式（9-25）中：$\Delta\beta_i$ 为第 i 点方位偏差量读数（mil）；$\Delta\varepsilon_i$ 为第 i 点高低偏差量读数（mil）；n 为录取点数。

需要指出的是：

A. 对双波段雷达，光电轴匹配调整是先调一个波段，然后只改变另一波段的馈源辐射方向，实现光电轴匹配；

B. 对具有光轴、电轴、电视轴的雷达而言，进行光电轴匹配的方法与上述相同，只是先调光电轴，再调电视轴。

9.3.2　方位角标定

雷达方位角标定也称正北标定，也就是使雷达方位码为正北时（即方位角码指示值为 0°时），雷达天线的指向正好为正北方向。正北标定常见的途径为先测出雷达天线指向的方向角，然后把方位码设为正确的对应值。

1. 一般雷达的方位角标定

一般雷达的正北标定常用方法有 3 种:手动定北法、自动寻北法和固定地物法。

(1)手动定北法

手动定北法主要包括 58 式罗盘寻北法和经纬仪测量法。其基本测量方法如下:首先,将受检雷达天线停在某个方向;然后,使用 58 式罗盘或经纬仪测量并计算出天线的方位角;最后,根据测量得到的方位角来设定雷达的方位码。需要注意的是:计算天线的方位角时,需要知道雷达阵地所在地区的磁偏角。

(2)自动寻北法

陀螺定北仪固定在天线基座上的指定位置,并确保它的两条刻度线的端点对准测量基线(即天线平面的法线,通常是机械平面法线);然后,将雷达阵地所在地区的纬度值输入定北仪中,启动定北仪开始测量,定北仪将测量出当前天线与正北方向之间的夹角(即方位角);最后,根据定北仪测量得到的方位角设定雷达的方位码,有的定北仪可以通过数据接口将测量得到的雷达方位角发送给雷达监控分系统,监控分系统 S/D 板将该方位角的值写入存储器中。

(3)固定地物法

固定地物法是根据已知方位的地物目标来进行正北标定的方法,当雷达架设在老阵地时,可以利用固定地物目标来标定正北。基本步骤如下:首先,雷达开机后,观察一个已知方位角的固定地物目标;然后,将天线准确停在该地物目标对应方位上;最后,根据已知地物目标的方位角来设定雷达的方位码。

2. 精密跟踪雷达的方位角标定

对于精密跟踪雷达而言,由于其精度要求较高,不能采用上述方法来标定雷达的方位角,而需利用试验阵地上的方位标进行(在不同的方位上选择两个通视的方位标,距离要求在 3~5km,方位标的测量精度误差不大于 10″),而且精密跟踪雷达方位角标定工作必须在光电轴匹配调整之后才能进行,主要检查雷达方位角指示的零值是否与规定的零值一致,具体标定的方法如下:

1)调整雷达水平,推动受检雷达天线,使天线上校准望远镜的十字线的垂直线与方位标定杆相重合,并保持不变。一般方位标为水泥杆,当距离远时,可以看成是一条粗线,如果认为水泥杆太粗,可以选择水泥杆上的三角形反射体,三角形的顶角处于方位标定杆的中心,校准望远镜的十字线的垂直线与顶角角平分线重合即可。

2)读取雷达的方位数据。如果此时雷达方位读数与方位标的测量值不符,则调整雷达天线方位同步传动装置,调整时,要将方位同步传动装置与天线方位动力传动装置分开,再转动方位同步传动装置,使其方位角的读数与方位的实测数值相等,调好后,再将方位同步装置与方位动力传动装置恢复铰链并锁紧。

3)调好之后,再利用另一个方位标进行检查,被测雷达两次方位角读数与两个方位标读数之差均应小于被测雷达技术条件规定的误差。

4)检查环视显示器上径向扫描线的位置,其扫描线的转向与读数均应与天线转向一致,否则调整圆周扫描同步装置,使之一致。

对具有光轴、电轴以及电视轴的雷达来说,方位角标定方法与上述相同,只是先调光轴、电轴,再调电视轴。

9.3.3　高低角校准

雷达处于正常工作状态下,当雷达的光、电轴处于水平状态时,高低角指示器应该指示为零,否则就要调整。在光、电轴匹配后才能进行高低角标定,同时高低角标定不应在雨天、大风情况下进行,日照光太强也不宜标定。高低角标定选用的经纬仪,其测角误差要求不大于 $10''$,并架设在距离标定雷超达 50m 远的通视地方。其标定步骤如下:

1)选择合适的地方架设经纬仪,并调节使之水平。

2)调节被试雷达使之水平,使雷达校准望远镜和经纬仪物镜相互对准,且瞄准对方镜头的中心。

3)保持雷达天线不动,用经纬仪倒镜,重复 2)3) 步骤。

4)对经纬仪正镜和倒镜两次测得的高低角数据,计算其算术平均值,作为经纬仪的最后测量结果。

5)将雷达的高低角数据与经纬仪测得的高低角数据比较,其绝对值之差应小于产品技术条件规定的误差。

6)如果计算的误差值超过规定的误差,则高低角要重新调整零位。

如某雷达高低角指标要求不大于 0.5 密位,在标校中雷达高低角读数为 -22.5mil。经纬仪第一次读数(正镜)为 $91°20'40''$,倒镜后读数为 $268°39'40''$。将此数据换算成为水平为零的数据,则为

$$91°20'40''-90°=1°20'4''$$
$$270°-268°39'10''=1°20'50''$$

两次数据平均值为

$$1°20'45''=80'45''=80.75'$$

换算成密位,其换算关系为 1mil=3.6′,所以有

$$80.75'/3.6'=22.4\text{mil}$$

雷达开始读数为 -22.5mil,二者绝对值相差 0.1mil。指标要求不大于 0.5mil,没有超过规定的误差,不需要重新调整。

9.3.4　距离零位校准

通常采用试验阵地的距离标进行距离零位校准,距离标的距离精度应满足要求,要求阵地各个试验点位都有距离数据,具体标定方法如下:

1)雷达开机正常工作后,仔细调整距离显示器中的扫描基线,移动距离波门的线性和电刻度的线性,使其非线性误差减至最小,确保符合雷达指标要求。

2)雷达跟踪距离标,跟踪稳定后读出显示器机械刻度上的读数为 D'。验证读数 D' 与距离标实际数据 D 是否一致,如果不一致,则应调整机械刻度,使之读数为 D。

3)雷达的体制不同,其距离机械刻度的调整方法亦不同,如某雷达,先计算出 $d=D-D'-\varepsilon$,这里 ε 为电刻度在该点的非线性误差。这时使雷达处于手控状态,取出距离机械组合,松开连接移相器转子的联轴器上的紧固螺钉,并用大改锥卡住联轴器,以便当距离手

轮转动时,移相电容器以及相应的电刻度不随之转动。记下此时的距离机械刻度的读数,再转动手轮,使刻度增加或减少,然后抓住手轮,将松开的紧固螺钉紧固,插入距离机械组合,使雷达重新跟踪目标,这样经过反复调整,直至读数正确为止。

4)经过上述调整,距离机械刻度和电刻度一致。此时,转动距离手轮,使距离机械刻度盘的读数为零时,电刻度零位应对准距离显示器上固定距离刻度盘的零位,如不符,则应旋转精测示波管,使电刻度零位与显示器上固定距离刻度盘的零位对准。

对多波段雷达,为了使各波段探测同一目标的距离读数相一致,首先必须调整各波段的延时装置,使其跟踪同一目标的回波信号在显示器上完全重合起来,然后按上述各步骤进行校正。

5)以上标校完成后,再在其他方位选择一个距离标,以波门卡住此距离的回波,检查距离零位的准确性。

9.3.5　大盘水平

用合像水平仪将天线载车调平之后,进行大盘水平标定,即使用合像水平仪进行测量的(水平仪读数大表明该方位处大盘低),标定出天线大盘的具体倾斜情况,测量参数有大盘最大下倾角度以及最大下倾处所在的大地方位角。测试方法如下:

1)天线放置于大地方位零度,俯仰零度,合像水平仪放置于天线中心体盖板上,与中心点平行;

2)将合像水平仪调平,读数,该值对应于大地方位零度;

3)天线每隔30°一个点,依次经过大地方位角 0°、30°、60°、90°、…、330°共 12 个点,在每个点上将合像水平仪调平并记录读数;

4)以大地方位角为横轴、水平仪读数为纵轴作曲线,理想曲线为标准的正弦波,当大盘很平时,受随机因素影响将有所不同;

5)寻找曲线中的最大点 MAX、最小点 MIN。

大盘不水平度:$\Delta=[(MAX-MIN)/2]\times2.06('')$;

最大下倾方位角:曲线中读数最大点对应的大地方位角。

水平仪读数示例见表 9-2,注意在测量过程中,水平仪不可移动。

表 9-2　水平仪读数示例

方位/(°)	0	30	60	90	120	150	180	210	240	270	300	330
读数	412	413	415	415	412	410	409	409	407	408	411	411

读数如上,采用直接判读,最大值 MAX=415°,最小值 MIN=407°;大盘不水平度:$\triangle=[(415-407)/2]\times2.06('')=8.24('')$;最大下倾方位角(判断为 60°和 90°之间)为 75°。

9.3.6　角度零值

角度零值标校需要在测控雷达站周围 4 个象限内建造 4~6 个方位标,方位标相对雷达的距离应在 500~5 000m 范围内,天线仰角应在 2°以内,方位标的照准部分一般为涂有黑白颜色的十字,十字的中心应能设置光标,如图 9-10 所示,方位标的大地测量成果应具有三级大地测量控制网精度。雷达天线上装有标校望远镜,且望远镜的光学视线应与雷达天线波瓣零值点指向平行。

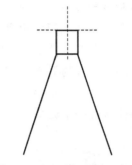

图 9-10 方位标的照准部分

1. 测试步骤

1)必须先完成大盘调平,防止因大盘倾斜引入误差;

2)标校望远镜对准方位标,标校望远镜中的十字丝,横线压标顶,竖线中分,要精确对准;

3)天线转至精确位置附近,采用位置增量控制,0.01°步进控制天线,也可直接先控制天线对准上次角度值,再进行观察,因为两次角度很接近,打开标校电视辅助对标;

4)标校望远镜精确对准后,记录方位、俯仰角度值;

5)一般需要 3~5 个方位标,分别测得正倒镜角度值,每个标依式(9-26)~式(9-29)计算相应的方位、俯仰零值,最后求平均,得到最终的方位、俯仰零值;

6)方位零值公式中的 +/- 处理是为了前面的结果与大地值趋于一致。

$$AZ_i = [A_z + A_D + / - 180]/2 - A_{大地} \tag{9-26}$$

$$EL_i = [E_z + E_D - 180]/2 + Sei \tag{9-27}$$

$$Sei = \text{arctg}(0.485/R), \quad R \text{ 为方位标距离} \tag{9-28}$$

$$AZ_0 = \left(\sum AZ_i\right)/n; EL_0 = \left(\sum EL_i\right)/n \tag{9-29}$$

式(9-26)~式(9-29)中,A_z 为方位正锐角度值;A_D 为方法倒镜角度值;$A_{大地}$ 为方位大地角度真值;AZ_i 为第 i 次方位角度零值;EL_i 为第 i 次俯仰角度零值;E_D 为俯仰倒镜角度值;E_z 为俯仰正镜角度值;AZ_0 为平均方位角度零值上;EL_0 为平均俯仰角度零值。

参 考 文 献

[1] 李宏,杨英科,薛冰,等.雷达信号处理旁瓣对消性能的静态测试[J].中国测试技术,2003(5):18-21.

[2] 杨丹.参数联合的机载火控雷达辐射源识别技术研究[D].南京:南京航空航天大学,2014.

[3] 朱康珑.机载雷达修理中的标校技术研究[J].航空维修与工程,2018(10):33-36.

[4] 杨斌峰.地面测控雷达角度标校技术[J].现代电子技术,2005(9):61-63.

第10章　典型分系统性能参数测量

10.1　天线分系统测量

天线是雷达装备中用来定向辐射和定向接收电磁波能量的装置。它把发射机输出的大功率射频电磁波能量集中成束,向空间辐射出去,并将从目标反射回来的微弱回波射频信号接收。天线的主要性能参数包括天线增益、瓣宽度、副瓣电平、差波瓣零值深度和波束指向等。

天线主要技术参数的具体定义如下:

1)天线增益是指在最大辐射方向上,定向天线的辐射强度与具有相同输入功率的无耗各向同性天线的辐射强度之比,通常以 dB 值表示。

2)波瓣宽度是指波瓣最大辐射方向两旁的两个半功率点之间的夹角。水平面上两个半功率点之间的夹角称为水平波瓣宽度;垂直面上两个半功率点之间的夹角称为垂直波瓣宽度。

3)副瓣电平是指副瓣峰值电平与主瓣峰值电平之比,通常用 dB 表示,一般指最大副瓣电平。水平面副瓣峰值电平与主瓣峰值电平之比称为水平副瓣电平;垂直面副瓣峰值电平与主瓣峰值电平之比称为垂直副瓣电平;指定角度内所有副瓣电平之均值为平均副瓣电平。

4)差波瓣零值深度是指差波瓣最大电平与差波瓣中心最小电平之比的 dB 数。

5)波束指向是指天线波束最大的指向角(一般指仰角)。

由于天线的方向图中包含了天线波瓣宽度、副瓣电平、差波瓣零值深度和波束指向等相关信息,因此,在实际测量中,通常只需要测量天线的方向图和天线的增益,就可以定量判断天线的性能指标。

10.1.1　天线方向图

天线朝空间指定方向集中辐射电磁波的能力,称为天线的方向性。在一定条件下,天线的方向性越强,能量的辐射越集中,雷达的探测距离越远,测角的精确度越高,分辨目标角坐标的能力越强。天线的方向性通常用天线的方向图来表示。天线方向图是表征天线辐射特性(振幅、相位、极化等与空间角度关系)的图形。若描述的是空间各点场强的相对大小,则称为相对场强方向图;若描述的是空间各点能流密度相对大小,则称为相对功率方向图。显然,场强方向图或功率方向图都是立体图形。图 10-1 表示某雷达天线的辐射方向,图中水平面上的坐标,一个代表方位角度,另一个代表俯仰角度。垂直坐标则代表单位立体角内的相对辐射功率大小。方向图中场强或功率密度的大小通常采用 dB 表示。

图 10-1 所表示的方向图虽然很形象,但是绘制起来比较困难,在实际工作中,通常采用最大辐射方向上两个互相垂直的平面方向图来表示,即垂直平面方向图和水平面方向图。有

时这两个平面是指辐射电场和磁场所在的平面,相应的方向图分别称为电场平面(E平面)和磁场平面(H平面)方向图。

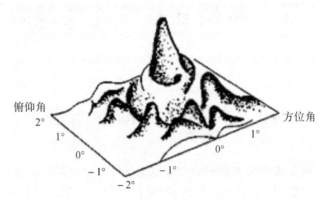

图 10-1　某雷达天线的辐射方向

　　方向图既可以用直角坐标表示,也可用极坐标表示。图10-1中垂直平面的功率方向图如图10-2所示。图10-2采用的是直角坐标表示法,由于直角坐标表示法能够灵活选择坐标的刻度大小,因而准确性高,特别适用于绘制波瓣极窄的强方向性天线的方向图。图中横坐标表示俯仰角,纵坐标表示相对功率密度的分贝值。用同样的方法可以画出水平面的方向图。仅有垂直平面方向图和水平面的方向图尽管不能反映出空间辐射强弱的全貌,但可大致了解其变化概貌。例如,当垂直与水平面方向图很接近,并且角度范围很小时,则可以认为空间的分布一定是接近于四周对称的。反之,如果水平面方向图窄、垂直面宽,这样的空间分布一定是四周不对称的。这种方向图在"方位-距离"两坐标警戒雷达中很常用。

　　极坐标表示法较直观,适用于波瓣较宽的方向图。图10-3采用的是极坐标表示法。图中极径代表辐射的相对强度,极角表示俯仰角(或方位角)。图中实线表示场强方向图,虚线表示功率(密度)方向图。由于功率密度与场强的平方成正比,因此,图中的功率方向图比场强方向图显得要窄一些。

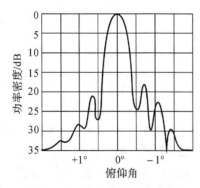

图 10-2　垂直平面的方向图

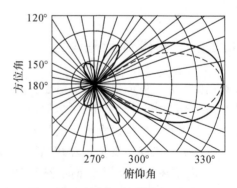

图 10-3　极坐标表示的平面方向图

　　由于方向图呈花瓣状,故通常又称为波瓣图,最大辐射方向的波瓣称为主瓣。同主瓣方向相反的波瓣称为尾瓣,或称背瓣。其余方向的波瓣称为副瓣(或旁瓣)。

　　如图10-4所示,在平面方向图中,假设主瓣最大值为1,在主瓣最大值两边取相对辐射场强为 0.707 处,得到两点(即辐射功率密度为 0.5 处),此两点与坐标中心连线的夹角(最大辐射方向在其中)称为主波瓣的半功率角宽,或称主波瓣的半功率波瓣宽度,用符号 $2\theta_{0.5}$ 表示。主瓣两侧零功率点间的夹角称为主瓣零功率点宽度,常用符号 $2\theta_0$ 表示。为了表明副瓣相对于主瓣的强弱,一般把幅度最大的副瓣的最大值与主瓣最大值的比值称为最大副瓣电平,常用符号 ξ 表示,单位为 dB。

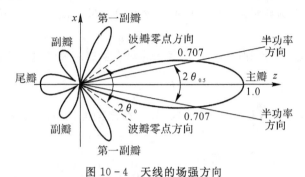

图 10 - 4　天线的场强方向

天线方向图的测试方法有远场测试和近场测试两大类。远场测试是在符合测试条件的野外测试场地直接测量的方法。远场又有高架场、斜距场、地面场以及压缩场之分。近场测试是通过测量天线近场口面上的场强的幅度和相位分布来计算天线方向图的方法。近场又有平面、柱面、球面近场之分。就常规军用雷达而言,天线方向图的测试主要考虑斜距场、地面场和平面近场三种测试方法。

1. 技术指标

天线方向图测试的基本技术指标包括主瓣宽度、副瓣电平和差波束零值深度。

2. 条件要求

天线方向图的测试是开放场的测试:一方面要满足远场最短测试距离的要求,另一方面要避免周围地形、地物的影响,以便较真实地模拟自由空间的条件。这样的测试场主要考虑斜距测试场和地面反射测试场两大类。

(1)斜距测试场

微波暗室是人工仿真自由空间的无反射测试场;高架场是用两个陡峭的山头或两个高的建筑物组成;斜距场则利用一个高塔架设发射天线,接收天线上仰,使其接收的第一个零值点指向地面反射点。上述的三种方法中,微波暗室是最为理想的测试方法,但造价也为最为昂贵,而且微波暗室测试的距离有限(20～30m),斜距场的成本最低,可以利用自然环境选择合适的山头作为发射点,但测试超低副瓣天线时,需要在接收点附近设置栅网,以消除地面反射波。

通常根据不同雷达天线选用不同的测试场,如馈电喇叭、小阵以及全向天线选用室内微波暗室小远场进行测试,收发距离通常为 3～20m;大型的雷达天线常用室外远场进行测试,目前,大多数雷达生产厂家常用的室外远场是指斜距场,测试时收发天线之间的距离都为 1.5～2.0km,接收天线对发射源天线的仰角为 2.5°～3.5°。

(2)地面反射测试场

在实际测量中,如果发射天线的垂直面方向图很宽,通过地面场的镜像原理,把直射波和反射波的干涉方向图的第一波瓣的最大值对准待测天线的口径中心,在待测天线口径面上就可得到一个准平面波。为了使干涉波瓣的第一波瓣最大值对准待测天线的口径中心,收发天线的架设高度和距离要满足下列要求。

1)待测天线的口面幅度锥削小于等于 0.25dB,也就是应该满足以下条件:

$$h_r \geqslant 4D \qquad (10-1)$$

式中:h_r 为接收天线的架设高度;D 为被测天线的垂直面口径尺寸。

通常上述条件是很难满足的,为了不使接收天线架设太高,可适当降低口径面幅度锥削要求。

2)收、发天线的架设高度和收、发天线之间的架设距离应该满足以下条件:

$$h_t = \frac{\lambda R}{4h_r} \qquad (10-2)$$

式中:h_r、h_t 为收、发天线的架设高度;R 为收、发天线之间的架设距离;λ 为雷达发射信号的工作波长。

3)地面不平坦度应满足以下条件:

$$\Delta h \geqslant \frac{\lambda}{M\sin\varphi} \qquad (10-3)$$

式中:Δh 为地面平坦度;λ 为雷达发射信号的工作波长;φ 为入射波的擦地角;M 为平坦系数,取值范围为 8~32,通常取 $M=20$。

3.系统组成

(1)远场测试系统

天线方向图的远场测试系统组成如图 10-5 所示。下面对图中相关内容进行说明。

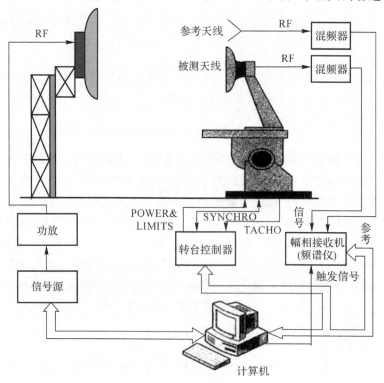

图 10-5 天线方向图的远场测试系统组成

1)信号源:要求信号源输出频率范围能够覆盖天线工作频率。由于信号源的输出功率较低,为满足测试要求,通常需要外接功率放大器,将信号源输出的信号电平放大到所要求的技术指标范围内。

2)幅相接收机:要求接收机的工作频率能覆盖天线工作频带,在对于测量精度要求不高的情况下,可用频谱分析仪来替代之,或直接使用雷达接收机。

3)计算机:通过天线智能测试软件来控制系统中的各组成部件,实现天线方向图的自动测试。

4)转台控制器:在测试过程中实现天线转动控制,同时获取天线转动的角码信息。

4. 方法步骤

远场测试一般包括室内远场测试、室外远场测试和地面反射场测试等。

(1)室内远场测试

室内远场通常指在微波暗室内的小远场,常用来测试天线单元或小阵的方向图。具体测试步骤如下:

1)确定收发天线的测试距离满足以下条件:

$$R \geqslant \frac{2D^2}{\lambda} \tag{10-4}$$

式中:D 为被测天线的垂直面口径尺寸;R 为收发天线之间的架设距离;λ 为雷达发射信号的工作波长。

2)架设发射天线、接收天线及参考天线,通常将发射、接收天线架设在相同的高度。

3)确定主极化方式,收、发天线必须是相同的极化。

4)注意接收天线的相位中心,要靠近测试转台的旋转中心。

5)调整发射天线指向对准接收天线。

6)启动天线远场测试软件(如 AL-2000),小角度调整三维转台的方位和俯仰轴,寻找被测天线的波束最大点。

7)以最大点为参考点确定测试的角度范围。

8)进行测试,实时观察测试的方向图。

9)用分析软件处理测试数据,通常选用直角坐标系,注意要按波束最大点对数据进行归一化处理。

10)打印测试的方向图,注意各种测量项目和测量信息的标注,具体包括 3dB 波束宽度、最大副瓣电平、零值深度、工作频率、日期以及产品型号名称等。

(2)室外远场测试

室外远场通常指斜距场,主要应用于测试大型反射面天线或阵列天线。具体测试步骤如下:

1)确定收发天线的测试距离满足式(10-4)所限定的条件,同时为满足不同副瓣电平天线的测试,室外远场的距离通常选为 1.5~2.0km。

2)架设发射天线,调整发射天线,使其指向接收天线。

3)为了消除接收点附近的强地面反射,通常需要使接收天线的中心离地面适当的高度。

4)架设接收天线和参考天线。

5)调整收、发天线的极化方式一致。

6)启动并设置微波接收机(如 AL-8000),通常主通道和参考通道搜索到发射源的频率时,接收机锁相工作正常。

7)启动天线远场测试软件(如 AL-2000),驱动转台控制器,使转台运转,寻找波束的最大值角位置。

8)以波束最大值的方位和俯仰角位置为参考点,确定测试波束的角度范围。

9)进行测试,实时观察测试的方向图,并对测试数据进行处理,通常选用直角坐标系,注意要按波束最大点对数据进行归一化处理。

10)打印测试的方向图,注意各种测量项目和测量信息的标注,具体包括 3dB 波束宽度、最大副瓣电平、零值深度、工作频率、日期以及产品型号名称等。

(3)地面反射场测试

地面反射场通常用于米波或分米波雷达天线测试。具体测试步骤如下:

1)地面反射场的收、发距离,收、发天线的架设高度,必须满足式(10-1)、式(10-2)、式(10-4)等的要求。

2)架设发射天线,调整发射天线指向接收天线。

3)将一个低增益的探头架在升降梯上,放置在被测天线的口径面之前,探测垂直面辐射波纹是否满足≤0.25dB(放宽要求的情况下为≤0.5dB 或 1dB)的要求。

4)架设接收天线和参考天线。

5)调整收、发天线的极化方式一致。

6)启动并设置微波接收机(如 AL-8000),通常主通道和参考通道搜索到发射源的频率时,接收机会锁相工作正常。

7)启动天线远场测试软件(如 AL-2000),驱动转台控制器,使转台运转,寻找波束的最大值角位置。

8)以波束最大值的方位和俯仰角位置为参考点,确定测试波束的角度范围。

9)进行测试,并对测试数据进行处理,通常选用直角坐标系,注意要按波束最大点归一。

10)打印测试的方向图,注意各种测试项目和测试信息的标注,具体包括 3dB 波束宽度、最大副瓣电平、零值深度、工作频率、日期以及产品型号名称等。

11)测试 2~3 个频点后,要检查被测天线的口径面上的波纹是否满足要求,若不满足,需要及时调整发射机天线的高度,以减小波纹,满足要求之后再进行测试。

(4)近场测试

近场测试的主要依据是部标《天线测量方法—特殊测量方法》(SJ2534.5—85)。天线近场测试系统是一套高精度、多功能、自动化的测量设备,应由专门的人员操作,按照开机顺序和一定的操作规程执行。具体测试步骤如下:

1)将被测天线架设在暗室的专用测试支架上,测试支架架设在转台上(转台架设在底车上),或将天线产品车直接开到暗室指定位置,将天线阵面朝向采样架。

2)调整天线阵面的垂直度和水平度以及与采样架扫描时 X 轴线的平行度(一般是通过操作采样架的探头来进行调整,对于天线阵面在天线罩内,难调整天线垂直度和水平度的天线,结构设计师应在天线的基座某处给出垂直、水平调平时的基准面),使阵面距离探头 4λ 左右(阵面到探头的距离一般取大于 3λ,而且尽可能地调整阵面中心,使其位于探头所能扫描的区域中心附近)。

3)当被测天线架设状态被调整完毕后,将测试电缆连接被测天线的输入端口,采用被测天线发射、探头接收工作模式,探头极化应与天线极化一致(测交叉极化时,调整探头,使探头极化与被测天线主极化互为交叉极化)。被测天线接收和发射不互易时,则采用探头发射、被测天线接收工作模式,仪表设置也要做相应调整。

4)上述工作完成后,根据探头到被测天线距离 d 和天线的长(或宽)及截断角 θ 计算出探头的扫描范围,再取 0.5λ 为采样间隔,就可计算出应扫描的行与列。再找出天线的机械中心位置,通常预测试可找到探头起始位置(测试前应对仪表进行设置,不同频段的测试,发射源的功率设置也不相同)。

5)采样探头在被测天线的近区范围内逐行扫描,将接收到的近场幅度和相位文件,通过近/远场变换处理软件转换为该天线的远场波瓣图。

5.典型实例

下面以某型气象雷达的天线方向图的测量为例,对天线方向图的室外远场测试法的具体测试步骤加以说明。

待测气象雷达方向图技术指标要求如下:水平波瓣宽度为 $1.5°\pm0.2°$,垂直波瓣宽度为 $1.5°\pm0.2°$,副瓣电平不大于 -23dB。

(1)波瓣宽度测试

垂直平面(或水平平面)待测气象雷达的天线波瓣示意图如图 10-6 所示。

天线波瓣宽度测试分为水平波瓣宽度和垂直波瓣宽度的测试,测试所使用的仪器、设备主要有微波合成信号发生器(AV1480A)、多功能微波频谱分析仪(AV4032)、隔离器、微波功率放大器、源天线、天线测试平台、计算机、天线控制器以及打印机及测试软件等,波瓣宽度测试线路连接框图如图 10-7 所示。

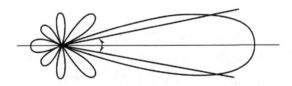

图 10-6　垂直平面(或水平平面)待测气象雷达的天线波瓣示意图

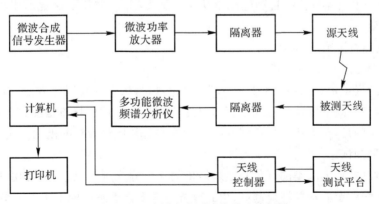

图 10-7　波瓣宽度测试线路连接框图

1)水平波瓣宽度测试。

基本测试步骤如下：

A.在天线测试场架设被测天线及天线测试设备。将被测天线架设在天线转台上，并调整使天线转台水平。将源天线架设在天线测试塔上，并使源天线垂直面波瓣图的第一零点指向几何反射点。源天线与被测天线架设位置示意图如图10-8所示。

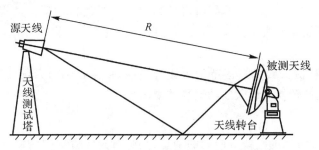

图10-8　源天线与被测天线架设位置示意图

天线测试场应开阔、平坦、无遮挡，源天线与被测天线几何中心间距离 R 应满足下面规定的远场测试条件：

$$R \geqslant \frac{2(D+d)^2}{\lambda} \qquad (10-5)$$

式中：D 为被测天线口径（等效口径）的最大尺寸（m）；d 为源天线口径（等效口径）的最大尺寸（m）；λ 为雷达发射信号的工作波长（m）。

B.按测试线路连接图连接好测试仪器和设备。

C.接通各仪器、设备电源。将微波合成信号发生器的频率调节在被测雷达的工作频率内。

D.调整源天线与被测天线的相对方向，使其互相对准最大辐射方向。

E.计算机进入天线波瓣测试程序，控制天线在水平方向按 2r/min 的分速度旋转360°，计算机每隔 0.1° 自动录取一次频谱分析仪对应电平值。

F.计算机根据录取的天线方位角数值及所对应的电平值绘制出相应的波瓣图。

G.在波瓣图上由软件控制自动生成半功率点宽度标志，并用数字显示半功率点宽度值，即天线波瓣宽度。

H.打印荧屏波瓣图形。

2)垂直波瓣宽度测试。

由于待测的气象雷达天线尺寸只有 1.5m，在实际测试中安装固定方便，因此水平波瓣宽度测完后，只要将天线的安装位置在垂直面上旋转90°，就可用同样方法测试天线的垂直波瓣宽度。需要注意的是，源天线也要旋转90°，以确保发射和接收天线的极化方式一致。

3)副瓣电平测试。

在天线波瓣中，最大副瓣的峰值与主瓣峰值的比值称为副瓣电平，通常用 dB 值表示。副瓣电平越低，天线的定向辐射性能越好，由副瓣方向进入雷达系统的干扰也越小。

完成天线波瓣宽度的测试后，在已经打印的天线波瓣图上，按照由软件控制自动生成的副瓣电平标识，即可读出有数字显示的副瓣电平值。如图10-9所示，例如，测试得到某雷达的天线波瓣宽度为 1.5°,副瓣电平为−23dB。

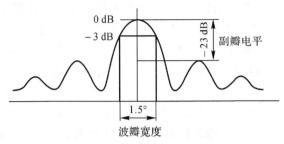

图 10-9　天线波瓣宽度及副瓣电平

10.1.2　天线增益

天线的增益系数(简称"天线增益")是天线的重要指标之一。测试天线增益应满足前述测试天线方向图所需的场地条件,以减小地面和其他地物反射波的影响。天线增益的测试方法总体上可分为远场增益测试、缩距场测试和近场扫描测试等。由于军用雷达的天线通常采用远场增益测试方法,因此,本节重点介绍天线的远场增益测试方法。天线远场增益测试方法通常又细分为比较法和绝对法两种。

需要指出的是,相控阵雷达的天线系统中含有有源 T/R 组件,从而使得相控阵天线本身具有非互易性,对于此类天线的增益测试则只能在特定的发射和接收状态下进行测试。关于有源相控阵天线的增益测试将在比较法和绝对法之后单独介绍。

1. 比较法

雷达天线绝对增益的测试通常采用比较法,这种方法是将被测天线和已知增益系数的标准天线进行比较而确定其增益。

比较法测试天线增益系数框图如图 10-10 所示,将标准天线和被测天线当作接收天线,也可以将它们当作发射天线。发射天线与接收天线之间的距离 R 满足远场测试条件。测试的简要步骤如下:

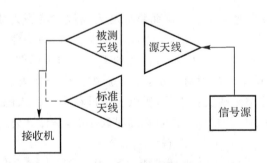

图 10-10　比较法测试天线增益系数框图

首先,选择一个中等增益的标准增益天线(该天线的增益已知)作为基准进行增益比较测试。然后,将相同的接收机和馈电线路分别接到待测天线和标准增益天线上,使它们与源天线对准,分别读取并记录接收机的读数。最后,通过比较接收机的读数便可求出待测天线的绝对增益。

采用该测试方法测试天线增益时,由于所选取的标准增益天线增益一般要比待测天线增益小 20dB 左右,而且前者波束宽度较宽,因此很难避开地面影响。实际应用中的三点法、S 曲线法和最大值法等都属于比较法。需要指出的是,在实际应用中,不管使用上述三种方法的哪一种,进行测试之前都需要反复调整源天线和被测天线,以确保两者的指向和极化取向一致。

(1)三点法

三点法测试远场增益示意图如图 10 - 11 所示。将源天线(发射天线)架在塔顶,标准增益天线的位置离源天线较近,且对准源天线时仰角大,以避免主瓣接地。被测天线的增益计算公式为

$$G = G_{\text{标}} + 20\lg \frac{R_{\text{测}}}{R_{\text{标}}} + \Delta G \qquad (10 - 6)$$

式中:G 为待测天线增益(dB);$G_{\text{标}}$ 为标准天线增益(dB);$R_{\text{测}}$ 为待测天线与源天线之间的斜距(m);$R_{\text{标}}$ 为标准天线与源天线之间的斜距(m);ΔG 为待测天线和标准天线分别对准发射天线时信号分贝数的差值(dB)。

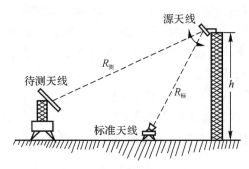

图 10 - 11　三点法测试远场增益示意图

采用三点法测试天线增益时应注意以下几点:①必须精确测量 $R_{\text{测}}$ 和 $R_{\text{标}}$;②两套接收机和传输线的性能要相同;③测试过程中需要反复控制源天线分别对准待测天线和标准天线。由此可见,三点法的测试效率低、手续烦琐、精度差。

(2)S 曲线法

S 曲线法是一种为减少地面反射影响而将标准天线放在待测天线附近进行测量的方法。当标准天线放在电动升降梯上,且通过标准天线上下滑动时,在待测天线垂直口径范围内,标准天线信号电平的变化近似为 S 曲线,取 S 曲线的平均值作为标准天线信号电平值来计算待测天线增益,可降低或消除地面反射对增益测试的影响。由于是使用同一套接收系统和电缆,分别与待测天线和标准增益天线交换连接,所以测量过程中所引入的误差较小。当 S 曲线起伏不超过 3dB 时,地面反射引入的增益测试误差是较小的,其计算公式如下:

$$G = G_{\text{标}} + \Delta G \qquad (10 - 7)$$

式中:G 为待测天线增益(dB);$G_{\text{标}}$ 为标准天线增益(dB);ΔG 为待测天线最大值信号大于标准天线信号 S 曲线平均值的分贝数(dB)。

(3)最大值法

在反射场法测试中经常使用到最大值法。使用该方法时,待测天线(或标准天线)高度和源天线高度应严格满足以下表达式:

$$h_t \approx \frac{\lambda R}{4h_r} \tag{10-8}$$

式中：h_t 为待测天线架设高度池；h_r 为源天线架设高度；R 为主反射区长度；λ 为发射信号的波长。

由于对待测天线和标准天线而言，地面反射均从主瓣峰值附近进入，因此，地面反射对两者的影响基本上是一样的。将标准天线架在待测天线口径中心附近，且分别对准源天线，取待测天线和标准天线信号（均取最大值）的读数误差 ΔG，然后由式(10-7)直接算出增益。也可仿照 S 曲线法把标准天线架在电动升降梯上，然后上下滑动，以此来验证在待测天线口径中心处接收到的信号为最大值。在实际工程应用中，由于待侧天线垂直口径大，源天线信号（考虑地面镜像影响后）在口面上辐射不均匀，因此可能造成增益测试值比真实值低 0.1～0.3dB 的情况，计算中可以加以修正。

2. 绝对法

在天线增益的实际测量中，当收、发天线完全相同时，通常采用绝对法（包括双天线法、三天线法、镜像法和外推法等）进行测量。最典型的绝对增益测量法是双天线法，它适用于具有两个完全相同的被测天线的场合，比如对标准增益喇叭进行定标时常用双天线法。双天线法的理论依据是弗里斯传递公式，具体公式为

$$P_r = P_t G_t G_r \left(\frac{\lambda}{4\pi R}\right)^2 \tag{10-9}$$

式中：P_r 为接收天线接收到的功率(W)；P_t 为发射天线辐射的功率(W)；G_t 为发射天线增益；G_r 为接收天线增益；λ 为发射信号波长(m)；R 为收发线距离(m)。假定天线的极化是匹配的，主瓣峰值方向与待测天线已对准，并符合远场条件。

双天线法要求收、发天线完全相同，即 $G_t = G_r$，根据弗里斯传递公式，在收、发天线增益相同时，可推导得到以下表达式：

$$G_r = G_t = \frac{4\pi R}{\lambda}\sqrt{P_r/P_t} \tag{10-10}$$

根据式(10-10)，在收发距离 R 和工作频率确定后，只需测量得到收、发天线功率比 P_r/P_t，就可求得待测天线增益。当增益用 dB 表示时，可得

$$G = 10\lg(4\pi R/\lambda) + 5\lg(P_r/P_t) \tag{10-11}$$

式中，G 为被测天线的绝对增益；R 为收发天线几何中心之间的距离；λ 为工作波长；P_r 为接收端待测天线的接收功率电平；P_t 为发射端辅助天线的输入功率电平。

1)测试线路连接。

2)双天线法测量绝对增益系数连接框图，如图 10-12 所示。

3)测试方法步骤。

A. 连接好测试电路，使两个天线精确对准，并使极化取向一致。

B. 调节各调配器使系统阻抗匹配。

C. 测量并记录发射端的辅助天线输入功率电平与接收端的待测天线接收功率电平。

D. 确定相对功率电平 P_r/P_t。

E. 根据发射信号的频率可计算得到工作波长 λ。

F. 精确测量出两个天线几何中心之间的距离 R。

G. 根据 $G_r = G_t = \dfrac{4\pi R}{\lambda}\sqrt{P_r/P_t}$ ，可计算得到被测天线的绝对增益。

H. 需要进行精确测量时，通常重复测三次，然后取算术平均值。

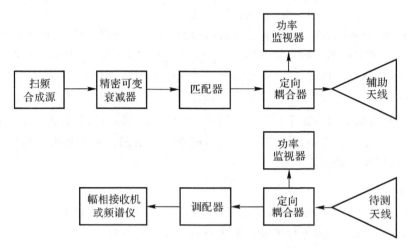

图 10 - 12 双天线法测量绝对增益系数连接框图

10.1.3 相控阵天线的增益测量

相控阵雷达的天线系统中通常含有有源 T/R 组件，使得相控阵天线本身具有非互易性，因此，相控阵天线的增益测量必须在特定的发射和接收状态下进行。

1. 有源阵在发射状态下的增益测量

发射状态下有源阵的增益表达式为

$$G_r = \frac{G_S P_A P_{in}}{P_S \sum P_n} \tag{10-12}$$

式中：G_S 为标准天线增益；P_A 为天线阵对准辅助天线时接收的功率；P_S 为标准增益天线对准辅助天线时接收的功率；P_{in} 为天线阵或标准天线的输入功率；P_n 为第 n 个功放组件的输出功率。

有源阵发射状态下天线增益的测试步骤如下：

1）辅助天线作为接收端，待测天线阵作为发射端，输入功率，记下输入功率值 P_{in}。

2）将收、发天线的方向图按照最大辐射方向对准，记下接收功率值 P_A。

3）改换标准增益喇叭，调整波束的最大指向，记下接收功率值 P_S。

4）测量得到各个功放组件的输出功率值 P_n。

5）可根据式（10-12）计算出发射阵的增益。

2. 有源阵在接收状态下的增益测量

接收状态下有源阵的增益表达式为

$$G_r = \frac{G_S P_A}{P_S L_R \sum_{n=1}^{N} w_n G_n} \tag{10-13}$$

式中:G_r 为有源小阵的天线增益;G_S 为标准天线增益;P_A 为有源小阵接收功率;P_S 为辅助天线接收的功率;G_n 为接收放大器的增益;L_R 为合成器之后的传输损耗;$\sum\limits_{n=1}^{N} w_n$ 为合成器的归一化权值。

接收状态下,有源阵天线增益的测量方法与发射状态完全相同。

10.2　发射分系统测量

发射分系统(即雷达发射机)是用来产生符合技术指标要求的大功率射频信号的装置。对脉冲雷达而言,发射机的功用就是用来产生一系列具有一定重复频率、一定宽度的大功率射频脉冲。这些射频脉冲经射频传输系统送到天线后,将由天线定向地辐射出去,用于探测空中目标。按照产生大功率射频脉冲的方式,可将脉冲雷达发射机分为单极震荡式和主振放大式两大类。自 20 世纪 60 年代末固态雷达发射机技术问世以来,雷达发射机普遍从最初的单级振荡式为主逐步发展为主振放大式为主,因此,关于发射机性能参数测量方法的讨论主要是以主振放大式机内功率合成发射机为对象的,同时适度兼顾单级振荡式发射机。为了叙述方便,书中的"发射分系统"和"发射机"这两个名称是完全等同的。

通常以输出功率、工作频率、发射功率带内起伏、脉冲重复频率、脉冲包络参数、脉冲频谱、改善因子和发射效率等参数来描述雷达发射机的性能。根据雷达不同的用途和体制,对这些参数的要求也不同,这些参数能否达到规定值,将直接影响雷达探测距离的远近、分辨能力的强弱和测距精度的高低。在实际测量工作中,可用频率计来测量雷达工作频率,射频脉冲经包络检波后,可用示波器来测量脉冲重复频率、包络参数(包括宽度、上升沿、下降沿、顶降等),可用频谱分析仪来测量脉冲频谱和发射信号的改善因子。雷达发射机输出功率大、工作频率高,在实际测量中还需要一些辅助设备,如定向耦合器、衰减器、检波器以及射频负载等。

在雷达装备全寿命周期的各阶段,对于雷达发射机性能的测量方法及测试连接是有所差异的。在雷达装备的研制生产阶段以及雷达的大修期间,一般遵循插件、分机、分系统以及整机的调试顺序,因而雷达生产厂家通常是针对解决雷达发射机自身的性能测试问题来设计测量方案的,典型的测量连接如图 10 - 13 所示。然而在雷达装备的使用阶段,部队限于仪表、设备和环境条件,通常要求不改动雷达天馈分系统与发射分系统的连接关系,故可采用原位测量法来实现雷达发射机的性能测试,典型的测量连接如图 10 - 14 所示。图 10 - 13 和图 10 - 14 不同的是:图 10 - 13 中使用射频信号源来模拟产生雷达射频激励信号送给待测发射机,使用大功率射频负载(水负载或假负载)作为匹配负载,这种测试方案主要用于雷达研制生产阶段或雷达大修期间。图 10 - 14 直接将雷达射频激励功放模块输出的射频激励信号送给待测发射机,并直接使用雷达天馈分系统作为待测发射机的匹配负载。

图 10 - 13、图 10 - 14 中给出的雷达发射机性能参数的通用测试方案所涉及的主要测量仪器、设备的相关说明如下:

1)射频信号源或射频激励功放模块,用来为发射机提供一定功率的射频激励信号。图 10 - 13 中使用的是射频信号源,图 10 - 14 中使用的是射频激励功放模块,它一般位于接收分系统中,在实际测试中可通过雷达监控分系统实现激励信号的波形及有关参数(如工作频率等)的控制。

2)低功率定向耦合器,用来对发射机射频激励信号的功率进行采样。

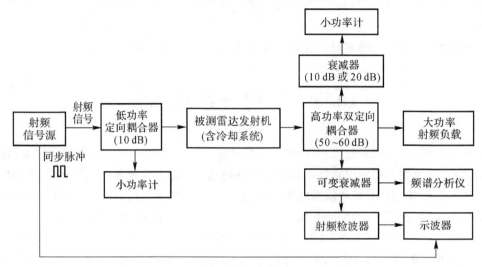

图 10 - 13 发射机性能参数测量连接(一)

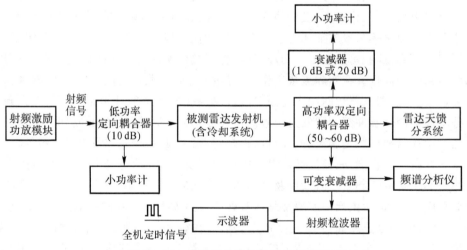

图 10 - 14 发射机性能参数测量连接(二)

3)频谱分析仪,用来对发射机输出信号的频谱分布、频谱纯度(相位噪声)和杂散(含谐波和杂波)分量进行测量。

4)射频检波器,用来对射频脉冲进行包络检波,并将检波后的信号发送给示波器来完成对脉冲重复频率、脉冲包络参数的测量。

5)示波器,用来测量脉冲重复频率、脉冲包络(包括脉冲宽度、脉冲前沿、脉冲后沿和脉冲顶降等参数)。

6)高功率双定向耦合器,这是测量雷达发射机输出功率和观测射频脉冲波形的必要器件。在实际测量中可以根据发射脉冲功率的强弱来选择不同耦合度的定向耦合器,当耦合器的耦合臂信号输出功率过大时,可根据实际测量要求适当地串接固定衰减器。

7)小功率计,用于测量雷达发射机输入信号(射频激励信号)功率,或雷达发射机输出信号功率,一般采用通过式测量方法,参见本章 10.1 节。

8)大功率射频负载,用作待测发射机的匹配负载(见图 10-13)。在早期的功率计产品中,通常将大功率射频负载与大功率计设计为一个整体,属于吸收式(也称为直接式)功率测量方法,其读数为平均功率,需要根据雷达发射信号的占空比将测量结果换算成脉冲功率。该类大功率计测量误差为 7% 左右。

随着科学技术的发展,出现了脉冲峰值功率计,能实现雷达射频脉冲峰值功率的准确测量。此时大功率射频负载的作用主要是代替天线作为发射机的功率吸收负载,功率数据是从高功率定向耦合器支路上的脉冲功率计上读取,称为通过式(也称间接式)功率测量方法。采用这种方法来测量发射机输出功率时,定向耦合器耦合度的准确性、衰减器衰减量的准确性等因素对测量结果影响较大。这种功率测量方法也被大量应用于雷达发射机的原位测量中(见图 10-14)。

另外,除上述专用测量仪表外,还需要万用表和卡钳电流表等常用仪表,以测量交、直流电压和电流。

需要指出的是,图 10-13、图 10-14 中所示的被测雷达发射机主要指主振放大式发射机(包含各类真空管发射机和全固态高功率发射机)。对有源相控阵雷达发射机需要另行考虑,因为此发射机是分布式的,一般只对前级驱动放大器、T/R 组件功率放大器进行测量,其他测量需要与有源天线面阵和雷达总体一并进行。

10.2.1　发射机输出功率测量

发射系统的输出功率直接影响雷达的威力和抗干扰能力。通常将发射系统送至天线输入端信号的功率定义为发射系统的输出功率。有时为了测量方便,也可以规定指定负载上的功率为发射系统的输出功率,其前提条件是:馈线上的电压驻波比必须在允许范围之内。

现代雷达出于抗干扰的需要,通常有多个工作频率点,而雷达发射机工作于不同的频率点,其输出功率值是变化的,也就是说,输出功率是指一定工作频率点或频率带宽内雷达发射机的输出功率;反之,工作频率是指在一定输出功率能力下的雷达发射机的工作频率,不考虑一定的输出功率而单纯谈论工作频率是没有意义的。因此,发射机的输出功率、工作频率、带内起伏等参数是相互影响、相互制约的,在测量时必须同时监视、同时测量。表 10-1 是发射机平均功率、工作频率及带内起伏记录,建议依据表 10-1 进行上述三个参数的同步测量。

目前研制的绝大多数雷达都是脉冲雷达,发射机大都工作在脉冲状态。因此,雷达发射机的输出功率测试通常包含脉冲功率和平均功率两项指标的测试。脉冲功率 P_{τ} 又称峰值功率,是指发射脉冲持续期内的平均功率,平均功率 P_{av} 是指在射频脉冲的一个重复周期内发射机输出功率的平均值。单级振荡式发射机的输出功率取决于振荡管的功率容量。主振放大式发射机则决定于输出级(末级)发射管的功率容量。考虑到耐压和高功率击穿等问题,在发射系统实际设计中,宁愿提高平均功率而不希望过分增大它的峰值功率。

表 10 – 1　发射机平均功率、工作频率及带内起伏记录表

工作频率/MHz				
平均功率/kW				
带内起伏 $\Delta P = 10\lg\left(\dfrac{P_{\max}}{P_{\min}}\right)$				

雷达发射机的输出功率是一个重要参数。测量发射功率的早期作法,通常是先将发射信号功率直接转换成热能,然后借助某些热效应测量仪器进行测量。比如测热电阻式功率计、热电偶式功率计等,均属此类。由于热效应转换时间较长,所以此类功率计不能直接测出脉冲功率,只能测出其平均功率。通常情况下,先使用平均功率计来直接测量雷达发射信号的平均功率,然后通过计算得到发射信号的脉冲功率,具体计算表达式为

$$P_\tau = \frac{T_r}{\tau} P_{av} \tag{10 – 14}$$

式中:P_τ 为脉冲功率(也称峰值功率)(kW);P_{av} 为平均功率(kW);T_r 为雷达射频脉冲信号的重复周期(μs);τ 为发射脉冲宽度(μs)。

将 $\tau/T_r = \tau F_r$ 定义为发射脉冲信号的占空比 D,又称雷达的工作比,常规脉冲雷达工作比的典型值为 $D = 0.001$,但脉冲多普勒雷达的工作比可达百分之几,甚至达百分之几十,连续波雷达的工作比 $D = 1$。

特别需要说明的是,由于式(10 – 14)是在发射脉冲为矩形脉冲的条件下推导得到的,因此实际运用时必须注意条件,大家知道,实际雷达的发射脉冲是非理想矩形的,而脉冲持续期间的宽度有顶部宽度、有效宽度和底部宽度之分,脉冲的前沿和后沿的时间又有差异。因此计算脉冲功率时,必须考虑修正系数,而修正系数则需要根据脉冲的形状来确定。

随着稳定的平面掺杂势垒二极管进入功率测量领域,对脉冲调制信号的功率测量有了专门的脉冲峰值功率计,所显示的结果类似于示波器,可提供测量结果与时间的关系。峰值功率计的传感器通常是一个二极管,它可提供快速的输出响应时间(10ns);这类传感器的响应输出是通过对调制信号的包络进行的,因此对信号谐波的作用是敏感的。目前,针对脉冲调制的微波信号的功率测量和计算,专门有分析其信号的幅度参数和时间参数的峰值功率分析仪。美国 Agilent 公司生产的 8890A 型峰值功率分析仪能够分析的脉冲调制信号功率幅度参数有脉冲顶部幅度、脉冲基部幅度、峰值功率、过冲和平均功率等,其能够分析的时间参数有上升时间、下降时间、脉冲宽度、关闭时间、占空比、脉冲重复间隔(Pulse Repetition Interval,PRI)、脉冲重复频率和脉冲延迟等。

从上述分析可知,当测试连续波功率时,平均值功率计和脉冲峰值功率计效果相同;当测试脉冲调制波功率时,脉冲峰值功率计可准确、实时测得脉冲峰值功率,而平均值功率计必须通过将波形的占空比折算为脉冲峰值功率,测量误差相对较大。

1. 吸收式功率测量

吸收式功率测量又被称为直接测量,是用大功率计作为发射机的负载。大功率负载有两种:水负载和假负载。水负载是将所吸收的微波能量转换成水的温度变化,然后与工频能量转换成水的温度变化相比较,从而测出微波信号功率。假负载通常是采用假负载天线,假负载天

线与热敏电阻串联,通过测出热敏电阻阻值变化来确定被测功率。

(1)测量线路连接

吸收式功率测量线路连接如图 10-15 所示。

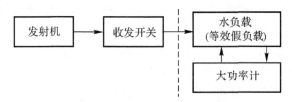

图 10-15　吸收式功率测量线路连接

(2)测量步骤

1)按图 10-15 所示连接测量线路。

2)正确使用大功率计,按规定调节水循环速度,对大功率计进行校准。

3)调节发射机的输出,使其工作在正常状态。测出发射机的平均功率。

4)如果矩形脉冲的前后沿时间可以忽略,可按式(10-14)计算脉冲功率。

(3)注意事项

1)大功率计的使用应按程序操作,保证安全,使用前必须熟悉功率计的使用方法和注意事项。

2)有的雷达用假负载天线,由大功率电阻串联分压后,再与热敏电阻构成电桥,测出功率后再乘以分压比求得平均功率。操作步骤可参阅仪器说明书。

3)对发射机的输出功率进行直接测量时,脉冲功率的测量准确度在很大程度上取决于工作比的测量准确度。因此,τ 和 T_r 的测量最好采用宽带数字式示波器来进行。

2.通过式功率测量

通过式功率测量又称为间接式功率测量,是指利用定向耦合器从主传输系统中取一部分功率进行测量,再计算出发射机的平均功率。在实际测量中,常用小功率计或雷达综合测量仪来完成功率测量。

(1)测量线路连接

通过式功率测量线路连接如图 10-16 所示,定向耦合器位于收发开关的前端(靠近发射机)或后端(靠近天线),取决于具体型号雷达的整机设计。

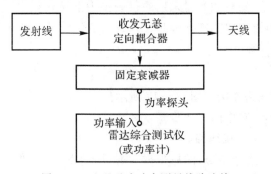

图 10-16　通过式功率测量线路连接

（2）测量步骤

1）按图 10-16 所示连接测量线路，将固定衰减器与定向耦合器连接，固定衰减器输出端与小功率计（或雷达综合测试仪）连接。

2）使小功率计处于待测功率状态，将雷达综合测量仪工作种类开关置于测功率档，并校零。

3）按程序开启雷达发射机，使其处于正常工作状态。

4）测定发射机工作时小功率计的功率值（或雷达综合测试仪上功率值）P'_{av}（mW）。

5）发射机的平均功率可以按式（10-15）来计算得到：

$$P_{av} = 10 \lg P'_{av} - 30 + \beta_1 + \beta_2 \qquad (10-15)$$

式中：P_{av} 为发射机平均功率的瓦特分贝值（dBW）；P'_{av} 为小功率计上的读数（mW）；β_1 为定向耦合器衰减分贝值（dB）；β_2 为固定衰减器衰减分贝值（dB）。

另外，在上式中通过（-30dB）将小功率计的功率单位 mW 转换成 W。

6）发射机的脉冲功率可按式（10-14）计算得到。

（3）注意事项

当使用通过式方法来测量雷达发射机输出功率时，在对测量精度要求较高的情况下，必须先校准定向耦合器的耦合度和串接衰减器的衰减值，尤其是需要保证定向耦合器具有足够好的方向性，否则发射机输出端所接馈线系统的过大驻波会影响发射机输出功率读数的准确性。具体测量时，要注意正确设置脉冲功率计的量程并同时观测脉冲波形，以保证测量的准确性。

在实际测量中，除了可以采用小功率计或雷达综合测试仪，也可以直接采用其他通过式功率计（如 R&S 公司的 NRT 型功率计）来完成功率测量。

10.2.2　雷达工作频率范围测量

雷达工作频率是指雷达整机在能保证规定的战术技术指标的前提下，发射信号的载波可以变化的各种频率。另外，将雷达发射信号载波频率的变化范围称为工作带宽。通常在某一频带范围内选取若干频率点，作为雷达的工作频率点。一般来说，不同的工作频率对应的功率放大器的增益会有所波动。一般在雷达的整个工作频带内，发射机的输出功率变化值应小于 1.5dB（约 1.4 倍）。

在实际测量中，根据雷达工作频段的不同，测量工作频率所用仪表及方法也有所不同。地面雷达大多数是脉冲雷达，测量频率时采用的仪表多为谐振式频率计及吸收式波长表。随着测量技术的发展，目前也可用数字式脉冲频率计或频谱分析仪来测量雷达发射机的工作频率。

1. 谐振式频率计测量法

（1）测量线路连接

谐振式频率计测量线路连接如图 10-17 所示。

（2）空间耦合方式测量频率的方法步骤

1）按图 10-17（a）所示连接线路。

2）使发射机处于正常工作状态，然后根据发射机上"频率-刻度"曲线，使刻度对准低频端位置。

3）将谐振式频率计的探头靠近发射机面板，利用空间耦合方式测出发射机低端的频率，当调谐指标最大值时,读出面板上频率值,或者读出在谐振时的刻度l_0值,再查表得出所测的频率F_L。

　4)将发射机调在高频端的刻度位置,并测出高频端的频率F_H。

　5)发射机的工作频率范围为$F_L\sim F_H$。

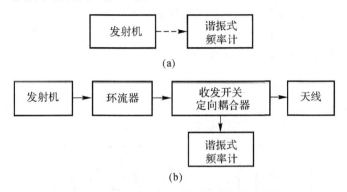

(a)

(b)

图 10-17　谐振式频率计测量线路连接

(a)空间耦合方式频率测量连接;　(b)定向耦合器方式频率测量连接

(3)定向耦合器方式测量频率的方法步骤

　1)按图 10-17(b)所示连接线路。

　2)谐振式频率计接在定向耦合器的耦合端,接通频率计电源,将工作种类开关置于"脉冲"。发射机处于正常工作状态,调节频率计的调谐旋钮,使频率计的电表指示为最大,调节输入衰减,使电表指针处于中间位置。记下频率计的刻度,查频率校正表,即可得出被测频率值。

2. 吸收式频率计测量法

(1)测量线路连接

吸收式频率计测量线路连接如图 10-18 所示。

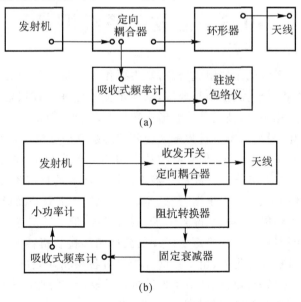

(a)

(b)

图 10-18　吸收式频率计测量线路连接

(a)吸收式测频指示器为驻波包络仪;　(b)吸收式测频指示器为小功率计

（2）测量步骤

1）按图10-18所示连接测量线路。图10-18(a)和图10-18(b)所示的连接方法并没有本质区别，只是根据现有附件情况在频率计输出端接不同的指示器。

2）发射机按程序通电，使其处于正常工作状态。

3）调节吸收式频率计的"频率调整度盘"，使小功率计（或驻波包络仪）指示为最小。

4）按频率计刻度读出（或查表）被测频率值。

3. 频谱分析仪测量法

（1）测量线路连接

雷达工作频率、工作带宽测量线路连接如图10-19所示。

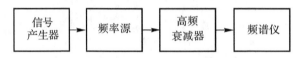

图10-19 雷达工作频率、工作带宽测量线路连接

（2）测量步骤

1）按图10-19所示连接测量线路，将由雷达频率源输出，送给发射机激励器的信号，经高频衰减器转接到频谱分析仪，也可将发射机输出信号直接经定向耦合器连接到频谱分析仪上进行测量。

2）按规定程序开机，开启频谱分析仪，并将工作方式设置到所需状态，将衰减器的衰减量调节到合适档位。

3）通过雷达主控制台选择雷达工作频点，可在频谱分析仪上直接读取雷达工作频率。

4）改变雷达工作频点，读取各频点上的工作频率，并计算得到被测雷达工作带宽。

10.3 接收分系统测量

接收分系统是雷达系统的重要组成部分，其主要作用是将接收到的微弱的目标回波信号从干扰中选择出来，并予以放大、变换和处理，以满足信号处理和数据处理的需要。接收机在对信号变换和处理的过程中，回波信号的波形参数、频谱结构、能量关系等在接收机各功能电路中均发生相应的变化，最终为雷达各测量系统和控制系统提供包含目标信息的各种信号。

雷达接收机虽然有不同的类型，但它们的基本功能是相同的，概括起来主要有三个方面：选择信号、放大信号和变换信号。衡量雷达接收机性能优劣的性能参数包括灵敏度、噪声系数、动态范围、增益、通频带、带内平坦度、镜像频率抑制度、本振频率及频率稳定度、矩形系数、多通道性能和发射激励性能（信噪比、改善因子、波形参数、信号频谱等）。

对于通频带、镜像抑制、频率源稳定度以及杂波抑制等接收机性能参数的测试，目前最常用的测量仪器是频谱分析仪。另外，由于频谱分析仪对各种输入频率分量的功率也有较准确的定标测量功能，所以频谱分析仪也常被用来进行增益及动态特性的测试。可以说，频谱分析仪是目前接收机性能测试中最常用的仪器。

10.3.1　接收机灵敏度测量

灵敏度是雷达接收机的一个非常重要的技术指标,反映接收机接收微弱信号的能力。接收机能够接收的信号越微弱,表明接收机的灵敏度越高,雷达的作用距离就越远。雷达接收机的灵敏度通常用最小可辨信号功率 P_{smin} 或最小可辨信号电压 U_{smin} 表示。也就是说,天线送到接收机输入端的信号功率达到 P_{smin}(或信号电压达到 U_{smin}),接收机就能正常接收且辨别出这一信号,如果信号功率低于此值,信号就不能被辨别出来。P_{smin} 的值越小,说明接收机的灵敏度越高。目前,雷达接收机的灵敏度一般为 $10^{-12} \sim 10^{-14}$ W。

接收机在接收回波信号的同时,不可避免地受到外部噪声和内部噪声的影响,即有用信号的检测总是在有噪声的背景中进行的。由此看来,在噪声中检测信号,信号功率不能太小,否则信号将被噪声淹没而无法检测。因此,接收机灵敏度的极限值主要受接收机的内部噪声功率所限制。要提高接收机的灵敏度,必须在增大放大量的同时,尽可能地减小接收机的内部噪声。在实际测量中,接收机的灵敏度通常分为实际灵敏度和临界灵敏度。灵敏度的测试有两种方法:一是直接用信号源进行测试;二是根据噪声系数和灵敏度的关系,在测得噪声系数和接收机带宽后进行计算,故称为间接测量法。由于信号源的信号泄漏无法根除,所以一般采用间接测量法。

1. 实际灵敏度

为了在接收机输出端获得雷达正常检测目标所需的最小信噪比,接收机输入端所需的信号功率称为实际灵敏度。

在雷达中,"正常检测"是指终端设备以一定的概率(警戒雷达一般为 50% 的发现概率,炮瞄雷达一般为 90% 的发现概率)发现目标和满足测定目标坐标的精度。要能正常检测,接收机输出端信号噪声功率的比值必须不小于一定的数值。另外,"正常检测"还指接收机各部分的调谐、调整都是正常的。

由于实际灵敏度考虑了所有因素对接收机输出信号噪声功率比的影响,所以实际灵敏度的数值可以直接确定雷达正常检测时,接收机输入端实际上所需的有用信号功率。实际灵敏度的定义表达式为

$$P_{smin} = kT_0 B_{RI}\left(F_0 - 1 + \frac{T_A}{T_0}\right)D \tag{10-16}$$

式中:k 为玻耳兹曼常数,$k = 1.38 \times 10^{-23}$ J·K^{-1};T_0 为标准噪声温度,$T_0 = 290$ K;T_A 为天线有效噪声温度(或称为天线有效输入噪声温度)(K);B_{RI} 为接收机高、中频部分的通频带;$D = S_0/N_0$ 为识别系数,其表示为了保证正常接收,在接收机输出端上必须具有的最小信号噪声功率比;F_0 为接收机的噪声系数。

由式(10-16)可知,在雷达接收机中频带宽已确定的情况下,接收机的灵敏度在数值上等于接收机输入端的内、外部噪声功率之和的 D 倍。而识别系数 D 表示最小可辨功率需要超出噪声功率多少倍时才能保证在预定的概率下发现目标,它是一个很重要的参数,但它与雷达的脉冲积累损失、波束非理想形状及圆锥扫描损失、中频及视频带宽所引起的损失以及目标起伏所引起的损失等因素有关,几乎由雷达整机的所有部分来决定。

由以上分析可以看出:雷达接收机的实际灵敏度不仅取决于接收机线性部分的性能,而且

与检波器、视频放大器的性能有关;还与接收机以外的其他因素有关,如天线波瓣宽度和天线指向、天线旋转速度、雷达的脉冲重复频率、脉冲宽度、显示器的形式、观察员的技术熟练程度等影响识别系数的因素。因此,实际灵敏度表示雷达接收机整机的实际性能,是雷达的一个整机参数。要使接收机具有较高的灵敏度,就要尽可能地减小识别系数。

2. 临界灵敏度

对于接收机本身来说,接收机灵敏度的高低,主要取决于接收机线性部分的性能好坏,接收机的其他部分只要设计正确,则一般对灵敏度的影响不大。因此,当比较不同接收机的线性部分对灵敏度的影响时,最好不要涉及接收机以外的其他因素。为了消除接收机以外的有关因素对灵敏度的影响和便于测试比较,可以取接收机线性部分输出端的信号噪声功率比为1(即 $D=1$),并取 $T_A=T_0$ 时作比较,这时测得的接收机灵敏度称为"临界灵敏度"。在实际测量中,通常用"临界灵敏度"来判断接收机线性部分的质量。

临界灵敏度是指当接收机输出端的信噪比为1(即 $D=1$),而且 $T_A=T_0$ 时,天线输送给接收机输入端的最小信号功率,其数学表达式为

$$P_{smin}=kT_0B_{RI}(F_0-1+1)\cdot 1=kT_0B_{RI}F_0 \tag{10-17}$$

根据式(10-17)可知,临界灵敏度只与接收机线性部分的通频带和噪声系数有关,而与其他部分无关。

一般超外差式雷达接收机灵敏度的数量级为 $10^{-12}\sim 10^{-14}$ W,为了更加简洁明了地表示雷达接收机灵敏度,在工程上,灵敏度常用功率电平 $P_{smin[dBm]}$ 表示, $P_{smin[dBm]}$ 与 P_{smin} 之间的关系表达式为

$$P_{smin[dBm]}=10\lg\frac{P_{smin}}{10^{-3}} \tag{10-18}$$

根据式(10-18)可知,0dBm 表示 1mW,一般超外差式接收机灵敏度的数量级 $10^{-12}\sim 10^{-14}$ W 也就可以简单表示为 $-90\sim -110$dBm。

通常用最小可辨电压 U_{smin} 表示米波雷达的接收机灵敏度,其数量级为 $10^{-6}\sim 10^{-7}$ V, U_{smin} 与 P_{smin} 之间的关系表达式为

$$U_{smin}=\sqrt{P_{smin}\times R_A} \tag{10-19}$$

式中: R_A 为被测接收机的输入阻抗(通常为 50Ω 或 75Ω)。

若将式(10-17)用分贝表示,将 $kT_0=1.38\times 10^{-23}\times 290\approx 4\times 10^{-21}$ 代入式(10-17),则可得

$$\begin{aligned}P_{smin[dBm]}&=10\lg kT_0+10\lg B_{RI}+10\lg F_0=-174+60+10\lg B_{RI}+10\lg F_0=\\&-114+10\lg B_{RI}+10\lg F_0\end{aligned} \tag{10-20}$$

根据式(10-20)可画出接收机在不同通频带 B_{RI} (即噪声带宽)的情况下,灵敏度与噪声系数的关系曲线,如图 10-20 所示。在实际测量中,当测量得到接收机的带宽和噪声系数之后,可通过式(10-20)计算得到接收机灵敏度。

需要说明的是:①当满足 $T_A=T_0$ 测量条件时,从上述关于实际灵敏度和临界灵敏度的定义表达式可知,实际灵敏度与临界灵敏度之比就是"识别系数"。识别系数与不同雷达的工作体制有关,为了判断接收机本身的性能,一般用临界灵敏度来表征雷达接收机的灵敏度。②对具有脉冲压缩系统的雷达接收机而言,可按下式计算灵敏度:

$$P_{simn[dB]}=10\lg(kT_0B_nF)-D+L \tag{10-21}$$

式中：$P_{\text{smin[dB]}}$ 为接收机灵敏度（dBm）；F 为接收机噪声系数；k 为玻耳兹曼常数，$k=1.38\times$ $10^{-23}\text{J}\cdot\text{K}^{-1}$；$T_0$ 为标准噪声温度，$T_0=290\text{K}$；B_n 为接收机等效噪声带宽；D 为脉冲压缩比（dB）；L 为信号处理损失（dB）。

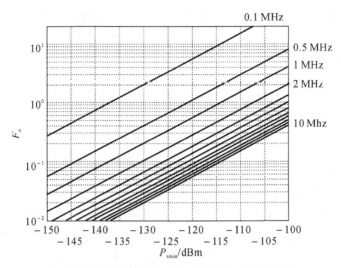

图 10-20　接收机灵敏度与噪声系数的关系曲线

3. 直接测量法

根据测量中所使用信号源的不同，接收机灵敏度直接测量法可细分为等幅信号测量法和脉冲调制信号测量法。

（1）等幅信号测量法

该方法的主要测量仪器有标准信号发生器和三用表。

1）测量线路连接。

等幅信号测量法连接如图 10-21 所示。

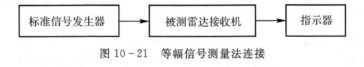

图 10-21　等幅信号测量法连接

2）测量方法步骤。

A. 如图 10-21 所示，由标准信号发生器的输出信号代替由天线接收的信号送至接收机的输入端。要求信号发生器的输出阻抗与接收机的输入阻抗匹配，即信号发生器的输出阻抗等于天线阻抗 Z_0，如果不匹配则必须通过阻抗变换器进行匹配。为了使灵敏度测量通路与雷达装备正常工作时的信号通道一致，同时又能简化测试仪表，通常用三用表置于直流电压档作为接收机中频输出检波器输出电压的指示器，其值代表中放的输出功率。

B. 将信号发生器置于等幅工作状态，并将信号发生器和被测雷达接收机调谐在规定的测试频率上。

C. 使信号发生器的信号输出为零，把雷达接收机增益控制置于适当位置，使指示器上得到的噪声指示值为 A_1。

D. 使信号发生器有一定信号输出,并微调频率使指示最大,然后调节信号发生器的输出信号幅度,使接收机输出的指示值为 A_2,并且使 $A_2/A_1=\sqrt{2}$(当使用功率计作为指示器时,则要求 $A_2/A_1=2$)。

E. 此时,从信号发生器输出端加到接收机输入端的信号功率值,即为雷达接收机灵敏度值。

F. 分别对被测雷达规定的各工作频点下的接收机灵敏度进行测试,完成测试后,填写如表 10-2 所列的测试记录表。

表 10-2　接收机灵敏度测试记录表

雷达接收机的型号、序号							
工作频率或工作频段							
测试仪表的型号、序号							
规定的测试频率/MHz	f_1						f_n
接收机灵敏度							

需要指出的是:

A. 由于微波标准信号发生器的输出信号通常以功率来计量,米波标准信号发生器的输出信号通常以电压来计量。因此,微波雷达灵敏度以最小功率表示,米波雷达则以最小电压表示。

B. 由于米波信号发生器输出信号幅度以 μV 为单位,在测量得到以最小输入电压表示的接收机灵敏度之后,若需要用功率电平表示灵敏度,则首先需要将最小输入电压换算成最小输入功率,并以单位 mW 表示,然后取分贝即可得到 $P_{smin[dBm]}$。

C. 在工程测量中,通常以 1mW 为零分贝的标准功率电平表示(即以 1mW 为 0dBm),然而在实际应用中,有的微波标准信号发生器的输出功率以 $100\mu W$ 表示零分贝,当使用此类微波信号发生器来测量雷达接收机灵敏度时,需要在信号发生器功率电平读数的基础上加-10dB 才是灵敏度测量值。

(2)脉冲调制信号测量法

该方法的主要测量仪器有脉冲信号发生器、射频合成信号发生器和示波器。

1)测量线路连接。

脉冲调制信号测量法连接如图 10-22 所示。

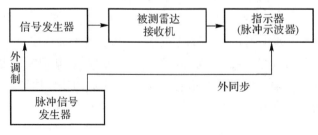

图 10-22　脉冲调制信号测量法连接

2)测量步骤。

A. 按图 10 - 22 所示连接好仪表、设备,然后接通电源。

B. 将信号发生器置于脉冲调制状态(外调制或内调制),按照被测雷达的产品标准或技术条件中规定的数值来设置脉冲宽度与脉冲重复频率。

C. 将信号发生器和接收机调谐在规定的测试频率上,调节信号发生器的输出信号幅度,使信号在示波器上能显示;然后微调信号发生器的工作频率,使被测接收机的输出信号幅度最大。

D. 关闭信号发生器的输出,调节接收机的增益控制,使接收机输出端的噪声电平等于产品技术条件中所规定的数值 A_1。

E. 打开信号发生器源输出,调节其输出信号电平,使信号和噪声迭加后在示波器上显示的数值为 A_2,且使 A_2/A_1 的比值等效于功率比为 2 的数值。

F. 此时,由信号发生器输出端加到被测接收机输入端的信号功率电平值即为接收机的灵敏度。

4. 间接测量法

间接测量法即根据所测得的接收机噪声系数和接收机带宽来计算接收机灵敏度,其计算公式为

$$P_{smin} = kT_0 B_{RI} F_0 \tag{10 - 22}$$

式中:P_{smin} 为接收机灵敏度(W),k 为玻耳兹曼常数,$k = 1.38 \times 10^{-23} \text{J} \cdot \text{K}^{-1}$;$T_0$ 为标准噪声温度,$T_0 = 290\text{K}$;B_{RI} 为接收机系统噪声带宽,一般认为就是接收机的通频带(即接收机信号匹配带宽);F_0 为接收机的噪声系数。

当接收机灵敏度用 dBm 表示,接收机的通频带用 MHz 表示,噪声系数 NF 用 dB 表示时,接收机灵敏度的算式为

$$P_{smin[dBm]} = -114 + 10\lg B_{RI} + \text{NF} \tag{10 - 23}$$

式中:$P_{smin[dBm]}$ 为接收机灵敏度(dBm);B_{RI} 为接收机的通频带(MHz);NF 为接收机噪声系数(dB)。

需要说明的是:在间接测量法中,需要对接收机噪声系数和带宽进行测量。

10.3.2　接收机动态范围测量

接收机正常工作时,如果输入信号幅度增大,输出信号幅度也会呈正比地增大。但当接收机的输入信号大到某一幅值 U_{simax} 后,其输出信号就不再随输入信号幅度的增大而呈正比例地增大,严重时反而会随之减小,接收机会暂时停止工作,这是由于强信号使放大器工作于饱和状态,失去了放大作用,这种现象称为"过载",如图 10 - 23 所示。当接收机刚发生过载时、输入信号电压 U_{simax} 与最小可辨信号电压 U_{simin} 的比值称为接收机的输入动态范围。

接收机输入动态范围即接收机正常工作时所允许的输入信号的强度变化范围,它反映了接收机在强信号作用下的抗过载能力。一般习惯用 1dB 增益压缩点描述接收机动态范围,也就是在增益下降 1dB 条件下,接收机的最大输入信号功率与接收机临界灵敏度(即最小可检测信号)之比,通常用 dB 表示,其定义表达式为

$$DR_{-1} = P_{-1dB} - P_{smin} \tag{10-24}$$

式中：DR_{-1} 为接收机的动态范围（dB）；P_{-1dB} 为增益下降 1dB 时接收机的最大输入信号功率（dBm）；P_{smin} 为接收机灵敏度（dBm）。

由于回波信号强度的变化范围很大，接收机应保证对强弱不同信号都能正常接收，也就要求接收机具有较大的动态范围。为了得到较大的动态范围，必须对接收机中频放大器的增益进行手动或自动控制，或在接收机中使用具有自动增益控制作用的对数中频放大器。

当测量接收机输入动态范围时，通常根据接收机是否具有自动增益控制电路，信号源是连续波信号源或者是脉冲调制信号源，指示设备是用电压表还是用示波器等，其测量方法也略有区别。下面介绍几种常用的测量方法。

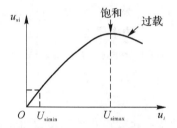

图 10-23　雷达接收机输出电压与输入电压的关系

1. 连续波信号测量法

连续波信号测量线路连接如图 10-24 所示，如果被测接收机的输出信号为视频，则可以采用普通电压表进行测量，如果输出信号为中频信号，则需要采用超高频电压表进行测量。

图 10-24　连续波信号测量法连接

（1）测量步骤

1）按图 10-24 所示连接测试系统，电压表接到被测接收机输出测试端口。

2）调整被测接收机到产品规范规定的工作状态。

3）调整高频信号源到连续波工作状态，输出电平和频率调整到产品规范规定值。

4）调整精密可变衰减器的衰减量，当被测接收机的输入功率为临界灵敏度值时，在测试数据表中记录精密可变衰减器的值 L_1 及电压表对应值 U_{01}。

5）逐步减小精密可变衰减器值 L_n，测出电压表对应值 U_{0n} 并记录在测试数据表中。各测试点的间隔由产品规范规定，直到测出增益下降 1dB 点为止。

（2）测试结果

1）以 L_1 点对应值 U_{01} 作为输出电压的等效零分贝点，按照下式来计算各点输出电压等效分贝值 H 并记录在测试数据表中：

$$H = 20\lg(U_{0n}/U_{01}) \tag{10-25}$$

式中：H 为各测试点输出电压等效分贝值（dB）；U_{0n} 为精密可变衰减器的值为 L_n 时，电压表的对应值（mV）；U_{01} 为精密可变衰减器的值为 L_1 时，电压表的对应值（mV）。

2)按下式计算各测试点横坐标等效分贝值 L_m,并记录在测试数据表 10-3 中:

$$L_m = L_1 - L_n$$

式中: L_m 为各测试点横坐标等效分贝值(dB); L_1 为被测接收机输入功率为临界灵敏度时,精密可变衰减器的值(dB); L_n 为各测试点对应的精密可变衰减器的值(dB)。

表 10-3　测试数据

名称	单位	测试数据
精密可变衰减器(L_n)	dB	
电压表值(U_{0n})	mV	
各测试点输出电压等效分贝值(H)	dB	
各测试点横坐标等效分贝值(L_m)	dB	

3)根据测试数据表,在直角坐标轴上绘出曲线,如图 10-25 所示,图中理论曲线是与横坐标呈 45°的直线。在图 10-25 中找出接近饱和、低于理论曲线 1dB 时所对应的等效横坐标值 L_{mp}。

4)按照下式来计算得到被测接收机动态范围:

$$DR_{-1} = L_{mp} \tag{10-27}$$

式中: DR_{-1} 为被测接收机动态范围(dB); L_{mp} 为输出电压等效分贝值 H 低于理论值 1dB 时所对应的横坐标等效分贝值(dB)。

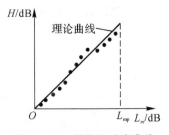

图 10-25　接收机动态曲线

(3)说明事项

1)线性接收机进入饱和的起点,一般以增益下降 1dB 为准,允许按产品规范规定值作为进入饱和的起点。

2)被测接收机有灵敏度时间控制及杂波图控制等功能时,设置到 0dB 控制,测出线性动态范围再加上相应控制功能的最大衰减值,作为被测接收机线性动态范围。

(4)补充说明

1)在被测接收机动态范围的技术指标已知的情况下,有时测量人员只是想通过测量来判断当前接收机的线性动态范围是否合格,这种情况下可采用如下测量方法:

A.按图 10-24 所示连接测试系统,电压表接到被测接收机输出测试端口。

B.调整被测接收机到产品规定的工作状态。

C.调整高频信号源到连续波工作状态,输出电平和频率调整到产品规定值。

D.调整精密可变衰减器的衰减量,当被测接收机的输入功率为临界灵敏度值时,记录精

密可变衰减器的值 L_1。

E. 把衰减器值置于 $L_1-\mathrm{DR}_{-1}$（DR_{-1} 为产品规定动态范围），记录电压表对应值 U_a。

F. 精密可变衰减器的衰减量增加 6dB，记录电压表对应值 U_b。

G. 当 $20\lg(U_a/U_b) > 6\mathrm{dB}-1\mathrm{dB}=5\mathrm{dB}$ 时，认为该接收机的动态范围合格。

2）对具有自动增益控制（Automatic Gain Control，AGC）功能的接收机的线性动态范围测量时通常采用如下方法：

A. 按图 10-24 所示连接测试系统，电压表接到被测接收机输出测试端口。

B. 调整被测接收机到产品规定的工作状态。

C. 调整高频信号源到连续波工作状态，输出电平和频率调整到产品规定值。

D. 调整精密可变衰减器的衰减量，当被测接收机的输入功率为临界灵敏度值时，记录精密可变衰减器的值 L_1 及电压表对应指示值 U_{01}。

E. 逐步减小精密可变衰减器的衰减量，当电压表指示值等于产品规定的最大变化值时，记录精密可变衰减器的对应指示值 L_2。

F. 最后按下式计算被测接收机动态范围：

$$\mathrm{DR}_{-1}=L_1-L \tag{10-28}$$

式中：DR_{-1} 为被测接收机动态范围（dB）；L_1 为接收机输入功率为临界灵敏度时对应的精密可变衰减器指标值（dB）；L_2 为电压表指示值等于产品规定的最大变化值时对应的精密可变衰减器指示值（dB）。

2. 脉冲调制信号测量法

这是一种采用高频信号源产生脉冲调制信号来测量具有自动增益控制（AGC）功能的接收机线性动态范围的测量方法。

（1）测量线路连接

脉冲调制信号法测量线路连接如图 10-26 所示。

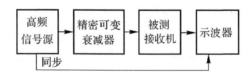

图 10-26 脉冲调制信号法测量线路连接

（2）测量步骤

1）按图 10-26 所示连接测试系统，将示波器连接到被测接收机输出测试端口。

2）调整被测接收机到产品规定的工作状态。

3）调整高频信号源到脉冲调制工作状态，将载波频率、脉冲重复频率及脉冲宽度调节到符合产品规定的参数值。

4）将精密可变衰减器预置到 L_1，其值等于被测接收机动态范围要求的合适值。

5）调整高频信号源的输出电平，通过示波器观察，使有信号处噪声高度与无信号处的噪声高度相等，保持高频信号源输出电平不变。

6）逐步减小精密可变衰减器的衰减量 L_1，当示波器显示被测接收机输出脉冲信号的幅度或脉冲宽度等于产品规定的最大变化值时，记录精密可变衰减器值 L_2。

（3）测试结果

动态范围按照下式来计算：

$$DR_{-1} = L_1 - L_2 + 8 \tag{10-29}$$

式中：DR_{-1} 为被测接收机动态范围（dB）；L_1 为信噪比等于 8dB 时所对应的精密可变衰减器的衰减值（dB）；L_2 为接收机输出脉冲信号的幅度或宽度等于产品规定的最大变化值时，对应的精密可变衰减器值（dB）。

（4）说明事项

如果被测接收机输入信噪比小于或等于 8dB，自动增益控制已开启，则上述测试步骤中的第 5）条的测试应在断开自动增益控制的状态下进行，第 6）条的测试应在接通自动增益控制的状态下进行。

3. 频谱分析仪测量法

频谱分析仪测量法是一种采用频谱分析仪来测量接收机线性动态范围的方法。采用频谱分拆仪来测量接收机的动态范围具有快捷、简便的优点，因此在实际测量工作中被广泛应用。

（1）测量线路连接

频谱分析仪测量法测量线路连接如图 10-27 所示。

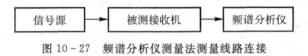

图 10-27　频谱分析仪测量法测量线路连接

（2）测量步骤

1）根据所测得的接收机噪声系数和接收机带宽计算接收机的灵敏度，计算公式为

$$P_{smin[dBm]} = -114 + 10\lg B_{RI} + NF \tag{10-30}$$

式中：$P_{smin[dBm]}$ 为接收机灵敏度（dBm）；B_{RI} 为接收机的通频带（MHz）；NF 为接收机噪声系数（dB）。

2）按图 10-27 所示进行测量连接，如果要测量的是接收机总动态范围，则设定系统增益控制电路，使系统增益最小，如果要测量的是接收机瞬时动态范围，则设定系统增益控制电路，使系统增益最大。

3）将信号源输出信号频率调整到产品规范规定值，并使其输出小信号（一般要求比预测总动态最大输入功率小 20dB）送给被测接收机，通过频谱分析仪测量出此时接收机输出信号的功率电平，根据信号源输出信号功率电平和频谱分析仪测量得到的接收机输出信号功率电平，可计算得到此时接收机的增益值。

4）增大信号源的输出信号功率，并观测接收机的增益变化，当被测接收机的增益下降 1dB 时（也就是当信号源输出信号增大 10dB，而频谱分析仪上测量得到的信号功率仅增大 9dB），记下当前信号源的输出信号功率电平值 P_{-1dB}。

5）根据下式可计算得到被测对数接收机的动态范围 DR_{-1}。

$$DR_{-1} = P_{-1dB} - P_{smin} \tag{10-31}$$

（3）说明事项

接收机总动态与瞬时动态的测试方法和计算方法相同，区别在于测试过程中对系统增益设置不同，测量瞬时动态时系统增益设置为最大，而测量总动态时系统增益设置为最小，这样增大了 1dB 压缩点,扩大了动态范围。

10.3.3　接收机增益测量

雷达接收机的放大倍数是指接收机在输入匹配的情况下,输出信号与输入信号幅度之比,它表示接收机对回波信号的放大能力。接收机必须有足够的放大倍数,才能使微弱的回波信号在终端显示器上显示出来。

接收机放大信号的能力也常用增益来表示。增益是放大倍数的对数值,它与放大倍数之间的关系如下:

$$G_u = 20\lg K_u, \quad G_p = 10\lg K_p$$

式中:G_u 为电压增益(dB);G_p 为功率增益(dB);K_u 为电压放大倍数;K_p 为功率放大倍数。雷达接收机的电压放大倍数一般为 $10^6 \sim 10^9$ 倍,相应的增益为 $120 \sim 180$ dB。

在实际测量中,根据所用信号源的不同,接收机增益测量的传统方法有两种,分别是高频信号源法和扫频信号源法。噪声系数分析仪除了具有噪声系数测量功能外,还有增益测量功能,因此,当对接收机的增益测量精度要求不高时,也可采用噪声系数分析仪进行测量。另外,还可以采用扫频信号源和频谱分析仪来测量接收机的增益。

1. 高频信号源测量法

这是一种采用高频信号源来测量接收机增益的方法。

(1)测量线路连接

高频信号源法测量线路连接如图 10-28 所示。

图 10-28　高频信号源法测量线路连接

(2)测量步骤

1)按图 10-28 所示连接测试系统,电压表接在被测接收机的输出测试端口。

2)调整被测接收机到产品规定的工作状态。

3)高频信号源不加信号时,从电压表读出被测接收机的起始噪声电压 U_n。

4)调整高频信号源到连续波工作状态,将频率和输出电平调整到被测接收机产品规定值上。调整精密可变衰减器,使电压表指示到产品规定的合适值 U_0。

5)记录高频信号源的输出电压 U_s(或功率 P)和被测接收机的输出电平 U_0。

6)如果信号源读出值是功率,则可根据下式计算得到 U_s:

$$U_s = \sqrt{PR} \tag{10-32}$$

式中:U_s 为高频信号源输出电压(V);P 为高频信号源输出功率(W);R 为高频信号源输出阻抗(Ω)。

(3)测试结果

1)与 U_0 相比,接收机的起始噪声电压 U_n 可忽略不计,因此接收机增益可用下式计算:

$$G = 20\lg(U_0/U_s) + L \tag{10-33}$$

式中:G 为被测接收机增益(dB);U_0 为被测接收机的输出电压值(V);U_s 为高频信号源的输出电压值(V);L 为精密可变衰减器衰减值(dB)。

2)按产品规范规定,当接收机起始噪声电压 U_n 不可忽略时,其增益用下式计算:

$$G = 20\lg(\sqrt{U_0^2 - U_n^2}/U_s) + L \qquad (10-34)$$

2. 频谱分析仪测量法

这是一种采用扫频信号源和频谱分析仪来测量接收机增益的方法。

(1)测量线路连接

频谱分析仪测量线路连接如图 10-29 所示。

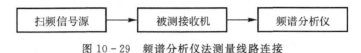

图 10-29　频谱分析仪法测量线路连接

(2)测试步骤

1)将扫频信号源、频谱分析仪的频率设置在被测接收机的工作频带内,调整扫频信号源的信号输出功率,确保被测单元工作在线性放大状态。

2)按图 10-29 所示连接被测设备、测试设备及其他辅助设备(如电源、增益控制和带宽控制等)。

3)设置扫频信号源、频谱分析仪的工作模式,在频谱分析仪上读取被测接收机在各频点上的幅度响应值。

4)根据扫频信号源在各频点上的输出功率值,以及在频谱分析仪上读取的幅度响应值,即可计算出被测接收机各工作频点的增益值。

(3)说明事项

1)在实际测量中,应根据具体情况考虑是否扣除测试电缆的损耗值。

2)在测试具有开关等调制功能的单元时,应注意频谱分析仪的分辨力带宽与扫描带宽的设置。

3. 噪声系数分析仪测量法

噪声系数分析仪在测量接收机噪声系数的同时还能够测量接收机的增益,只要在噪声系数分析仪上选择增益测量项目,就可在屏幕上显示被测接收机在各测试频点上的增益值,其测量方法步骤与噪声系数的测量完全相同。需要说明的是:采用这种方法的测量误差相对较大,不宜应用于某些对增益精度有严格要求的接收机的测量。

参 考 文 献

[1]　张茜.微波水分仪的设计[D].沈阳:沈阳工业大学,2007.

[2]　高联辉.机场边界层相控阵风廓线雷达设计与实现[D].西安:西安电子科技大学,2013.

[3]　方正新.矩形压窄波导天线设计[D].成都:电子科技大学,2009.

[4]　王凌鹏.一种 C 波段速调管发射机设计[D].成都:电子科技大学,2018.

［5］ 胡瑜.VXI雷达自动测试系统的研究与实现［D］.成都：电子科技大学,2002.

［6］ 孙凯.基于虚拟仪器的雷达综合测试系统设计［D］.西安：西安电子科技大学,2013.

［7］ 龙少颖.某型雷达性能测试与维修辅助设备设计与实现［D］.武汉：海军工程大学,2017.

［8］ 吕贵洲,梁冠辉,朱赛.雷达接收机脉冲灵敏度测试［J］.计算机测量与控制,2019(8)：75 –77.

后　记

　　本书历时两年,数易其稿,终于在全体笔者的共同努力下完成。本书吸收了国内外装备维修维护最新理论成果的营养,对我单位十余年来靶场测控装备维修维护工作进行了深入思考与总结,希望能对装备管理工作的从业人员起到借鉴、参考的作用。编撰的过程,也是笔者们的一次再学习、再提高的过程,可谓受益匪浅。

　　本书在编写过程中受到各级领导、同事们的大力支持和帮助,在此一并表示衷心的感谢。尽管已经力求精准,但受笔者水平所限,书中难免有不足之处,欢迎大家斧正,并表示感谢!

编　者

2021 年 2 月